高等职业教育"互联网+"创新型系列教材

PLC 应用技术项目式教程

主　编　侯艳霞　李秋芳　姜洪有
参　编　刘　蕾　刘志伟　高　荐
　　　　沈　妍　荣瑞芳　赵静静
　　　　李　芳

机 械 工 业 出 版 社

本书为现代学徒制校企合作开发教材。

本书适应项目任务式教学改革，将现场设备控制方法和 PLC 相关内容相结合。全书通过 5 个项目 26 个任务的设计、调试，详细讲解 S7 - 200 系列 PLC 的工作原理、系统构成、硬件接线、指令系统、编程软件的使用、基础指令、功能指令、变频器控制、步进电动机的控制等知识和技能。

本书可作为高职高专机电一体化专业、电气自动化专业教学用书，也可供工程技术人员参考使用。

为方便教学，本书配有微课视频及动画二维码，学生可扫码学习。本书还配有 PPT 电子课件，选择本书作为授课教材的教师可登录 www.cmpedu.com 注册并免费下载。

图书在版编目（CIP）数据

PLC 应用技术项目式教程／侯艳霞，李秋芳，姜洪有主编 . —北京：机械工业出版社，2021.12（2023.8 重印）

高等职业教育"互联网+"创新型系列教材

ISBN 978-7-111-69688-9

Ⅰ.①P… Ⅱ.①侯… ②李… ③姜… Ⅲ.①PLC 技术-高等职业教育-教材 Ⅳ.①TM571.6

中国版本图书馆 CIP 数据核字（2021）第 244793 号

机械工业出版社（北京市百万庄大街 22 号　邮政编码 100037）

策划编辑：赵红梅　　　　　责任编辑：赵红梅　苑文环

责任校对：张晓蓉　王　延　封面设计：王　旭

责任印制：单爱军

北京虎彩文化传播有限公司印刷

2023 年 8 月第 1 版第 3 次印刷

210mm×285mm · 14.25 印张 · 386 千字

标准书号：ISBN 978-7-111-69688-9

定价：45.00 元

电话服务　　　　　　　　　网络服务

客服电话：010-88361066　　机 工 官 网：www.cmpbook.com

　　　　　010-88379833　　机 工 官 博：weibo.com/cmp1952

　　　　　010-68326294　　金 书 网：www.golden-book.com

封底无防伪标均为盗版　　机工教育服务网：www.cmpedu.com

前言

PREFACE

可编程逻辑控制器（PLC）是在工业控制中应用广泛的控制设备，因此，掌握 PLC 的使用方法是高职院校机电一体化、电气自动化等专业的基本要求。

本书基于项目任务导向，具体以燃气公司工业现场部分设备及其他工作案例为核心展开知识体系：首先将学生带入工作情境，让学生知道要做什么，明确工作任务，然后带领学生解决问题，在解决问题的过程中用到什么知识就教授什么知识，不演绎抽象的知识，只陈述具体的知识；任务结束后有检查评价及拓展训练，让学生进行自我考核，检验所学内容，并在拓展训练当中检验动手操作能力。

本书共分为 5 个项目，其主要内容介绍如下。

项目 1 以引风机、鼓风机控制为主，介绍 PLC 的基础知识和基本指令，使学生理解 PLC 的工作过程。

项目 2 以数码管、交通信号灯控制为主线，以任务实现为核心，使读者在熟悉定时器、计数器指令基础上逐步完成任务，体会完整控制系统的实现过程。

项目 3 以运料小车控制实现为导向，介绍 PLC 控制指令。

项目 4 分别以霓虹彩环控制和机械手系统控制的实现为导向，介绍 PLC 的功能指令：移位指令、高速计数器指令和高速脉冲指令。

项目 5 以材料分拣和平面仓储系统的实现为导向，分别介绍工业控制中常见的变频器、开关式传感器、电磁阀和步进电动机等设备，并介绍了 PLC 之间的通信实现过程。

本书附录 A 列出了 S7 - 200 系列 PLC 的各个端子图，为读者绘制电气控制图提供了方便，附录 B 介绍了 S7 - 200 系列 PLC 特殊存储器的分配情况，附录 C 介绍了松下 VF0 型变频器的参数定义，方便读者编程使用。

本书由北京经济管理职业学院侯艳霞、李秋芳、姜洪有担任主编。项目 1 由北京燃气能源发展有限公司刘蕾、刘志伟、高荐编写，项目 2 由侯艳霞和北京燃气能源发展有限公司沈妍编写，项目 3 由姜洪有编写，项目 4 由李秋芳编写，项目 5 由侯艳霞编写，参与编写的还有北京经济管理职业学院荣瑞芳、赵静静、李芳。感谢滨州学院黄爱芹、河南职业技术学院徐海对本书内容设置给予的意见和帮助，感谢北京燃气能源发展有限公司的从洪湖、王再超对任务实现给予的支持。本书在编写过程中参阅了大量文献资料，对相关作者在此一并表示衷心的感谢！

由于编者水平有限，书中难免有错漏之处，恳请专家、同行批评指正。

编　者

二维码清单

名称	二维码	名称	二维码
企业案例：PLC 在尾气回收系统中的应用		企业案例：聚丙烯码垛生产线	
企业案例：臭氧发生器系统		动画：电动机正反转运行控制	
动画：鼓风机连续运行控制		动画：交通信号灯控制（方式2）	
动画：倒计时显示控制		动画：啤酒灌装生产线控制	
动画：引风机电动控制		动画：数码管显示控制	
动画：电动机顺序起动、逆序停止控制		动画：自动开关门控制	
动画：跑马灯控制		微课：交通信号灯控制（方式1）	
微课：倒计时显示控制		微课：引风机点动控制系统设计	

（续）

名称	二维码	名称	二维码
微课：数码管显示控制		微课：电动机正反转运行控制	
微课：电动机顺序起动、逆序停止控制		微课：自动开关门控制	
微课：跑马灯控制		微课：鼓风机连续运行控制	

目 录

▶ CONTENTS

项目 ①

PLC基础指令应用

知识目标

- 熟悉 PLC 工作原理，能熟练进行输入/输出设备的分配。
- 熟悉位指令，置位、复位指令。
- 熟悉 PLC 控制系统的设计过程。

能力目标

- 掌握用所学指令解决工程控制问题的方法和技巧。
- 具备分析系统工艺流程并能据此绘制顺序功能图的能力。
- 能根据任务要求设计电气原理图。

职业能力

- 通过对电动机的各种控制设计，围绕 PLC 核心技术，锻炼学生学习能力、应变能力和创新能力，掌握顺序控制的思想及解决问题的方法。
- 掌握 PLC 系统设计技巧，以获得较强的实践能力。
- 能够分析企业现场机械设备的电气控制要求，并提出 PLC 解决方案。

思政目标

- 在实际操作过程中，要培养动手实践能力，培养质量意识、安全意识、节能环保意识和规范操作的职业素养。

任务1 引风机点动控制

学习目标

（1）了解 PLC 基础知识。
（2）了解 PLC 工作原理。
（3）了解 PLC 编程软件 STEP7 – Micro/WIN。
（4）掌握 S7 – 200 的基本逻辑指令。

任务要求

　　PLC 作为代替传统继电器控制系统的新型控制器，克服了继电器控制系统的接线复杂、体积庞大、设计周期长、灵活性差等缺点。PLC 在工控领域中的主要应用是控制电动机，以带动机械设备。在燃气控制现场，一般是以电动机带动鼓风机和引风机为锅炉提供氧气，排出管道废气。本任务通过学习 PLC 控制引风机系统，使学生理解系统硬件、软件的结构组成。引风机点动继电器控制电气原理图及设备如图1.1所示。在工业控制中，PLC通过接触器控制电动机。

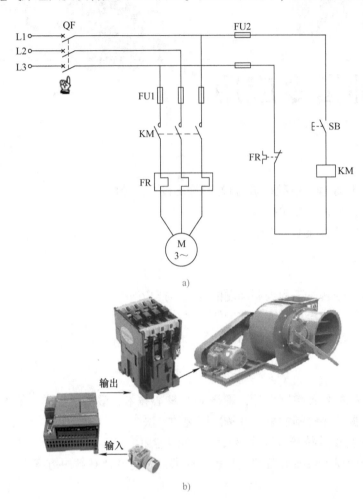

a)

b)

图1.1 引风机点动继电器控制电气原理图及设备

a）原理图 b）设备

用PLC实现引风机点动继电器控制过程，按下按钮电动机运行，松开按钮电动机停止。

>> 知识准备

在进行PLC设计前，我们先了解PLC的基础知识。

一、PLC基础

1. 认识PLC

可编程控制器（Programmable Logic Controller，PLC）是一种广泛应用的工业控制计算机。它把自动化技术、计算机技术和通信技术融为一体，是现代工业自动化中应用十分广泛的设备之一。目前PLC的生产厂家主要有美国AB公司（Allen-Bradley）、德国西门子公司（SIE-MENS）、日本欧姆龙集团（OMRON）和日本三菱电机有限公司（MITSUBISHI）。本书以德国西门子公司（SIEMENS）生产的S7-200系列小型PLC为例介绍PLC的编程和系统设计。

S7-200系列PLC在集散自动化系统中应用广泛，覆盖所有与自动检测、自动化控制有关的工业及民用领域，包括各种机床、机械、电力设施、民用设施、环境保护设备等，如冲压机床、磨床、印刷机械、橡胶化工机械、中央空调、电梯及运动系统。

德国西门子公司（SIEMENS）的 S7－200 系列 PLC 的外形及外部端口名称如图 1.2 和图 1.3 所示。

图 1.2　S7－200 系列 PLC 的外形

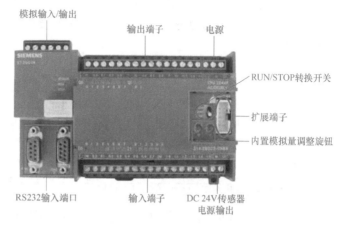

图 1.3　S7－200 系列 PLC 的外部端口名称

2. S7－200 系列 PLC 的端子接线

PLC 是通过端子和外部设备相连进行现场控制的。S7－200 系列 PLC 有多种型号，如 CPU221、CPU222、CPU224、CPU226、CPU226CN 等。对于每个型号，西门子提供 DC24V 和 AC120～220V 电源电压和控制电压，其输出形式分别为晶体管输出和继电器输出，如 CPU224 DC/DC/DC（直流电源供电、直流数字量输入、晶体管数字量输出）和 CPU224 AC/DC/Relay （交流供电、直流数字量输入、继电器数字量输出）。CPU224 DC/DC/DC 可以发出高速脉冲驱动步进电动机，CPU224 AC/DC/Relay 不能驱动步进电动机。CPU226DC/DC/DC 的外部端子接线如图 1.4 所示，其他如 CPU222、CPU224 外部端子连接见附录 A。

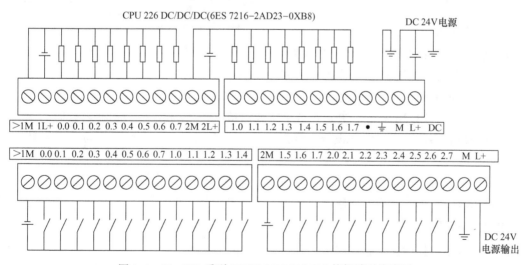

图 1.4　S7－200 系列 CPU226 DC/DC/DC 外部端子接线图

图中 L＋、M 是 24V 直流电源接线端，用于为 PLC 提供工作电源。下面一排与外部开关相连的为 I0.0～I2.7，共 24 个输入端子，用于连接控制设备，如起动/停止开关、开关型的传感器输入信号，由 24V 直流电源供电。1M 为公共端，接电源正极、负极均可。其中，I0.0～I1.4 为一组，接同一个电源，I1.5～I2.7 为一组。接同一个电源。Q0.0～Q1.7 共 16 个输出端子，用于连接负载设备，如灯、接触器、电磁阀、继电器。1L＋、2L＋为电源正极，1M、2M 为电源负极。Q0.0～Q0.7 所接的负载以 1L＋和 1M 为电源正、负极，Q1.0～Q1.7 所接的负载以 2L＋和 2M 为电源正、负极 。

图 1.5 为 CPU226 AC/DC/继电器（交流供电、直流数字量输入、继电器数字量输出）端子接线图。与图 1.4 不同的是，CPU 工作电源为交流电，输出端子连接的负载可以是直流负载也可以是交流负载。

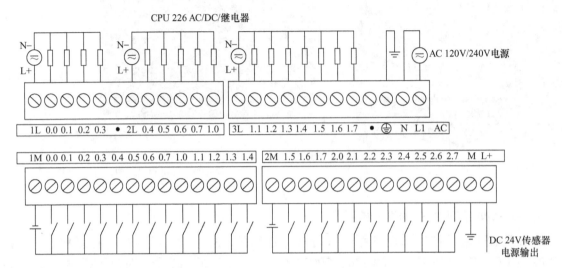

图 1.5　CPU226 AC/DC/Relay 继电器输出型端子接线图

S7－200 系列 PLC 通过通信接口用 PC/PPI 电缆和计算机（PC）的 COM 口相连，如图 1.6 所示，在 PC 上需安装编程软件。

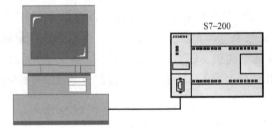

图 1.6　PLC 与计算机的连接

二、PLC 的定义、分类和编程语言

1. PLC 的定义

国际电工委员会在 1987 年通过了对可编程控制器的定义："可编程控制器是一种数字运算操作的电子系统，专为在工业环境下应用而设计的。它采用一类可编程的存储器，用于其内部存储程序，执行逻辑运算、顺序控制、定时、计数与算术操作等面向用户的指令，并通过数字式或模拟式输入/输出控制各种类型的机械或生产过程。可编程控制器及其有关外部设备，都按易于工业系统联成一个整体，易于扩充其功能的原则设计。"

定义强调 PLC 是一种工业计算机，编程方便，有很强的抗干扰能力。由于 PLC 引入了微处理器，用规定的指令编程，能灵活修改，从而实现"可编程"的目的。

2. PLC 的应用

PLC 广泛应用于自动化工业控制中，主要应用有以下几类。

（1）开关量逻辑控制　这是 PLC 最基本的控制，可以取代传统的继电器控制系统。

（2）模拟量控制　PLC 可以接收、处理和控制连续变化的模拟量，如温度、压力、电压、电流等。

（3）运动控制　PLC 可以控制步进电动机和伺服电动机，以控制机械设备的运动方向、速度和位置。

（4）多级控制　PLC 可以与其他 PLC、上位机、单片机交换信息，组成自动化控制网络。

3. PLC 的分类

PLC 有不同的分类方式，一般按输入/输出接口总点数分为小型机、中型机和大型机。

小型机一般以开关量控制为主，总点数在 256 以下，程序存储器容量在 4KB 左右。典型的小型机有 SIEMENS 公司的 S7 - 200 系列、OMRON 公司的 CPM2A 系列、AB 公司的 SLC500 系列。

中型机总点数为 256~2048，其存储容量大、计算能力强。它能处理数字量和模拟量，指令比小型机丰富，如 SIEMENS 公司的 S7 - 300 系列。

大型机总点数在 2048 以上，它具有强大的网络能力，配备多种智能板，可以构成多功能系统，如 SIEMENS 公司的 S7 - 400 系列。

4. PLC 编程语言

本书采用 PLC 普遍使用的梯形图来编程。它具有直观易懂的优点，是通过连线把 PLC 指令的梯形图符号连接在一起的连通图，与电气原理图相似。梯形图通常有左右两条母线（有时只画左母线，如 S7 系列），两母线之间是由内部"软继电器"的常开、常闭触点以及继电器线圈组成的平行的逻辑行（或称梯级），每个逻辑行以触点与左母线开始，以线圈和右母线结束，如图 1.7 所示。

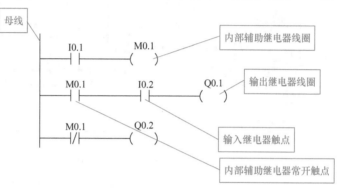

图 1.7 梯形图

梯形图沿用继电器等概念，如输入继电器、输出继电器、内部辅助继电器，它们不是真实的硬件继电器，而是在梯形图中使用的编程元件（软元件），每一个软元件都与 PLC 存储器的元件映像存储器存储单元相对应。以辅助继电器 M0.0 为例，当该二进制位存储单元为 0 状态时，则梯形图中对应的名为 M0.0 的"软继电器线圈"断电，它对应的常开触点断开、常闭触点闭合，称该元件为 0 状态或 OFF 状态；当此存储单元为 1 状态时，对应的"软继电器线圈"得电，其常开触点接通，常闭触点断开，称该软元件为 1 状态或 ON 状态。梯形图中各软元件的常开触点和常闭触点可以无限次使用。

在图 1.7 中，常开触点 I0.1（┤├）和与 PLC 输入端子相连的输入映像寄存器相关联，这个同样名为 I0.1 的输入映像寄存器就称为软继电器线圈，当它为 1 时，可以认为线圈通电，常开触点 I0.1（┤├）就闭合。

三、编程软件 STEP7 - Micro/WIN 及位逻辑指令

1. 编程软件 STEP7 - Micro/WIN

每个厂家的 PLC 都有自己的编程软件，互不通用。西门子 S7 - 200 的编程软件为 STEP7 - Micro/WIN，我们可使用该软件编辑如图 1.7 所示的梯形图程序，使 PLC 根据外部开关状态按照程序有序地工作，自动控制负载，实现工业现场控制。STEP7 - Micro/WIN 的编程界面如图1.8 所示。

STEP 7 - Micro/WIN 编程软件是 S7 -200 系列 PLC 专用的编程、调试和监控软件，其编程界面和帮助文档大部分已经汉化，为用户实现开发、编程和监控程序提供了良好的环境。STEP7 - Micro/WIN 编程软件为用户提供了 3 种程序编辑器：梯形图、指令表和功能块图。同时还提供了完善的在线帮助功能，方便用户获取需要的帮助信息。

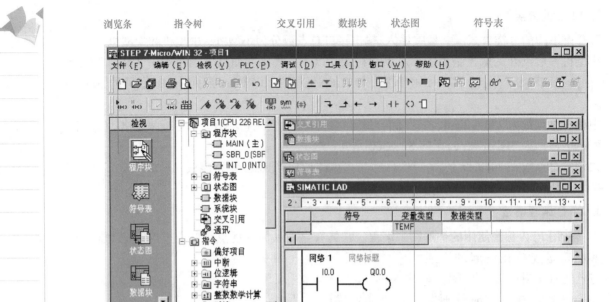

浏览条　指令树　交叉引用　数据块　状态图　符号表

输出窗口　　状态条　　　程序编辑器　局部变量表

图1.8　STEP7 - Micro/WIN 编程界面

2. 项目管理

（1）建立编程环境　进入 STEP7 - Micro/WIN 的编程界面一般有两种方法。

1）单击"开始"菜单，选择"所有程序→Simatic→STEP7 - MicroWIN V4.0.3.08→STEP7 - MicroWIN"命令，进入 STEP7 - Micro/WIN 编程软件的编程界面，如图1.9所示。

2）右击桌面上的 STEP7 - Micro/WIN 编程软件的快捷图标，在弹出的快捷菜单中单击"打开"命令，或者在桌面上双击 STEP7 - Micro/WIN 编程软件的快捷图标，如图1.10所示。

图1.9　从"开始"菜单进入编程界面

图1.10　从桌面快捷图标进入编程界面

图1.11所示界面是第一次进入的编程界面，此时的界面语言为英语，在该界面中单击"Tools"菜单，选择"Options"命令，如图1.12所示。

如果需要切换成中文界面，则在图1.13所示的"Options"对话框中，单击"General"标签，并在该标签页的"Language"栏中选择"Chinese"，即选项中"一般"标签页中语言栏中的"中文"选项，然后单击"OK"按钮。重新进入编程软件的界面即为中文界面，如图1.14所示。

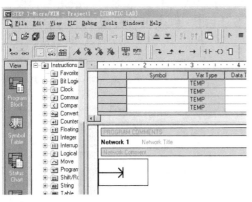

图 1.11 第一次进入的编程界面

图 1.12 选择 Tools/Options 命令

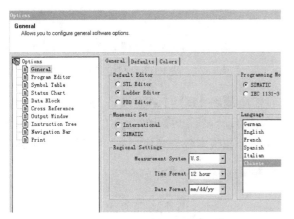

图 1.13 选择编程软件界面语言

图 1.14 编程软件的中文界面

现在设置编程软件与 S7-200PLC 的通信。在编程界面中单击"查看"菜单，选择"组件"子菜单中的"通信"命令，如图 1.15 所示，打开的"通信"对话框如图 1.16 所示。

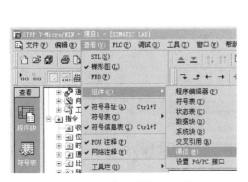

图 1.15 打开"通信"对话框

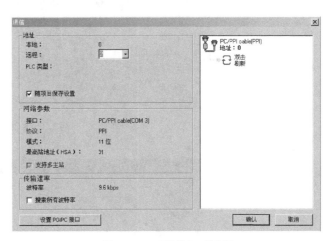

图 1.16 "通信"对话框

在"通信"对话框中，单击左下角的"设置 PG/PC 接口"按钮，打开"Set PG/PC Interface"对话框，如图 1.17 所示。在该对话框中，选择设置 PG/PC 接口类型为"PC/PPI cable (PPI)"，然后单击"Properties"按钮。

在弹出的"Properties-PC/PPI cable (PPI)"（设置 PG/PC 接口属性）对话框中单击"Local

Connection"标签，切换到 Local Connection 标签页，选择 COM1（本地，一般指编程设备，如编程计算机）通信端口，如图 1.18 所示。再切换至"PPI"标签页，设置 PPI 通信波特率等，然后单击"OK"按钮。

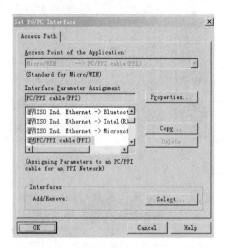

图 1.17 "Set PG/PC Interface"对话框

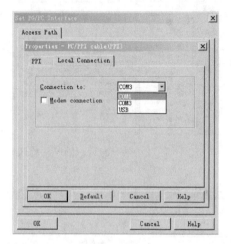

图 1.18 "设置 PG/PC 接口属性"对话框

设置完 PG/PC 接口属性后，使用 PC/PPI 通信电缆将 PLC 与编程设备的通信口连接起来，双击与 CPU 通信检测界面中的"双击刷新"图标，自动搜索 PPI 网络上的 CPU 站号，如图 1.19 所示，搜索出来的 CPU 站号、通信波特率、CPU 型号和版本都会显示出来，如图 1.20 所示。

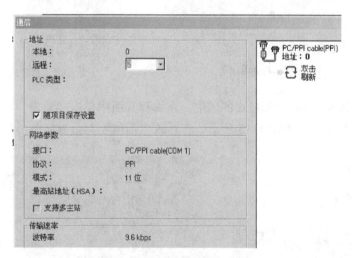

图 1.19 与 CPU 通信检测界面

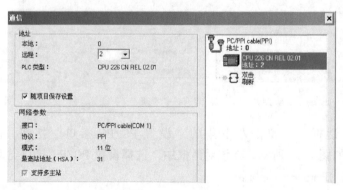

图 1.20 通信参数设置

（2）保存项目文件　在 STEP7 - Micro/WIN 编程软件的编程界面中，在"文件"菜单中选择"保存"命令，如图 1.21 所示，在弹出的"另存为"对话框中选择保存项目文件的路径并创建项目的名称，如图 1.22 所示，如果要保存的名称为已经存在的项目名称，将会弹出是否替换对话框，如果需要替换，单击"是"按钮即可，如图 1.23 所示。

图 1.21　保存项目

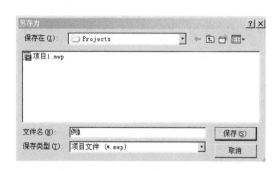

图 1.22　选择保存项目文件的路径并创建项目文件名称

图 1.23　是否替换对话框

（3）打开原来保存的项目文件　打开原来保存的项目文件一般采用以下两种方法。

1）从保存路径中找到保存的项目文件，双击项目图标即可打开，如图 1.24 所示。

2）在 STEP7 - Micro/WIN 编程软件的编程界面中单击"文件"菜单，选择"打开"命令，如图 1.25 所示；在弹出的"打开"对话框中选择打开路径及项目名称，如图 1.26 所示；单击"打开"按钮，即可打开保存的项目，如图 1.27 所示。

图 1.24　双击打开

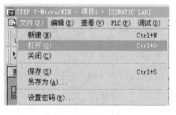

图 1.25　在"文件"菜单中选择"打开"命令

图 1.26　选择打开路径及项目名称

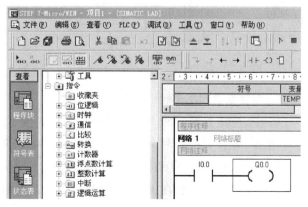

图 1.27　打开保存项目的编程界面

3. 在梯形图中输入指令

首先，在图 1.28 中选择"查看"菜单中的"梯形图"命令，即可进入梯形图编程界面。如果选择"STL"命令，则进入指令表编程界面；如果选择"FBD"命令，则进入功能块图编程界面。用户可任意选择，编程器会把当前的程序自动转换成相应的程序结构。梯形图编程界面如图 1.29 所示。

图 1.28　选择梯形图编程界面

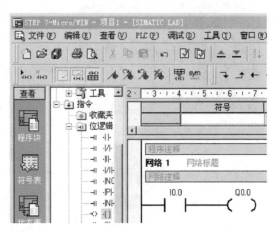

图 1.29　梯形图编程界面

在编程界面的指令树里选择需要放置的指令，选中并将其拖拽到所需的位置，指令即会出现在指定的位置；也可在需要放置指令的地方单击一下，然后双击指令树中要放置的指令，指令则自动出现在需要的位置上，如图 1.30 所示。单击指令上的"??.?"，可以输入元件地址，然后按 Enter 键即可结束输入，如图 1.31 所示的"I0.0"。

图 1.30　放置指令（常开触点）

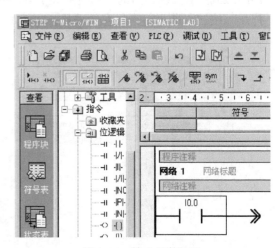

图 1.31　输入元件地址

4. 画垂直线和水平线

如果要完成如图 1.32 所示的程序，可以先按照放置指令的办法画好如图 1.33 所示的程序，然后把光标放在如图 1.34 所示的位置，放置 I0.1 的常闭触点。

把光标放在 I0.1 的常闭指令上，如图 1.35 所示，单击向上连线按钮（☝）即可画好向上的垂线，或者把光标放在 I0.0 的常开指令上，如图 1.36 所示，然后单击向下连线按钮（☟）即可画出向下的垂线。

把光标放在图 1.37 所示的位置上，然后单击向右连线按钮（→），可以画出一条水平线，然后就可以放置 Q0.1 的指令了；或者直接在图 1.37 所示的光标位置上放置 Q0.1 的指令，这时水平线会自动生成。

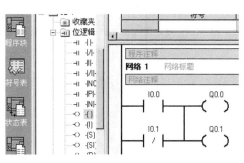

图 1.32　目标程序

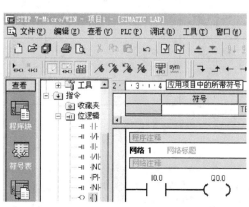

图 1.33　第一行程序

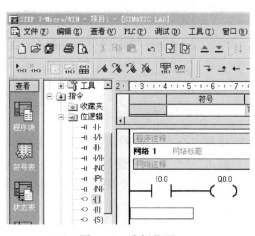

图 1.34　光标位置

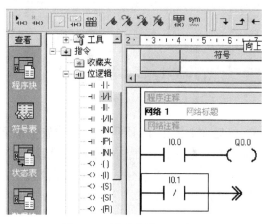

图 1.35　画垂直线（方法 1）

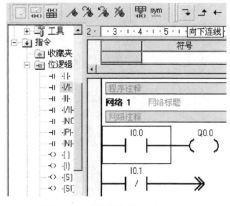

图 1.36　画垂直线（方法 2）

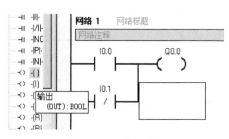

图 1.37　画水平线

5. 插入列和插入行

如果要把图 1.32 所示的程序编辑为如图 1.38 所示的程序，可以把光标放在 I0.0 的常开触点指令上面，如图 1.39 所示，然后选择单击"编辑"菜单，在"插入"子菜单中选择"列"命令，如图 1.40 所示，即可以在 I0.0 前面增加一列的位置，如图 1.41 所示。

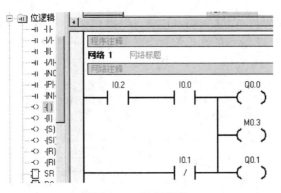

图 1.38 目标程序

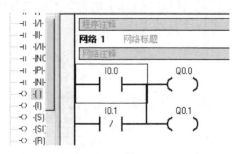

图 1.39 放置光标

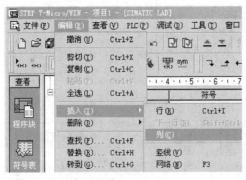

图 1.40 插入列的方法

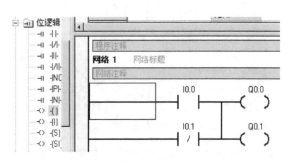

图 1.41 插入一列后的程序

然后在如图 1.41 所示的光标位置上放置 I0.2 的常开触点指令,如图 1.42 所示。把光标放在 Q0.1 的指令上面,然后单击"编辑"菜单,在"插入"子菜单中选择"行"命令,如图 1.43 所示,在图 1.44 所示的光标位置上放置 M0.3 的线圈指令,即可把图 1.32 的程序编辑为图 1.38 所示的程序。

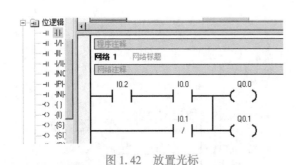

图 1.42 放置光标

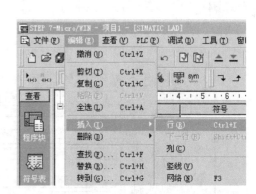

图 1.43 插入行的方法

6. 插入和删除网络

在编写程序时,经常需要在网络中插入另外一个网络,或者删除某一个网络程序。如需要在网络 1 的前面增加一个网络程序,此时可以先插入一个网络,右击网络 1 的空白位置,在弹出的快捷菜单中选择"插入"→"网络"命令,如图 1.45 所示,即可插入一个网络。

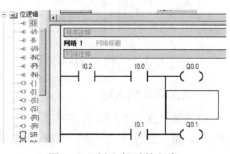

图 1.44 插入行后的程序

如果需要删除一个网络，可以右击准备删除网络的空白地方，在弹出的快捷菜单中选择"删除"→"网络"命令，即可删除当前一个网络，如图1.46所示。

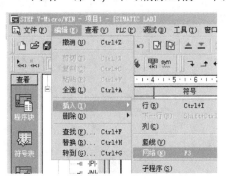

图1.45 插入网络

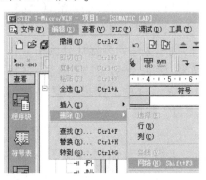

图1.46 删除网络

7. 编译程序

在编程界面中单击全部编译按钮（ ），如图1.47所示，将会出现如图1.48所示的编译结果。若提示错误，则修改，直到编译成功。

图1.47 编译程序

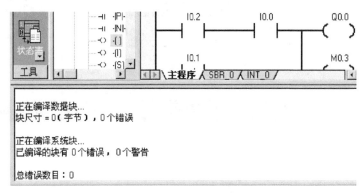

图1.48 编译结果

8. 下载和上载程序

（1）下载项目程序 单击工具栏的下载按钮（ ）（图1.49），即可弹出"下载"对话框，如图1.50所示。如果还没有连接通信，则会提示通信错误。使用PC/PPI或USB/PPI通信电缆将S7-200系列PLC与编程计算机连接，然后按照通信的设置方法正确设置，再下载，将会出现如图1.51所示的"下载"对话框。单击"下载"按钮，即可把项目程序下载到PLC中。

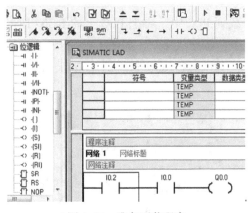

图1.49 准备下载程序

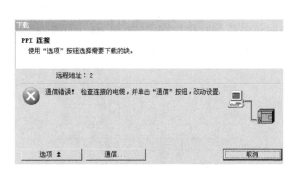

图1.50 "下载"对话框（有通信错误提示）

（2）上载项目程序　在编程界面设置完通信参数后，单击上载按钮（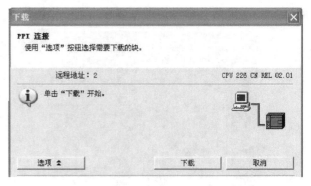），如图1.52所示，准备上载项目程序，把现有 PLC 中的程序上传到编程计算机中，在弹出的确认是否保存当前画面项目（图1.53）的提示框中，如果需要保存当前画面的项目，则单击"是"按钮；如果不需要保存，则单击"否"按钮。然后，在弹出的"上载"对话框中（图1.54）单击"上载"按钮，就可以把 PLC 中的项目上载到计算机的当前界面。

图1.51　"下载"对话框（通信正常）

图1.52　上载项目程序

图1.53　确认是否保存当前画面项目

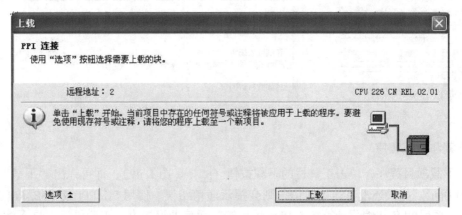

图1.54　"上载"对话框

9. 运行、停止和监控用户程序

（1）运行用户程序　先把需要运行的用户程序下载到 PLC 中，再把 PLC 上的 RUN/TERM/STOP 开关扳到"TERM"位置上，然后单击运行（RUN）按钮（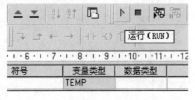），如图1.55 所示，将自动弹出确认是否运行用户程序的提示框，如图1.56 所示，确认运行则单击"是"按钮，PLC 开始运行用户程序，PLC 上的 RUN 指示灯亮。

图1.55　单击运行按钮

图1.56　确认是否运行用户程序

（2）停止运行程序 单击停止（STOP）按钮（■），如图1.57所示，将会自动弹出确认是否停止运行用户程序的提示框，如图1.58所示，确认停止运行则单击"是"按钮，PLC停止运行用户程序，PLC上的STOP指示灯亮。

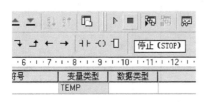

图1.57 单击停止按钮

图1.58 确认是否停止运行用户程序

（3）在程序画面监控程序状态 单击"调试"菜单，选择"开始程序状态监控"命令，如图1.59所示，可以打开程序状态界面。图1.60所示为单按钮单路启/停的程序状态监控。

图1.59 选择"开始程序状态监控"命令

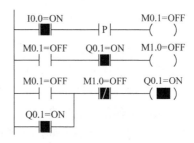

图1.60 单按钮单路启/停程序状态监控

10. 位逻辑指令

触点指令和输出指令是基本的位逻辑指令，是梯形图最基本的元件。

（1）触点指令 触点指令包括常开触点和常闭触点，它们的指令格式如图1.61a、b所示，通常与左母线相连。当PLC输入端子接通时，信号传送到输入映像寄存器，对应存储单元置1，程序中的常开触点闭合，常闭触点断开。

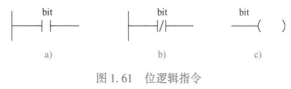

图1.61 位逻辑指令

a）常开触点指令 b）常闭触点指令 c）输出线圈指令

同理，当PLC输入端子断开时，信号传送到输入映像寄存器，对应存储单元为0，程序中的常开触点断开，常闭触点闭合。

（2）输出指令 输出指令也称为线圈驱动指令，用于将运算结果输出到某个继电器，其指令格式如图1.61c所示，通常由线圈和位地址构成。当程序执行时使相应位单元线圈得电，Q端子接通，程序中相应的常开触点闭合，常闭触点断开。

从元件角度出发，触点及线圈是元件的组成部分，线圈得电则该线圈的常开触点闭合，常闭触点断开；反之，线圈失电则常开触点恢复断开，常闭触点恢复接通。从梯形图的结构而言，触点是线圈的工作条件，线圈的动作是触点运算的结果。

四、PLC的硬件结构和工作原理

1. PLC的硬件结构

PLC主要由CPU、存储器、电源、通信接口和输入/输出（I/O）接口等几部分组成。图1.62所示为PLC的硬件简化框图。

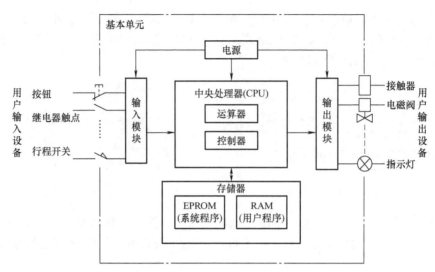

图 1.62　PLC 的硬件简化框图

（1）中央处理器（CPU）　　CPU 是 PLC 的核心，由控制器、运算器、寄存器等组成，它按照系统程序赋予的功能接收并存储用户程序和数据。用扫描的方式采集由现场输入设备送来的状态或数据，存入输入寄存器中，并能诊断电源和内部电路的工作状态。进入运行状态后，CPU 从用户程序存储器中逐条读取指令，按照指令规定的任务进行数据传输或运算。根据结果更新输出映像寄存器的内容，经输出部件实现输出控制。

（2）存储器　　PLC 存储器包括系统存储器和用户存储器。前者固化有厂家编写的系统程序，不可以修改，包括系统管理程序、用户指令解释程序等。后者包括用户程序存储器（程序区）和功能存储器（工作数据区）两部分。工作数据区是外界与 PLC 进行信息交互的主要交互区，它的每一个二进制位、每一个字节单位和字单位都有唯一的地址。

（3）电源　　电源将交流电转换成 PLC 使用的直流电，使 PLC 能正常工作。

（4）通信接口　　它是 PLC 与外部设备交换信息和写入程序的通道，通过 RS232 通信接口使用 PC/PPI 电缆与计算机通信。

（5）输入接口　　输入接口是连接外部输入设备和 PLC 内部的桥梁。如图 1.63 所示，该图只画出了 1 路接口电路，1M 是同一组输入端子各内部输入电路的公共端（参见图 1.4）。输入回路电源为外接直流电源。输入接口接收来自输入设备的控制信号，如限位开关、按钮及一些传感器的信号。通过接口电路将这些信号转换成 CPU 能识别的二进制信号，进入内部电路，存入输入映像寄存器。运行时，CPU 从输入映像寄存器读取输入信息并进行处理。

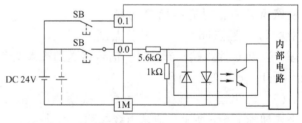

图 1.63　输入接口电路

为了防止现场的干扰信号进入 PLC，输入接口电路由光电耦合器进行隔离，由发光二极管和光电晶体管组成。

输入接口的工作原理如下：当输入端子连接的外部输入按钮未闭合时，光电耦合器中两个反向并联的发光二极管不导通，光电晶体管截止，内部电路 CPU 在输入端读入的数据是"0"；当输入按钮闭合时，电流经 24V 电源正极（或负极），经过外部触点 I0.0、电阻，再经过光电耦合器中的发光二极管到达公共端 1M，最后回到电源负极（或正极），有一个发光二极管导通，则光电晶体管饱和导通,外部信息进入内部电路,使内部"软继电器"线圈导通,使得 CPU 在输入端读入的是数据"1",从而驱动程序中的同名常开触点和常闭触点动作。

(6)输出接口 输出接口用于连接被控对象的可执行元件,如接触器、电磁阀、指示灯等。S7-200 系列 PLC 的数字量输出接口电路有驱动直流负载的场效应晶体管型和能驱动交、直流负载的继电器型。

图 1.64 所示为场效应晶体管型输出电路,外接 24V 直流负载。当 PLC 内部输出锁存器为 0 时,光电耦合器的光电晶体管截止,使场效应晶体管截止,输出回路断开,外部负载不动作;当内部电路输出锁存器为 1 时,光电晶体管导通,使场效应晶体管导通,相当于开关闭合,输出回路通电,负载得电。这种电路开关速度高,适用于数码显示、输出脉冲控制步进电动机等高速控制场合。

图 1.65 所示为继电器型输出电路,继电器同时起隔离和功率放大作用,每一端子提供一个常开触点,与触点并联的 RC 电路和压敏电阻 R_V 用来消除触点断开时产生的电弧。外部电路可以接交直流负载,受继电器触点开关速度低的限制,只能满足低速控制要求。

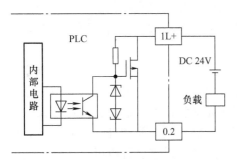

图 1.64 场效应晶体管型输出电路

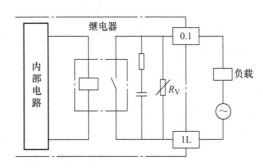

图 1.65 继电器型输出电路

图 1.66 所示为 S7-200 系列 PLC 的输入/输出端子与接口回路。当输入开关闭合形成通路时,才会有输入信号;当内部有输出信号时,运行程序使输出回路导通,外部负载才会动作。

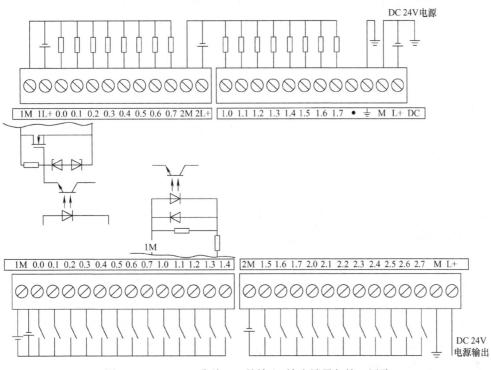

图 1.66 S7-200 系列 PLC 的输入/输出端子与接口回路

2. PLC 的工作原理

当 PLC 进入程序运行状态后，PLC 工作于独特的循环周期扫描工作方式，每一个扫描周期分为输入采样、程序执行和输出刷新3 个阶段。如图 1.67 所示。

（1）输入采样阶段　在这个阶段中，PLC 按顺序逐个采集所有输入端子上的信号，而无论输入端子是否接线。CPU 将顺序

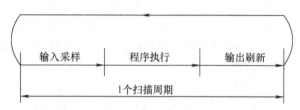

图 1.67　PLC 的循环扫描工作方式

读取的全部输入信号写入输入映像寄存器中，输入回路通则相应端子的映像寄存器为 1，输入回路不通，则寄存器为 0。在当前扫描周期内，用户程序执行时依据的输入信号状态（ON 或 OFF）均从输入映像寄存器中读取，而无论此时外部输入信号状态是否变化。如果此时的外部输入信号状态发生了变化，那么也只能在下一个扫描周期的输入采样阶段去读取。这种采集输入信号的方式，虽然严格上说每个信号被采集的时间有先有后，但由于 PLC 的扫描周期很短，这个差异对一般工程应用可以忽略，所以认为这些输入信息的采集是同时完成的，输入采样阶段是一个集中批处理过程。如灯的控制，不断扫描 I0.0 端子的开关是否按下，若按下，将 1 写入 I0.0 的输入寄存器。

（2）程序执行阶段　在执行用户程序阶段，CPU 对用户程序按顺序进行扫描，顺序总是从上到下，从左至右。每扫描到一条指令，从输入映像寄存器中读取输入信息，其他信息从元件映像寄存器中读取。每一次运算的中间结果都立即写入元件映像寄存器中，这样该元件的状态立即被后面要扫描到的指令利用。所有要输出的状态一般也不立即驱动外部负载，而是将其结果送入输出映像寄存器中，待输出刷新阶段集中进行批处理，程序执行阶段也是集中批处理过程。如灯的控制，执行程序时，将 I0.0 常开触点置为 1 状态，"线圈" Q0.0 通，把 Q0.0 的输出寄存器写为 1。

（3）输出刷新阶段　当 CPU 对全部用户程序扫描结束后，将元件映像寄存器中所有输出映像继电器的状态同时送到输出锁存器中，再由输出锁存器经输出端子去驱动各输出继电器所带的负载，所以输出刷新阶段也是集中批处理过程。在灯的控制中，Q0.0 输出锁存器为 1，使物理触点闭合，输出回路通电，灯亮。

输出刷新阶段结束后，CPU 进入下一个扫描周期，周而复始，直至 PLC 停机或切换到 STOP 状态。

3. PLC 的扫描周期

PLC 的扫描周期与 PLC 的类型和用户程序长短有关，通常 1 个扫描周期为几至几十毫秒，最长不超过 200ms。由于扫描周期很短，所以感觉不到输出相对于输入的延迟。

≫ 任务实施

先对图 1.1a 所示电路的构成进行分析，再建立 PC 和 PLC 的通信，了解编程软件的使用方法，根据控制要求逐步建立硬件电路，并进行程序编辑。

1. 任务分析

引风机点动控制电路的实质就是电动机点动控制电路，它适合于短时间的起动操作，在起吊重物、生产设备调整工作状态时应用。在图 1.1 中，连接电动机的电路称为主电路，此电路通过熔断器 FU1 经接触器的主触点连接电动机的三相；连接控制按钮的电路称为控制电路，通过熔断器 FU2 将电源中的两相接到接触器的线圈。当接触器线圈通电时，其主触点闭合；当接触器线圈断电时，其主触点断开。

控制过程如下。

1）合上电源总开关 QS。

2）起动：按下按钮 SB，接触器 KM 线圈得电，KM 主触点闭合，电动机 M 起动运行。

3）停止：松开按钮 SB，接触器 KM 线圈失电，KM 主触点断开，电动机 M 停止运行。

4）停止使用时，断开电源总开关 QS。

用 PLC 实现控制过程。

2. 准备元器件

选择 CPU226 DC/DC/DC、24V 电源、1 个按钮 SB、1 个接触器 KM、1 台三相交流电动机及连接线。

3. 输入/输出点分配

进行控制系统设计时，首先应确定输入/输出点的分配，画出其电气控制接线图。I/O 分配表见表 1.1。接触器 KM 的线圈作为输出设备连接在 Q0.0，其主触点连接至三相电源以控制电动机。

对于外部按钮，在 PLC 系统中停止按钮和起动按钮都采用常开型，这和继电器系统有所不同。

表 1.1　I/O 分配表

输入信号		输出信号	
起动按钮 SB	I0.0	接触器 KM	Q0.0

4. 电气原理图设计

分析图 1.1，按钮属于输入控制设备，接触器属于负载。在 PLC 中，PLC 采集输入设备信号，执行程序，驱动负载。按钮要连接至 PLC 的输入点，接触器要连接至 PLC 的输出点，选择输入端子 I0.0 连接 SB，输出端子 Q0.0 连接接触器线圈。对外部部件进行电路连接，电气原理图如图 1.68 所示，连接 PLC 的工作电源、输入端子电源、输出端子电源。

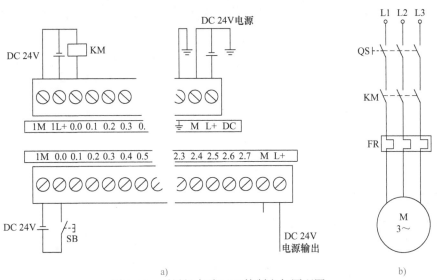

图 1.68　引风机点动 PLC 控制电气原理图
a）PLC 接线　b）主电路

5. 通信

用西门子提供的专用 PC/PPI 电缆将装好编程软件的 PC 和 PLC 相连，打开图 1.8 所示的

STEP7－Micro/WIN 编程界面，单击图 1.69 所示"指令树"中"通信"项目下的"通信"子项目，弹出图 1.70 所示的通信界面，双击"双击刷新"图标，出现图 1.71 所示的界面，表示通信成功，可以进行编程设计。系统默认 PC 地址为 0，图 1.71 所示 PLC 地址为 2。若搜索不到，且检查连接线无松动时，可选择搜索所有波特率，再进行尝试。

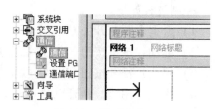

图 1.69 单击通信项目

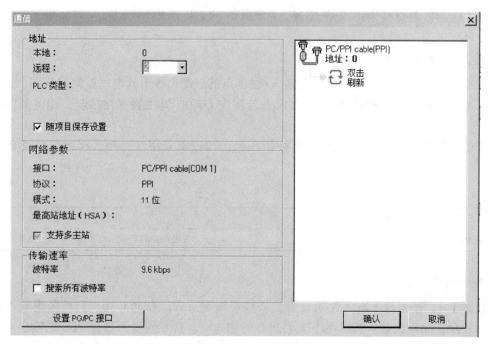

图 1.70 通信界面

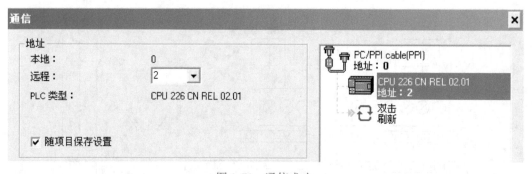

图 1.71 通信成功

6. 程序编写

进入 STEP7 编程软件，在程序编辑窗口输入图 1.72 所示梯形图程序。

程序说明：当按下外部按钮 SB 使输入软继电器 I0.0 通电时，其常开触点"$\dashv\vdash$"闭合，输出继电器 Q0.0 线圈$(^{Q0.0})$通电，输出端子 Q0.0 上连接的外部设备接通，在此例中是接触器 KM 线圈。

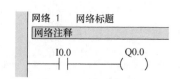

图 1.72 电动机点动控制梯形图

7. 下载程序、系统运行

在硬件连线、软件编程正确完成后，对程序进行编译、下载，进行试运行，此时，引风机点动运行PLC控制系统设计完成，CPU进入循环扫描状态，不断采集输入端子数据，等待执行程序。

单击"PLC"菜单，选择"编译"命令，对编辑的程序进行编译，编译成功，系统提示无错误，如图1.73所示。

图1.73　编译成功

单击"文件"菜单，选择"下载"命令，将编译后的程序下载到PLC的程序存储器。

单击"PLC"菜单，选择"RUN（运行）"命令，PLC就可以运行了。此时，PLC处于扫描工作状态，系统不断扫描采集外部输入端子的信息，扫描图1.72所示梯形图，等待外部开关被按下，当外部开关未被按下时，梯形图不执行，负载没有输出。

单击"调试"菜单，选择"开始程序状态监控"命令。运行时，用彩色块表示位操作数的线圈得电或触点闭合状态。如┤■├表示触点闭合状态，─(■)表示位操作数的线圈得电。

按下与I0.0端子连接的开关SB，则灯亮，同时计算机屏幕上会出现状态监测，I0.0和Q0.0变成蓝色，表示当前处于接通状态。松开开关SB，灯灭，I0.0和Q0.0变成白色，表示当前处于断开状态。

8. PLC工作过程分析

下面分析PLC的硬件和软件是如何进行工作，以实现相应的控制要求的。

PLC执行下载命令后，STEP7将编译好的程序可执行文件下载到PLC程序存储器，PLC的CPU（中央处理器）就可以根据开关状态顺序执行程序，驱动外部负载。PLC是以循环扫描的方式工作的，其执行过程等效示意图如图1.74所示。

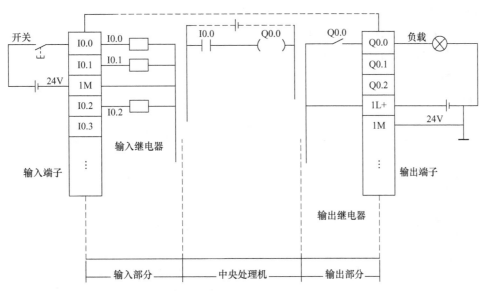

图1.74　PLC执行过程等效示意图

PLC的输入端子I（共24个，我们只用到了I0.0）接入PLC内部，每个端子占用一个二进制存储器单元。运用继电器控制的概念，可以将其视为"输入软继电器"线圈，它受外部输入回路控制，当某个输入端子的回路通电时，其二进制存储单元为1，"软继电器"线圈通电，可以有无数个同名常开触点"┤├"和常闭触点"┤/├"供编程使用，常开触点闭合，常闭触点断开。

　　程序中的常开触点 I0.0（⊣⊢）即为此软继电器的常开触点。当与 I0.0 端子连接的外部按钮 SB 闭合，24V 电源经开关、输入端子 I0.0、输入软继电器（二进制存储单元）I0.0、公共端 1M 形成的输入回路接通。此时，I0.0 存储单元为 1，相当于此软继电器线圈接通，程序中的常开触点 I0.0（⊣⊢）闭合，可以认为一种假想的"能流"经此触点向右传递，能流通过，输出线圈 $-(^{Q0.0})-$ 接通，Q0.0 是内部的二进制存储单元，接通时为 1，断开为 0，我们将其称为"输出软继电器"线圈，这样的线圈可以有无数常开触点（⊣⊢）、常闭触点（⊣/⊢）供程序使用，它又有一个物理触点 Q0.0（＿$^{Q0.0}$＿）和外部输出端子 Q0.0 相连。当程序执行完毕，"输出软继电器" Q0.0 接通为 1，物理触点 Q0.0 闭合，输出部分的灯、24V 电源、1L＋和 Q0.0 端子组成的回路接通，灯亮。

　　执行程序时，PLC 是按照循环扫描的方式工作的。当 PLC 程序处于运行（RUN）模式时，CPU 开始不断扫描输入端子，当输入端子回路接通时执行梯形图的功能。

　　当未按下 SB 时，输入回路不通，输入寄存器为 0，梯形图中的常开触点 I0.0（⊣⊢）断开，输出线圈 $-(^{Q0.0})-$ 亦不通，输出寄存器为 0，物理触点 $^{Q0.0}$ 不通，输出回路不通，则灯不亮。按下 SB 后，输入回路通电，CPU 扫描到这个端子，则向输入寄存器写入 1。执行程序时，其常开触点 I0.0 闭合，$-(^{Q0.0})-$ 线圈通电，有 1 写入输出寄存器 Q0.0，物理触点 Q0.0 闭合，输出回路通电，灯亮。

≫ 任务评价

　　组内成员协调完成工作，在强化知识的基础上建立工业现场系统设计的概念，设计完成后，各组之间互评并由教师给予评定，其评定标准以 PLC 职业资格能力要求为依据，使学生初步建立工程概念。

1. 检查内容

1) 检查元器件是否齐全，熟悉各元器件的作用。
2) 熟悉控制电路原理，列出 I/O 分配表。
3) 检查线路安装是否合理及运行情况。

2. 评估策略

评估标准见表 1.2

表 1.2　引风机点动控制系统设计评估标准

项　目	要　求	分　数	评分标准	得　分
遵守职业守则	工作认真负责，团结协作，安全操作	5	每项 2 分	
系统电气原理图设计	原理图绘制完整、规范	10	不完整、不规范，每处扣 2 分	
I/O 分配表	准确完整，与原理图一致	10	不完整，每处扣 2 分	
程序设计	简洁易读，指令正确，符合任务要求	15	不正确，每处扣 3 分	
电气线路安装和连接	线路安装简洁、正确，符合工艺要求	30	不规范，每处扣 5 分	

（续）

项　目	要　求	分　数	评分标准	得　分
系统调试	系统设计达到任务要求，运行成功	30	第一次调试不合格，扣10分 第二次调试不合格，扣10分	
时间	60min，每超时5min扣5分，不得超过10min			
安全	检查完毕通电，人为短路扣20分			

任务2　鼓风机连续运行控制

▶▶ 学习目标

（1）熟悉 PLC 的结构和工作过程，了解软件使用方法，会简单编程，会接线。

（2）了解 PLC 基础知识。

（3）掌握梯形图设计过程，掌握自锁环节的使用，能实现系统运行。

（4）掌握简单电路的经验设计方法及"起保停"电路的控制逻辑。

▶▶ 任务要求

为了给燃烧炉提供充足的氧气，需要鼓风机连续运行，鼓风机连续运行控制系统的设备如图 1.75 所示，按下起动按钮，电动机起动运转，松开起动按钮，电动机仍然运行，按下停止按钮，电动机停止。

▶▶ 知识准备

自锁环节

利用自身的常开辅助触点使线圈保持通电（即"ON"状态）的功能称为自锁。图 1.76 所示为鼓风机连续运行继电器控制电气原理图。在控制电路中，当按下起动按钮 SB1 时，接触器 KM 线圈得电，其主触点闭合，电动机得电运行，同时，并联在 SB1 两端的 KM 常开辅助触点闭合；当松开按钮 SB1 时，KM 线圈仍然通电，其主触点仍然闭合，电动机仍然运行。这个并联在 SB1 两端的 KM 常开辅助触点在 KM 线圈回路形成自锁环节，用以保证 KM 线圈持续通电，实现电动机的连续运行。

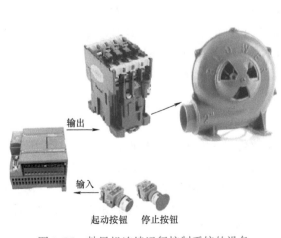

图 1.75　鼓风机连续运行控制系统的设备

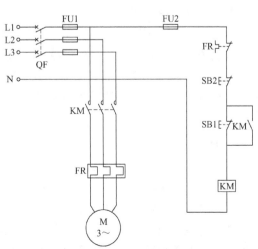

图 1.76　鼓风机连续运行继电器控制电气原理图

>> 任务实施

1. 任务分析

鼓风机连续运行实现燃烧炉持续有氧气输入,在起吊重物、生产设备工作状态时应用。在图1.76中,连接电动机的电路称为主电路,此电路通过熔断器FU1经接触器的主触点连接电动机的三相;连接控制按钮的电路称为控制电路,通过熔断器FU2将电源中的两相接到接触器的线圈。当接触器线圈通电时,其主触点闭合;当接触器线圈断电时,其主触点断开。

控制过程如下。

1)合上电源总开关QS。

2)起动:按下按钮SB1,接触器KM线圈得电,KM主触点闭合,电动机M起动运行;同时在控制电路中并联在SB1两端的KM辅助触点闭合,实现自锁。松开SB1,电动机M仍然运行。

3)停止:按下按钮SB2,接触器KM线圈失电,KM主触点断开,电动机M停止运行;KM辅助触点断开。

4)断开电源总开关QS。

用PLC实现控制过程。

2. 准备元器件

选择CPU226 DC/DC/DC、24V电源、两个按钮SB1、SB2,1个接触器KM、1台三相交流电动机及连接线。

3. 输入/输出点分配

I/O分配见表1.3。

表1.3 I/O分配表

输入信号		输出信号	
停止按钮SB2	I0.1	接触器KM	Q0.0
起动按钮SB1	I0.2		

4. 电气原理图设计

分析图1.76,按钮SB1和SB2属于输入控制设备,接触器属于负载。在PLC中,PLC采集输入设备信号,执行程序,驱动负载。按钮要连接到PLC的输入点,接触器要连接至PLC的输出点,选择输入端子I0.1连接SB2,I0.2连接SB1,输出端子Q0.0连接接触器线圈。对外部部件进行电路连接,电气原理图如图1.77所示,连接PLC的工作电源、输入端子电源、输出端子电源。

5. 通信

用西门子提供的专用PC/PPI电缆将装好编程软件的PC和PLC相连,打开图1.8所示的STEP7-Micro/WIN界面,单击图1.69所示的"指令树"中"通信"项目下的"通信"子项目,弹出图1.70所示的通信界面,双击"双击刷新"图标,出现图1.71所示的界面,表示通信成功,可以进行编程设计。系统默认PC地址为0,图1.71所示PLC地址为2。若搜索不到,且检查连接线无松动时,可选择搜索所有波特率,再进行尝试。

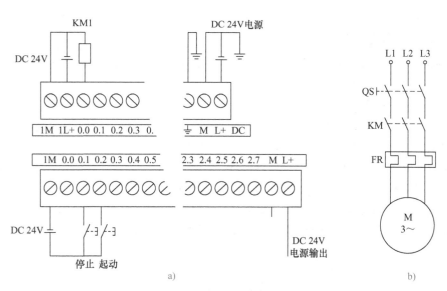

图 1.77 鼓风机连续运行 PLC 控制电气原理图

a）PLC 接线 b）主电路

6. 程序编写

进入 STEP7 编程软件，在程序编辑窗口输入图 1.78 所示梯形图程序。

程序说明：当按下外部起动按钮 SB1 使输入软继电器 I0.2 通电，其常开触点"$\dashv\vdash$"闭合，输出继电器 Q0.0 线圈$-(\ \ )$通电，输出端子 Q0.0 上连接的外部设备接通，在此例中是接触器 KM 线圈。同时，

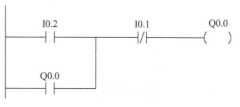

图 1.78 鼓风机连续运行控制梯形图

I0.2 上并联的 Q0.0 常开辅助触点$\dashv\vdash$接通，松开 SB1，Q0.0 线圈仍然接通，使得 Q0.0 端子连接的外部接触器 KM 线圈持续得电，从而实现电动机连续运行。

在 PLC 控制系统中，起停止作用的外部设备一般用常开按钮，而在程序中用常闭触点，如图 1.78 中的$\dashv/\vdash$，程序执行时，$\dashv/\vdash$是接通的，电动机运行，按下外部停止按钮 SB2，$\dashv/\vdash$断开，从而使程序触点断开，Q0.0 线圈断电，外部接触器线圈 KM 断电，主触点断开，电动机停止运行。这种带有"起动-自锁-停止"功能的电路称为"起保停"电路，许多程序控制过程都以起保停电路开始进行基本控制，然后根据控制要求再添加辅助条件。

7. 下载程序、系统运行

在硬件连线、软件编程正确完成后，对程序进行编译、下载，进行试运行，此时，鼓风机连续运行 PLC 控制系统设计完成，CPU 进入循环扫描状态，不断采集输入端子数据，等待执行程序。

单击"PLC"菜单，选择"编译"命令，对编辑的程序进行编译，编译成功，系统提示无错误，如图 1.79 所示。

单击"文件"菜单，选择"下载"命令，将编译后的程序下载到 PLC 的程序存储器。

单击"PLC"菜单，选择"RUN（运

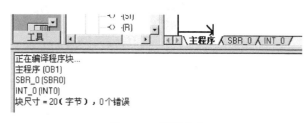

图 1.79 编译成功

— 25 —

行)"命令，PLC 就可以运行了。

8. PLC 工作过程分析

1）系统运行：按下起动按钮 SB1，电动机起动运行，松开 SB1，电动机仍然运行；按下停止按钮 SB2，电动机停止运行。

硬件设备和程序的关系如图 1.80 所示，系统等效示意图如图 1.81 所示。对于 PLC 的每个输入/输出端子甚至内部软元件，在 PLC 内部都是存储器，但我们可以沿用继电器的概念，将它们都看作继电器，称为"软继电器"。输入点继电器受外部开关控制，每个输入端子回路接通时，内部相应存储器位为 1，相当于"软继电器"线圈通电，每个存储器位有无数个同名的常开触点、常闭触点供程序使用。当程序执行使输出存储器位接通时，相当于输出继电器线圈接通，这种"软线圈"可以有无数个同名常开触点、常闭触点供程序使用，而且有一个同名的物理触点和外部设备相连，当输出继电器线圈通电接通，外部设备即通电运行。

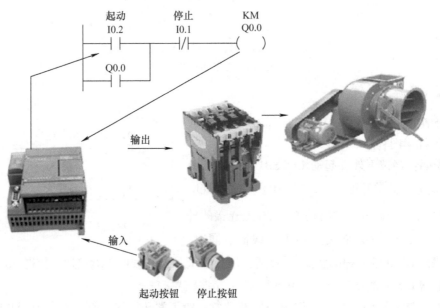

图 1.80　硬件设备和程序的关系

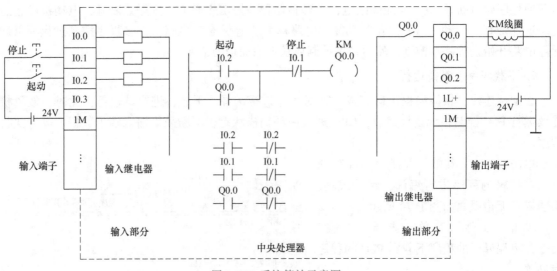

图 1.81　系统等效示意图

2）输入采集阶段：起动时，按下SB1，使输入端子I0.2所连接的输入回路接通，相当于输入软继电器I0.2的线圈通电，在某个扫描周期的输入采样阶段，系统将内部I0.2寄存器置为1；I0.1的输入回路断开，扫描到此触点时，I0.1寄存器为0。

3）程序执行阶段：I0.2的软继电器线圈为1，则其常开触点 I0.2 闭合，而I0.1的继电器线圈为0，其常闭触点 I0.1 仍闭合，在图1.81所示梯形图中形成的"回路"，有"电流"通过，使输出继电器Q0.0通电，梯形图"回路"沿图1.82所示的实心方块接通，输出寄存器Q0.0置1，并使其常开辅助触点闭合，实现自锁。

4）输出刷新阶段：系统使Q0.0的物理触点 Q0.0 闭合，输出回路导通，接触器KM线圈通电，其主触点闭合，使电动机主电路接通，电动机连续运行。松开SB1按钮，I0.2寄存器为0，其常开触点断开，但由于Q0.0常开辅助触点闭合自锁，Q0.0线圈仍通电，电动机依然运行。梯形图"回路"如图1.83所示。

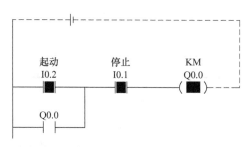

图1.82 起动时梯形图"回路"

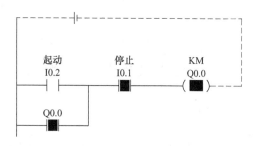

图1.83 持续运行时梯形图"回路"

当在某个时刻按下停止按钮，输入端子，I0.1的输入回路接通，在输入采样阶段，I0.1输入继电器置1，程序执行阶段则使常闭触点 I0.1 断开，使梯形图"回路"断开，输出线圈Q0.0失电断开，Q0.0输出寄存器为0，常开辅助触点 Q0.0 由接通变为断开，在输出刷新阶段使物理触点 Q0.0 断开，输出回路断电，KM线圈失电，电动机主电路的KM主触点断开，电动机断电停止。

▶▶ 任务评价

组内成员协调完成工作，在强化知识的基础上建立工业现场系统设计的概念，设计完成后，各组之间互评并由教师给予评定，其评定标准以PLC职业资格能力要求为依据，使学生初步建立工程概念。

1. 检查内容

1）检查元器件是否齐全，熟悉各元器件的作用。
2）熟悉控制电路原理，列出I/O分配表。
3）检查线路安装是否合理及运行情况。

2. 评估策略

评估标准见表1.4。

表1.4 鼓风机连续运行控制系统设计评估标准

项　　目	要　　求	分　　数	评分标准	得　　分
遵守职业守则	工作认真负责，团结协作，安全操作	5	每项2分	

（续）

项　目	要　求	分　数	评分标准	得　分
系统电气原理图设计	原理图绘制完整、规范	10	不完整、不规范，每处扣2分	
I/O分配表	准确完整，与原理图一致	10	不完整，每处扣2分	
程序设计	简洁易读，指令正确，符合任务要求	15	不正确，每处扣3分	
电气线路安装和连接	线路安装简洁、正确，符合工艺要求	30	不规范，每处扣5分	
系统调试	系统设计达到任务要求，运行成功	30	第一次调试不合格，扣10分 第二次调试不合格，扣10分	
时间	60min，每超时5min扣5分，不得超过10min			
安全	检查完毕通电，人为短路扣20分			

▶▶ 拓展训练

训练1 用 PLC 实现点动和连续运行的控制，要求用一个点动按钮、一个连续按钮和一个停止按钮实现控制功能。

训练2 用一个点动按钮控制电动机连续运行、停止，第一次按下按钮电动机起动连续运行，再次按下此按钮电动机停止运行。

任务3　电动机正反转运行控制

以 PLC 控制电动机拖动机械设备实现往复运动是工业控制中常用的方式，比如大厦里电梯的上下。电动机正反转控制系统的设备如图1.84所示。

▶▶ 学习目标

（1）熟悉 PLC 的结构和工作过程，了解软件使用过程，会简单编程，会接线。

（2）掌握联锁环节。

（3）学习置位、复位指令和边沿脉冲指令。

图1.84　电动机正反转控制系统的设备

▶▶ 任务要求

按下正向起动按钮，电动机正方向运转，按下停止按钮，电动机停止。按下反向起动按钮，电动机反方向运转，按下停止按钮，电动机停止。其继电器控制电气原理图如图1.85所示，要求用 PLC 实现控制功能。

>> **知识准备**

1. PLC 联锁控制

在生产机械的各种运动之间往往存在着某种相互制约或者由一种运动制约着另一种运动的控制关系，通常采用联锁控制来实现。利用两个或多个常闭触点使多个线圈不会同时通电的功能称为联锁或互锁。在图 1.85 中，为了避免电动机同时正转和反转，采用输出点的联锁控制，在 KM1 线圈支路中串联 KM2 的常闭辅助触点，在 KM2 线圈支路中串联 KM1 的常闭

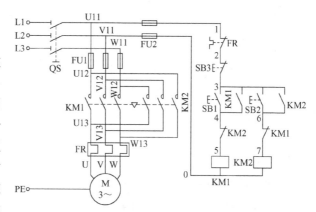

图 1.85 电动机正反转运行继电器控制电气原理图

辅助触点。KM1 线圈通电，电动机正转运行时，KM1 的常闭辅助触点切断反转支路；当按下反转按钮时，KM2 控制的反向接触器不会接通，从而保护电动机。联锁控制经常用于电动机的减压起动、正反转，机床刀架的进给与快速移动，横梁升降及机床卡具的卡紧与放松等一些不能同时发生的运动控制。

2. 置位、复位指令和边沿脉冲指令

（1）置位指令（Set） 从 bit 开始的 N 个元件置 1 并保持。

（2）复位指令（Reset） 从 bit 开始的 N 个元件清零并保持。

置位与复位指令格式如图 1.86 所示。

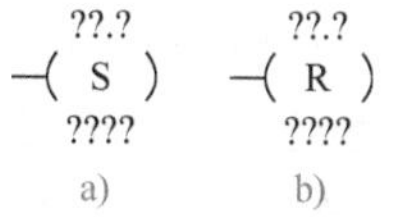

图 1.86 置位与复位指令

a）置位指令 b）复位指令

S/R 指令使用说明：

1）S/R 指令的操作数为：I、Q、M、SM、T、C、V、S 和 L。

2）置位（S）和复位（R）指令设置（打开）或复原指定的点数（N），从指定的地址（位）开始，可以设置和复原 1～255 个点。

3）对位元件来说，一旦被置位，就保持在通电状态，除非对它进行复位；而一旦被复位，就保持在断电状态，除非再对它进行置位。

4）S/R 指令可以互换次序使用，但由于 PLC 采用扫描工作方式，所以写在后面的指令具有优先权。

5）如果复位指令指定一个定时器位（T）或计数器位（C），则指令复原定时器或计数器位，并清除定时器或计数器的当前值。

（3）边沿脉冲指令 指令格式：边沿脉冲指令分为上升沿脉冲指令和下降沿脉冲指令，其格式如图 1.87 所示。

1）上升沿脉冲指令：指某一位操作数的状态由 0 变为 1 的边沿过程，可产生一个脉冲。这个脉冲可以用来启动一个控制程序、启动一个运算过程、结束一个控制等。

图 1.87 边沿脉冲指令

a）上升沿脉冲指令 b）下降沿脉冲指令

注意：上升沿脉冲只存在于一个扫描周期，接受这一脉冲控制的元件应写在这一脉冲出现的语句之后。

2）下降沿脉冲指令：指某一操作数的状态由 1 变为 0 的边沿过程，可以产生一个脉冲。这个脉冲可以像上升沿脉冲一样，用来启动一个控制程序、启动一个运算过程、结束一个控制等。

注意：下降沿脉冲只存在于一个扫描周期，接受这一脉冲控制的元件应写在这一脉冲出现的语句之后。

图 1.88 所示为边沿脉冲指令的应用举例。

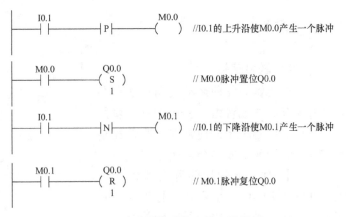

图 1.88 边沿脉冲指令的应用举例

注释：
//I0.1的上升沿使M0.0产生一个脉冲
// M0.0脉冲置位Q0.0
//I0.1的下降沿使M0.1产生一个脉冲
// M0.1脉冲复位Q0.0

≫ 任务实施

先对图 1.85 进行原理分析，再建立 PC 与 PLC 的通信，了解编程软件的使用方法，根据控制要求逐步建立硬件电路，并进行程序编辑。

1. 任务分析

电动机正反转控制通常在起吊重物、生产设备处于运行工作状态时应用。在图 1.85 中，连接电动机的电路称为主电路，此电路通过熔断器 FU1 经接触器的主触点连接电动机的三相；连接控制按钮的电路称为控制电路。

控制过程为如下。

1）合上电源总开关 QS。

2）正转起动：按下正转按钮 SB1，接触器 KM1 线圈得电，KM1 主触点闭合，电动机 M 起动正转运行；同时 KM1 常闭辅助触点断开，切断 KM2 支路。

3）反转起动：按下反转按钮 SB2，接触器 KM2 线圈得电，KM2 主触点闭合，电动机 M 起动反转运行；同时 KM2 常闭辅助触点断开，切断 KM1 支路。

4）停止：按下停止按钮 SB3，接触器 KM1（KM2）线圈失电，KM1（KM2）主触点断开，电动机 M 停止运行；同时 KM1（KM2）常闭辅助触点闭合。

5）停止使用时，断开电源总开关 QS。

用 PLC 实现控制过程。

2. 准备元器件

选择 CPU226 DC/DC/DC、24V 电源、连接线和图 1.84 所示相关设备。

3. 输入/输出点分配

进行控制系统设计时，首先应确定输入/输出点的分配，见表 1.5。

表 1.5 I/O 分配表

输入信号		输出信号	
停止按钮 SB3	I0.3	正转接触器 KM1	Q0.0
正转起动按钮 SB1	I0.1		
反转起动按钮 SB2	I0.2	反转接触器 KM2	Q0.1

4. 电气原理图设计

画出 PLC 控制电气原理图如图 1.89 所示。正转接触器 KM1 的线圈作为输出设备连接在 Q0.0，其主触点连接至三相电源以控制电动机正转，反转接触器 KM2 的线圈作为输出设备连接在 Q0.1，其主触点连接至三相电源以控制电动机反转。

对于外部按钮，在 PLC 系统中停止按钮和起动按钮都采用常开型，这和继电器系统有所不同。

5. 通信

用西门子提供的专用 PC/PPI 电缆将装好编程软件的 PC 和 PLC 相连，打开图 1.8 所示的STEP7－Micro/WIN 界面，单击图 1.69 所示的"指令树"中"通信"项目下的"通信"子项目，弹出图 1.70 所示的通信界面，双击"双击刷新"图标，出现图 1.71 所示的界面，表示通信成功，可以进行编程设计。系统默认 PC 地址为 0，图 1.71 所示 PLC 地址为 2。若搜索不到，且检查连接线无松动时，可选择搜索所有波特率，再进行尝试。

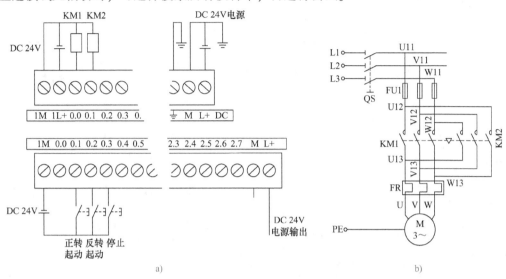

图 1.89　电动机正反转运行 PLC 控制电气原理图

a) PLC 接线　b) 主电路

6. 程序编写

进入 STEP7 编程软件，在程序编辑窗口输入图 1.90 所示梯形图程序。

7. 下载程序、系统运行

在硬件连线、软件编程正确完成后，对程序进行编译、下载，进行试运行，此时，电动机正反转运行 PLC 控制系统设计完成，CPU 进入循环扫描状态，不断采集输入端子数据，等待执行程序。

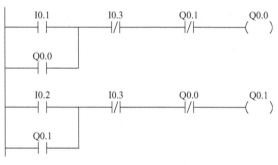

图 1.90　电动机正反转控制梯形图

1）连接好 PLC 输入/输出接线。

2）录入程序并下载到 PLC 中，使 PLC 进入运行状态。

3）使 PLC 进入梯形图监控状态。

① 不做任何操作，观察 I0.1、I0.2、I0.3、Q0.0、Q0.1 的状态。

② 交替按下正、反转按钮及停止按钮，观察 I0.1、I0.2、I0.3、Q0.0、Q0.1 的状态。

4）操作过程中同时观察输入/输出状态指示灯的亮、灭情况。

》》任务评价

组内成员协调完成工作，在强化知识的基础上建立工业现场系统设计的概念，设计完成后，各组之间互评并由教师给予评定，其评定标准以 PLC 职业资格能力要求为依据，使学生初步建立工程概念。

1. 检查内容

1）检查元器件是否齐全，熟悉各元器件的作用。

2）熟悉控制电路原理，列出 I/O 分配表。

3）检查线路安装是否合理及运行情况。

2. 评估策略

评估标准见表1.6。

表1.6　电动机正反转运行控制系统设计评估标准

项　目	要　求	分　数	评分标准	得　分
遵守职业守则	工作认真负责，团结协作，安全操作	5	每项2分	
系统电气原理图设计	原理图绘制完整、规范	10	不完整、不规范，每处扣2分	
I/O分配表	准确完整，与原理图一致	10	不完整，每处扣2分	
程序设计	简洁易读，指令正确，符合任务要求	15	不正确，每处扣3分	
电气线路安装和连接	线路安装简洁、正确，符合工艺要求	30	不规范，每处扣5分	
系统调试	系统设计达到任务要求，运行成功	30	第一次调试不合格，扣10分 第二次调试不合格，扣10分	
时间	60min，每超时5min扣5分，不得超过10min			
安全	检查完毕通电，人为短路扣20分			

➤➤ 拓展训练

训练1　用置位、复位指令实现电动机正反转控制。

训练2　用PLC实现图1.91所示的工作台往复运动控制。

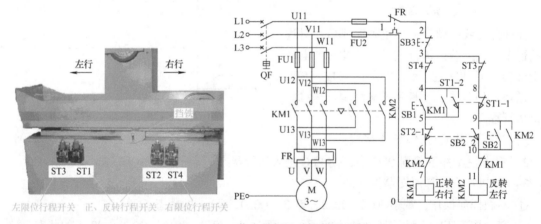

图1.91　工作台往复运动控制原理图

任务4　电动机顺序起动、逆序停止控制

➤➤ 学习目标

（1）熟悉PLC的结构和工作过程，了解软件使用过程，会简单编程，会接线。

（2）掌握实现顺序起动、逆序停止控制的编程方法。

（3）能使用相关指令编制顺序起停控制电路梯形图。

许多工业设备上装有多台电动机，各电动机的工作时序往往不同。例如，通用机床一般要求主轴电动机起动后进给电动机再起动，而带有液压系统的机床一般需要先起动液压泵电动机后，才能起动其他电动机，等等。一台电动机的起动是另外一台电动机起动的条件，多台电动机的停止也同样有顺序的要求，等等。在对多台电机进行控制时，各电动机的起动或停止是有顺序的，这种控制方式称为顺序起停控制。

用 PLC 实现图 1.92 所示的三级传送带顺序起动、逆序停止控制，传送带由三台电动机控制，要求：3 号传送带起动后 2 号传送带才起动，最后才能起动 1 号传送带。停止时，1 号传送带先停止，然后 2 号传送带停止，最后 3 号传送带停止。

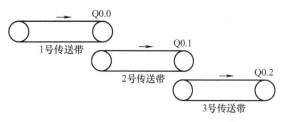

图 1.92　电动机顺序起动、逆序停止控制系统

任务要求

按下起动按钮 SB3，3 号电动机起动运行，然后按下起动按钮 SB2，2 号电动机起动运行，最后按下起动按钮 SB1，1 号电动机起动运行，即以 3 - 2 - 1 顺序起动电动机，前边的电动机没有起动，后边的电动机则不能起动。按下停止按钮 SB4，1 号电动机停止，按下停止按钮 SB5，2 号电动机停止，最后按下停止按钮 SB6，3 号电动机停止，即以 1 - 2 - 3 顺序停止电动机，前边的电动机没有停止，后边的电动机则不能停止。要求用 PLC 实现控制功能。

任务实施

1. 任务分析

根据控制要求，此任务设计需要 6 个输入端子，3 个输出端子。主电路为 3 台交流电动机。

为了按照 3 - 2 - 1 的顺序起动，3 号电动机能控制 2 号电动机，2 号电动机能控制 1 号电动机，需在 2 号电动机和 1 号电动机控制电路中分别串联 3 号电动机和 2 号电动机的常开辅助触点。为了使停止时按照 1 - 2 - 3 的顺序停止，需在 3 号电动机和 2 号电动机的停止按钮两端分别并联 2 号电动机和 1 号电动机的常开辅助触点，使得 3 号电动机和 2 号电动机的停止按钮不能随意起作用。

2. 准备元器件

选择 CPU226 DC/DC/DC、24V 电源、连接线、6 个按钮，3 台交流电动机及 3 个接触器。

3. 输入/输出点分配

当进行控制系统设计时，首先应确定输入/输出点的分配，见表 1.7。

表 1.7　I/O 分配表

输入信号		输出信号	
1 号电动机起动按钮 SB1	I0.1	1 号电动机接触器 KM1	Q0.0
1 号电动机停止按钮 SB4	I0.4		
2 号电动机起动按钮 SB2	I0.2	2 号电动机接触器 KM2	Q0.1
2 号电动机停止按钮 SB5	I0.5		
3 号电动机起动按钮 SB3	I0.3	3 号电动机接触器 KM3	Q0.2
3 号电动机停止按钮 SB6	I0.6		

4. 电气原理图设计

根据端子分配画出其 PLC 控制电气原理图如图 1.93 所示。

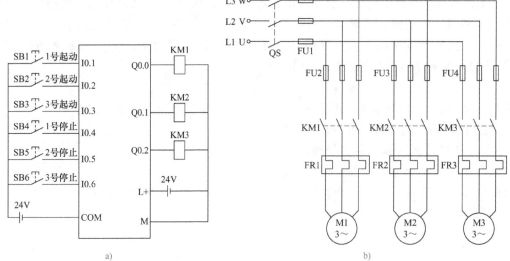

图 1.93 电动机顺序起动、逆序停止 PLC 控制电气原理图

a）PLC 接线 b）主电路

5. 通信

用西门子提供的专用 PC/PPI 电缆将装好编程软件的 PC 和 PLC 相连，打开图 1.8 所示的 STEP7 – Micro/WIN 界面，单击图 1.69 所示的"指令树"中"通信"项目下的"通信"子项目，弹出图 1.70 所示的通信界面，双击"双击刷新"图标，出现图 1.71 所示的界面，表示通信成功，可以进行编程设计。系统默认 PC 地址为 0，图 1.71 所示 PLC 地址为 2。若搜索不到，且检查连接线无松动时，可选择搜索所有波特率，再进行尝试。

6. 程序编写

进入 STEP7 编程软件，在程序编辑窗口输入图 1.94 所示梯形图程序。在 2 号电动机 Q0.1 支路串联 3 号电动机 Q0.2 的常开触点，在 1 号电动机 Q0.0 支路串联 Q0.1 的常开触点就可实现 3 – 2 – 1 顺序的起动。在 Q0.1 支路的停止按钮 I0.5 两端并联 Q0.0 的常开触点，在 Q0.2 支路的停止按钮 I0.6 两端并联 Q0.1 的常开触点，即可实现 1 – 2 – 3 顺序的停止。

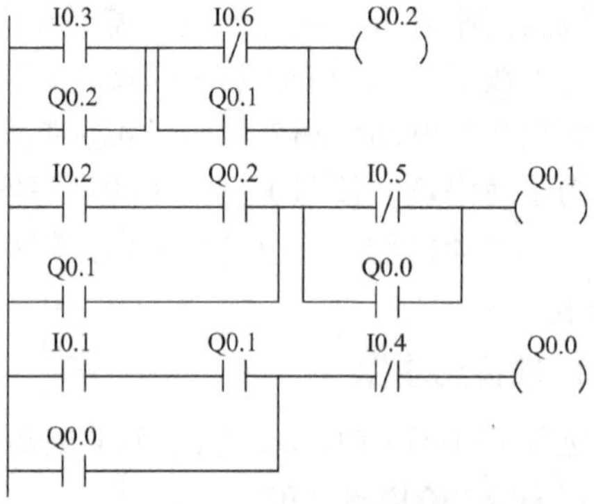

7. 下载程序、系统运行

在硬件连线、软件编程正确完成后，对程序进

图 1.94 电动机顺序起动、逆序停止控制梯形图

行编译、下载，进行试运行，此时，电动机顺序起动、逆序停止 PLC 控制系统设计完成，CPU 进入循环扫描状态，不断采集输入端子数据，等待执行程序。

1）连接好 PLC 输入/输出接线。

2）录入程序并下载到 PLC 中，使 PLC 进入运行状态。

3）使 PLC 进入梯形图监控状态。

① 不做任何操作，观察 Q0.0、Q0.1、Q0.2 的状态。

② 交替按下各起动按钮及停止按钮，观察 Q0.0、Q0.1、Q0.2 的状态。

4）操作过程中同时观察输入/输出状态指示灯的亮、灭情况。

≫ 任务评价

组内成员协调完成工作，在强化知识的基础上建立工业现场系统设计的概念，设计完成后，各组之间互评并由教师给予评定，其评定标准以 PLC 职业资格能力要求为依据，使学生初步建立工程概念。

1. 检查内容

1）检查元器件是否齐全，熟悉各元器件的作用。

2）熟悉控制电路原理，列出 I/O 分配表。

3）检查线路安装是否合理及运行情况。

2. 评估策略

评估标准见表1.8。

表1.8　电动机顺序起动、逆序停止控制系统设计评估标准

项　目	要　求	分　数	评分标准	得　分
遵守职业守则	工作认真负责，团结协作，安全操作	5	每项2分	
系统电气原理图设计	原理图绘制完整、规范	10	不完整、不规范，每处扣2分	
I/O 分配表	准确完整，与原理图一致	10	不完整，每处扣2分	
程序设计	简洁易读，指令正确，符合任务要求	15	不正确，每处扣3分	
电气线路安装和连接	线路安装简洁、正确，符合工艺要求	30	不规范，每处扣5分	
系统调试	系统设计达到任务要求，运行成功	30	第一次调试不合格，扣10分 第二次调试不合格，扣10分	
时间	60min，每超时5min扣5分，不得超过10min			
安全	检查完毕通电，人为短路扣20分			

项目小结

本项目以引风机、鼓风机和电动机控制为设计情景学习 PLC 的基本指令，完成 PLC 控制系统的设计，使学生了解完成一个控制任务的设计步骤。通过分析每个任务、学习相关知识、分配端子、绘制电气原理图和编程下载，项目完成应使学生掌握下列技能：

1）了解 PLC 结构和工作原理。

2）熟悉编程环境。

3）熟悉基本指令。

4）掌握 PLC 控制系统的设计步骤。

实践中常见问题解析

PLC 是工业控制的核心设备。在实践中应能阅读 PLC 系统手册，熟悉 PLC 端子连接方式，能自己连线，对每个项目能准确画出电气原理图。在实验中常有学生把实验台上的输入端子和输出端子相连，搞不清输入端子是采集外部输入设备，而输出端子用于驱动外部负载。对 PLC 的电路熟悉过程和熟练编程最好的方法是加强练习。

项目②

定时器与计数器指令应用

知识目标

- 熟悉定时器指令、计数器指令和运算指令。
- 熟悉 PLC 控制系统的设计过程。

能力目标

- 掌握用所学指令解决工程控制问题的方法和技巧。
- 具备分析系统工艺流程并能据此绘制顺序功能图的能力。
- 能根据任务要求设计电气原理图。

职业能力

- 通过对数码管、指示灯、电动机控制方法的学习，围绕 PLC 核心技术，锻炼学生学习能力、应变能力和创新能力。
- 掌握 PLC 系统设计技巧，获得较强的实践能力，具有现场读图能力。
- 能够对企业现场的机械设备的电气控制要求进行分析，并提出 PLC 解决方案。

思政目标

- 在实际操作过程中，要培养动手实践能力，培养质量意识、安全意识、节能环保意识和规范操作的职业素养。

任务1　数码管显示控制

学习目标

(1) 熟悉数码管控制原理。
(2) 熟悉基本逻辑指令，学习定时器指令。
(3) 熟悉 PLC 系统设计过程。

任务要求

数码管主要用于显示数字，在电梯、交通信号灯等场所经常用到。本任务要求用 PLC 实现数字显示控制功能，完成 PLC 的硬件、软件设计。按下 1#按钮，数码管显示数字 1 且保持；按下 2#按钮，数码管显示数字 2 且保持；按下 3#按钮，数码管显示数字 3 且保持；按下 4#按钮，数码管显示数字 4 且保持。

知识准备 数码管和定时器指令

一、数码管

数码管各段如图2.1所示，每一个笔画（每一段）相当于一盏灯，通过组合各个笔画可形成需要显示的数字。

数码管各段在不同高低电平组合控制下的亮灭可形成数字显示。当显示不同数字时，各个笔画形成的一组二进制数值称为七段码。将数码管作为负载接到PLC的输出端子，编写程序使七段a~g有序亮灭，就形成数字。七段码表见表2.1。

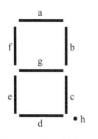

图2.1 数码管各段

表2.1 数码管七段码表

显示	码段							
	a	b	c	d	e	f	g	h
全灭	0	0	0	0	0	0	0	0
0	1	1	1	1	1	1	0	1
1	0	1	1	0	0	0	0	1
2	1	1	0	1	1	0	1	1
3	1	1	1	1	0	0	1	1
4	0	1	1	0	0	1	1	1
5	1	0	1	1	0	1	1	1
6	1	0	1	1	1	1	1	1
7	1	1	1	0	0	0	0	1
8	1	1	1	1	1	1	1	1
9	1	1	1	1	0	1	1	1
A	1	1	1	0	1	1	1	1
b	0	0	1	1	1	1	1	1
C	1	0	0	1	1	1	0	1

二、定时器指令

1. 基本概念

定时器是PLC内部重要的编程元件，它的作用与继电器控制电路中的时间继电器基本相似。定时器的设定值通过程序预先输入，当满足定时器的工作条件时，定时器开始计时，定时器的当前值从0开始按照一定的时间单位（既定时精度）增加。例如，对于100ms定时器，定时器的当前值经时间间隔100ms加1。当定时器的当前值达到它的设定值时，定时器动作。在顺序控制系统中，时间顺序控制系统是一类重要的控制系统，而这类控制系统主要使用定时器类指令。

2. 定时器指令说明

S7-200系列PLC具有接通延时定时器（TON）、有记忆接通延时定时器（TONR）及断开延时定时器（TOF）3类。总共提供了256个定时器T0~T255，其中，TONR为64个，其余192个可定义为TON或TOF。定时精度可分为3个等级：1ms、10ms、100ms。定时器的编号和分辨率见表2.2。

表 2.2　TON、TONR、TOF 定时器的编号和分辨率

定时器类型	分辨率/ms	最大定时值/s	定时器编号
TONR	1	32.767	T0、T64
	10	327.67	T1～T4、T65～T68
	100	3276.7	T5～T31、T69～T95
TON、TOF	1	32.767	T32、T96
	10	327.67	T33～T36、T97～T100
	100	3276.7	T37～T63、T101～T255

S7-200 系列 PLC 中定时器时间由时基和定时值两部分组成，定时时间等于时基与定时值的乘积。时基小则定时分辨率高，但定时范围窄；时基大则分辨率低，但定时范围宽。

定时器指令需要 3 个操作数：编号、设定值和允许输入。

定时时间为

$$T = PT \times S$$

式中，T 为定时器的定时时间；PT 为定时器的设定值，数据类型为整数型；S 为定时器的精度。

定时器计时的过程就是对时基脉冲计数的过程，然而，3 种不同定时精度的定时器的刷新方式是不同的，要正确使用定时器，首先要知道定时器的刷新方式，保证定时器在每个扫描周期都能刷新一次，并能执行 1 次定时器指令。

（1）1ms 分辨率　1ms 定时器在定时器起动后的 1ms 开始进行计数，即 1ms 后执行定时器指令起动定时器。1ms 定时器每隔 1ms 刷新一次（定时器和定时器当前值），不和扫描周期同步。当扫描周期较长时，在一个周期内可能被多次刷新，其当前值在一个扫描周期内不一定保持一致。

（2）10ms 分辨率　10ms 定时器在定时器起动后的 10ms 开始进行计数，即 10ms 后执行定时器指令启动定时器。10ms 定时器在每次扫描周期的开始刷新（即在一个扫描周期内，定时器位和定时器当前值被保持），并把累计的 10ms 间隔数加到启动的定时器的当前值。由于每个扫描周期内只刷新一次，故而每次程序处理期间，其当前值为常数。

（3）100ms 分辨率　100ms 定时器在定时器启动后的 100ms 开始进行计数，即 100ms 后执行定时器指令启动定时器。100ms 定时器在每次扫描周期的开始刷新（即在一个扫描周期内，定时器位和定时器当前值被保持），并把累计的 100ms 间隔数加到启动的定时器的当前值。下一条执行的指令即可使用刷新后的结果，使用方便可靠。但应当注意，如果该定时器的指令不是每个周期都执行，定时器就不能及时刷新，可能出错。

3. 指令格式

定时器指令格式如图 2.2 所示。

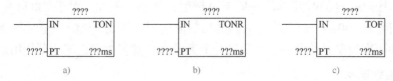

图 2.2　定时器指令

a）接通延时定时器　b）有记忆接通延时定时器　c）断开延时定时器

4. 功能

（1）接通延时定时器（TON）　当输入端（IN）接通时，接通延时定时器开始计时，当定时器当前值等于或大于设定值（PT）时，定时器被置 1。定时器累计值达到设定时间后，继续

计时，一直计到最大值32767。

接通延时定时器程序举例如图2.3所示。

在图2.3中，当I0.0接通时，定时器T37开始计时，计时到设定值1s时状态位置1，其常开触点接通，驱动Q0.0有输出；其当前值仍然增加，但不影响状态位。当I0.0分断时，T37复位，当前值清0，状态位也清0，即恢复原始状态。若I0.0接通时间未到设定值就断开，则T37跟随复位，Q0.0不会有输出。

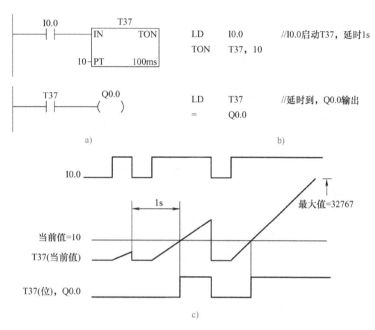

图2.3 接通延时定时器程序举例

a) 梯形图 b) 语句表 c) 时序图

（2）断开延时定时器（TOF） 当输入端（IN）接通时，定时器立即被置1，并把当前值设为0。

当输入端（IN）断开时，定时器开始计时，当计时当前值等于设定时间时，定时器复位，状态位清0，并且停止计时。TOF指令必须用负跳变（由on到off）的输入信号启动计时。

断开延时定时器程序举例如图2.4所示。从梯形图上看，与图2.3没有什么差别，但其工作时序是不同的。

（3）有记忆接通延时定时器（TONR） 当输入端（IN）接通时，有记忆接通延时定时器接通并开始计时，当定时器当前值等于或大于设定值（PT）时，该定时器被置1。当定时器累计值达到设定值后，定时器继续计时，一直计到最大值32767。

有记忆接通延时定时器程序举例如图2.5所示。请读者自行与前两例进行比较。

>> 任务实施

为了实现系统设计，在理解PLC工作过程、学习基本逻辑指令的基础上制定工作计划。

1. 任务分析

数码管各段作为负载由PLC输出端子驱动，按下输入端按钮驱动相应输出端产生信号，相应数码段亮。本项目可从输入角度或输出角度实现数字显示。以表2.3为例，当按下按钮I0.1时，置位复位指令使得b、c段为1，其他段为0，即显示数字1；当按下按钮I0.2时，置位复位指令使得a、b、d、e、g段为1，其他段为0，即显示数字2。

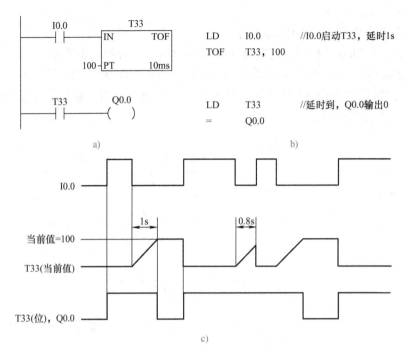

图 2.4　断开延时定时器程序举例

a)梯形图　b)语句表　c)时序图

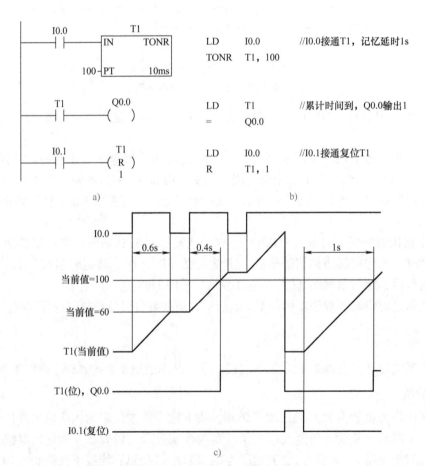

图 2.5　有记忆接通延时定时器程序举例

a)梯形图　b)语句表　c)时序图

表2.3 显示1、2数码段表

按钮	数字	a	b	c	d	e	f	g	h
I0.1	1	0	1	1	0	0	0	0	0
I0.2	2	1	1	0	1	1	0	1	0

2. 准备元器件

CPU226 DC/DC/DC、24V电源、4个按钮、1个数码管、连接线。

3. 输入/输出点分配

4个按钮属于输入控制设备,数码管属于负载。在PLC中,PLC采集开关信号,执行程序,驱动负载。I/O分配见表2.4。

表2.4 I/O分配表

输入		输出	
I0.1	1#按钮	Q0.0	a段
I0.2	2#按钮	Q0.1	b段
I0.3	3#按钮	Q0.2	c段
I0.4	4#按钮	Q0.3	d段
		Q0.4	e段
		Q0.5	f段
		Q0.6	g段

4. 绘制电气原理图

根据端子分配绘制电气原理图,如图2.6所示。连接PLC的工作电源、输入端子电源及输出端子电源。

5. 通信

用西门子提供的专用PC/PPI电缆将装好编程软件的PC和PLC相连,打开图1.8所示的STEP7-Micro/WIN界面,单击图1.69所示的"指令树"中"通信"项目下的"通信"子项目,弹出图1.70所示通信界面,双击"双击刷新"图标,出现图1.71所示的界面,表示通信成功,可以进行编程设计。系统默认PC地址为0,图1.71所示PLC地址为2。

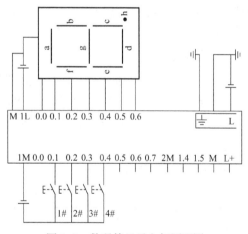

图2.6 数码管显示电气原理图

若搜索不到,且检查连接线无松动时,可选择搜索所有波特率,再进行尝试。

6. 程序编写

编写梯形图程序,如图2.7所示。

7. 下载程序、系统运行

在硬件连线、软件编程正确完成后,对程序进行编译、下载,进行试运行,此时,数码管显示PLC控制系统设计完成。CPU进入循环扫描状态,不断采集输入端子数据,等待执行程序。

1)连接好PLC输入/输出接线。

2)录入程序并下载到PLC中,使PLC进入运行状态。

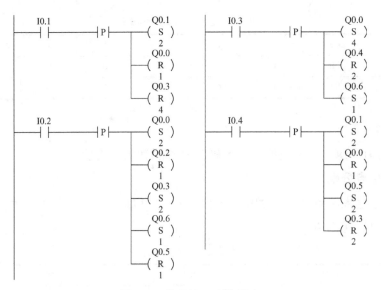

图 2.7　数码管显示梯形图

3）使 PLC 进入梯形图监控状态。

①不做任何操作，观察数码管的状态。

②分别按下 1#按钮、2#按钮、3#按钮、4#按钮，观察数码管的状态。

4）操作过程中同时观察输入/输出状态指示灯的亮、灭情况。

>> 任务评价

　　为了更好地学习 PLC，组内成员协调完成工作，在强化知识的基础上建立工业现场系统设计的概念，设计完成后，各组之间互评并由教师给予评定，其评定标准以 PLC 职业资格能力要求为依据，使学生初步建立工程概念。

1. 检查内容

1）检查元器件是否齐全，熟悉各元器件的作用。

2）熟悉控制电路原理，列出 I/O 分配表。

3）检查线路安装是否合理及运行情况。

2. 评估策略

评估标准见表 2.5。

表 2.5　数码管显示控制系统设计评估标准

项　目	要　　求	分　　数	评分标准	得　分
系统电气原理图设计	原理图绘制完整、规范	10	不完整、不规范，每处扣 2 分	
I/O 分配表	准确完整，与原理图一致	10	不完整，每处扣 2 分	
程序设计	简洁易读，符合任务要求	20	不正确，每处扣 5 分	
电气线路安装和连接	线路安装简洁、正确，符合工艺要求	30	不规范，每处扣 5 分	
系统调试	系统设计达到任务要求，运行成功	30	第一次调试不合格，扣 10 分　第二次调试不合格，扣 10 分	
时间	60min，每超时 5min 扣 5 分，不得超过 10min			
安全	检查完毕后通电，人为短路扣 20 分			

▶▶ 拓展训练

训练1 用输入/输出指令实现数字1~4的显示。

训练2 抢答器控制。要求：用PLC实现3组优先抢答器控制。主持人按下开始按钮后，3组抢答按钮任一个被按下，显示器显示该组的组号，抢答成功组的指示灯亮起，同时锁住抢答器，其他组按下抢答按钮无效。主持人按下停止按钮，则不能抢答，显示器无显示。

任务2 跑马灯控制

▶▶ 学习目标

(1) 熟悉跑马灯控制过程。

(2) 熟悉定时器指令，学习计数器指令、传送指令和移位指令。

(3) 熟悉PLC系统设计过程。

▶▶ 任务要求

用PLC实现8盏灯的跑马灯控制，按下起动按钮，第1盏灯亮；1s后第2盏灯亮，同时第1盏灯灭；再过1s后第3盏灯亮，同时第2盏灯灭……直至第8盏灯亮，再过1s，第1盏灯再次亮起。如此循环5次后，8盏灯全部熄灭，不再亮起。按下起动按钮可重新运行。中间任何时间按下停止按钮，8盏灯全部熄灭。

▶▶ 知识准备 计数器指令、传送指令和移位指令

一、计数器指令

计数器用来累计输入脉冲的次数。在实际应用中用来对产品进行计数或完成复杂的逻辑控制任务。计数器的使用方法和定时器基本相似，编程时，输入计数设定值，计数器累计脉冲输入端信号上升沿的个数，当计数值达到设定值时，计数器动作，以完成计数控制任务。

1. 计数器指令说明

S7-200系列PLC的计数器有3种：增计数器（CTU）、增/减计数器（CTUD）和减计数器（CTD）。

（1）指令格式

计数器指令格式如图2.8所示。

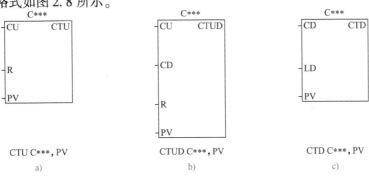

图2.8 计数器指令

a）增计数器 b）增/减计数器 c）减计数器

格式说明：

1）C＊＊＊：计数器编号。程序可以通过计数器编号对计数器位或计数器当前值进行访问。

2）CU：增计数器脉冲输入端，上升沿有效。

3）CD：减计数器脉冲输入端，上升沿有效。

4）R：复位输入端。

5）LD：装载复位输入端，只用于减计数器。

6）PV：计数器预置值。

（2）操作数的取值范围

1）C＊＊＊：WORD，常数。

2）CU，CD，LD，R：BOOL，能流。

3）PV：INT，VW、IW 、QW、MW、SW、SMW、LW、AIW、T、C、AC、＊VD、＊A、＊CLD 及常数。

2. 增计数器（CTU）指令

增计数器指令在脉冲输入端输入状态从低到高时增计数。当计数器当前值大于等于预置值PV 时，计数器位 C 置位。当复位端（R）接通或执行复位指令后，计数器复位。当达到最大值32767 后，计数器停止计数。

增计数器程序举例如图2.9 所示。

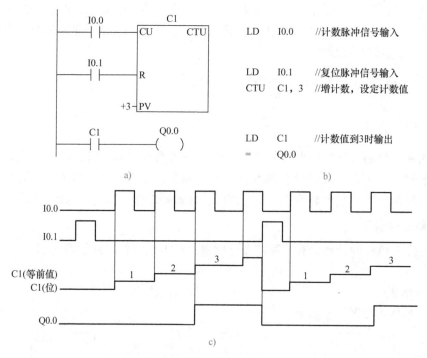

图 2.9　增计数器程序举例

a）梯形图　b）语句表　c）时序图

3. 减计数器（CTD）指令

减计数指令在脉冲输入端输入状态从低到高时减计数。当计数器的当前值等于 0 时，计数器位 C 置位。当装载复位输入端（LD）接通时，计数器被复位，并将计数器的当前值设为预置值 PV。当计数到 0 时，停止计数，计数器位 C 接通。

减计数器程序举例如图2.10 所示。

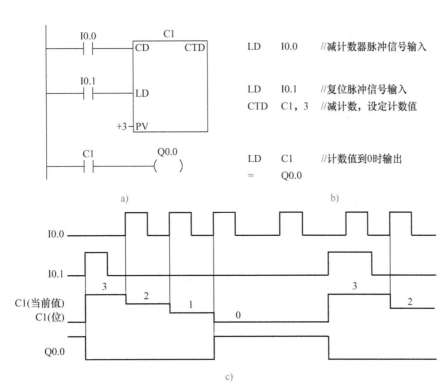

图2.10 减计数器的程序举例
a) 梯形图 b) 语句表 c) 时序图

4. 增/减计数器指令（CTUD）

增/减计数器指令（CTUD）在每一个增计数脉冲输入端输入状态从低到高时增计数，在每一个减计数脉冲输入端输入状态从低到高时减计数，当当前值大于或等于预置值时，计数器位C接通，否则，计数器位关断。当复位输入端（R）接通或执行复位指令时，计数器复位。当达到预置值PV时，计数器停止计数。

增/减计数器程序举例如图2.11所示。

二、传送指令

常用传送指令有如下几种。

1）MOV_B（Move Byte）：字节传送指令。

2）MOV_W（Move Word）：字传送指令。

3）MOV_DW（Move Double Word）：双字传送指令。

4）MOV_R（Move Real）：实数传送指令。

5）BLKMOV_B（Block Move Byte）：字节块传送指令。

6）BLKMOV_W（Block Move Word）：字块传送指令。

7）BLKMOV_DW（Block Move Double Word）：双字块传送指令。

8）SWAP（Swap Byte）：字节交换指令。

本书只详细介绍MOV_B（字节传送指令）。

传送指令MOV用来传送单个的字节、字、双字、实数。它们的梯形图指令格式及功能见表2.6。

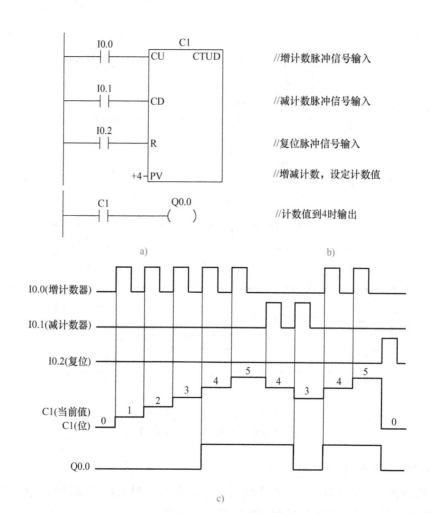

图 2.11　增/减计数器的程序举例

a) 梯形图　b) 注释　c) 时序图

表 2.6　字节、字、双字、实数梯形图指令格式及功能

	MOV_B	MOV_W	MOV_DW	MOV_R
LAD	EN ENO ????-IN OUT-????	EN ENO ????-IN OUT-????	EN ENO ????-IN OUT-????	EN ENO ????-IN OUT-????
STL	MOVB IN, OUT	MOVW IN, OUT	MOVD IN, OUT	MOVR IN, OUT
操作数及 数据类型	IN：VB，IB，QB，MB，SB，SMB，LB，AC，常量	IN：VW，IW，QW，MW，SW，SMW，LW，T，C，AIW，常量，AC	IN：VD，ID，QD，MD，SD，SMD，LD，HC，AC，常量	IN：VD，ID，QD，MD，SD，SMD，LD，AC，常量
	OUT：VB，IB，QB，MB，SB，SMB，LB，AC	OUT：VW，T，C，IW，QW，SW，MW，SMW，LW，AC，AQW	OUT：VD，ID，QD，MD，SD，SMD，LD，AC	OUT：VD，ID，QD，MD，SD，SMD，LD，AC
	字节	字、整数	双字、双整数	实数
功能	使能输入 EN 有效时，即 EN =1 时，将一个输入 IN 的字节、字/整数、双字/双整数或实数送到 OUT 指定的存储器输出。在传送过程中不改变数据的大小。传送后，输入存储器 IN 中的内容不变			

三、移位指令

移位指令分为左、右移位和循环左、右移位及寄存器移位指令三大类。前两类移位指令按移位数据的长度又分为字节型、字型和双字型3种。

1. 左、右移位指令

左、右移位数据存储单元与 SM1.1（溢出）端相连，移出位被放入特殊标志存储器位 SM1.1。移位数据存储单元的另一端补0。左、右移位指令的格式及功能见表2.7。

表2.7　左、右移位指令的格式及功能

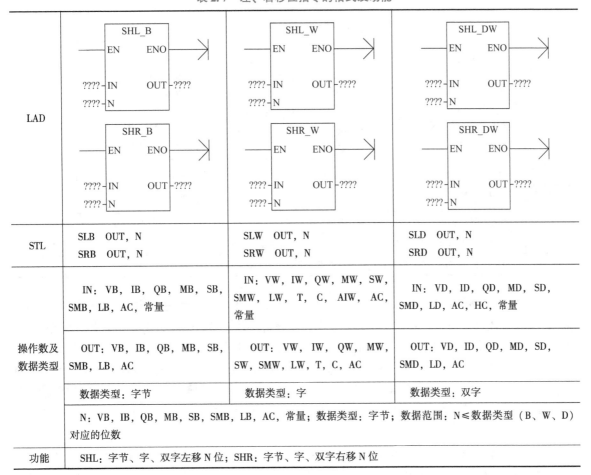

STL	SLB　OUT, N SRB　OUT, N	SLW　OUT, N SRW　OUT, N	SLD　OUT, N SRD　OUT, N
操作数及 数据类型	IN：VB, IB, QB, MB, SB, SMB, LB, AC, 常量	IN：VW, IW, QW, MW, SW, SMW, LW, T, C, AIW, AC, 常量	IN：VD, ID, QD, MD, SD, SMD, LD, AC, HC, 常量
	OUT：VB, IB, QB, MB, SB, SMB, LB, AC	OUT：VW, IW, QW, MW, SW, SMW, LW, T, C, AC	OUT：VD, ID, QD, MD, SD, SMD, LD, AC
	数据类型：字节	数据类型：字	数据类型：双字
	N：VB, IB, QB, MB, SB, SMB, LB, AC, 常量；数据类型：字节；数据范围：N≤数据类型（B、W、D）对应的位数		
功能	SHL：字节、字、双字左移 N 位；SHR：字节、字、双字右移 N 位		

（1）左移位指令 SHL（Shift Left Byte、Word、Dword）　当使能输入 EN 有效时，将 IN 输入的无符号数（字节、字或双字）中的各位向左移 N 位后（右端补0），将结果输出到 OUT 所指定的存储单元中，如果移位次数大于0，最后一次移出位保存在"溢出"存储器位 SM1.1。如果移位结果为0，则零标志位 SM1.0 置1。

（2）右移位指令 SHR（Shift Right Byte、Word、Dword）　当使能输入 EN 有效时，将 IN 输入的无符号数（字节、字或双字）中的各位向右移 N 位后，将结果输出到 OUT 所指定的存储单元中，移出位补0，最后一次移出位保存在 SM1.1。如果移位结果为0，则零标志位 SM1.0 置1。

2. 循环左、右移位指令

循环移位 ROL（Rotate Left）和 ROR（Rotate Right）将移位数据存储单元的首尾相连，同时又与溢出标志位 SM1.1 连接，SM1.1 用来存放被移出的位。指令格式及功能见表2.8。

表 2.8　循环左、右移位指令格式及功能

	ROL_B / ROR_B	ROL_W / ROR_W	ROL_DW / ROR_DW
LAD	ROL_B EN ENO ????-IN OUT-???? ????-N ROR_B EN ENO ????-IN OUT-???? ????-N	ROL_W EN ENO ????-IN OUT-???? ????-N ROR_W EN ENO ????-IN OUT-???? ????-N	ROL_DW EN ENO ????-IN OUT-???? ????-N ROR_DW EN ENO ????-IN OUT-???? ????-N
STL	RLB OUT, N RRB OUT, N	RLW OUT, N RRW OUT, N	RLD OUT, N RRD OUT, N
操作数及数据类型	IN：VB, IB, QB, MB, SB, SMB, LB, AC, 常量	IN：VW, IW, QW, MW, SW, SMW, LW, T, C, AIW, AC, 常量	IN：VD, ID, QD, MD, SD, SMD, LD, AC, HC, 常量
	OUT：VB, IB, QB, MB, SB, SMB, LB, AC	OUT：VW, IW, QW, MW, SW, SMW, LW, T, C, AC	OUT：VD, ID, QD, MD, SD, SMD, LD, AC
	数据类型：字节	数据类型：字	数据类型：双字
	N：VB, IB, QB, MB, SB, SMB, LB, AC, 常量；数据类型：字节		
功能	ROL：字节、字、双字循环左移 N 位；ROR：字节、字、双字循环右移 N 位		

（1）循环左移位指令 ROL（Rotate Left Byte、Word、Dword）　当使能输入 EN 有效时，将 IN 输入的无符号数（字节、字或双字）循环左移 N 位后，将结果输出到 OUT 所指定的存储单元中，移出的最后一位数值送溢出标志位 SM1.1。当需要移位的数值是 0 时，零标志位 SM1.0 置 1。

（2）循环右移位指令 ROR（Rotate right Byte、Word、Dword）　当使能输入 EN 有效时，将 IN 输入的无符号数（字节、字或双字）循环右移 N 位后，将结果输出到 OUT 所指定的存储单元中，移出的最后一位数值送溢出标志位 SM1.1。当需要移位的数值是 0 时，零标志位 SM1.0 置 1。

例 2.1　将 AC0 中的字循环右移 2 位，将 VB20 中的字节左移 3 位。移位后，AC0 的右端 2 位 00 移入左端 2 位，最后的 0 进入 SM1.1；VB20 的左端 3 位 101 移出，右端补 3 个 0，最后的 1 位送入 SM1.1。程序及运行结果如图 2.12 所示。

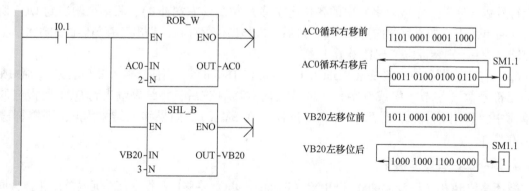

图 2.12　例 2.1 题图

>> 任务实施

为了实现系统设计，在理解 PLC 工作过程、学习基本逻辑指令、定时器指令和计数器指令的基础上制订工作计划。

1. 任务分析

本任务以定时器驱动各个灯点亮，并在最后一盏灯点亮时产生计数器的输入值，实现计数，当达到 5 次时停止跑马。

2. 准备元器件

CPU226 DC/DC/DC、24V 电源、两个按钮、8 个输出指示灯或 LED 灯、连接线。

3. 输入/输出点分配

两个按钮属于输入控制设备，灯属于负载。在 PLC 中，PLC 采集开关信号，执行程序，驱动负载。I/O 分配见表 2.9。

表 2.9　I/O 分配表

输入		输出	
I0.1	起动按钮	Q0.0	灯1
I0.2	停止按钮	Q0.1	灯2
		Q0.2	灯3
		Q0.3	灯4
		Q0.4	灯5
		Q0.5	灯6
		Q0.6	灯7
		Q0.7	灯8

4. 绘制电气原理图

根据端子分配绘制电气原理图，如图 2.13 所示。连接 PLC 的工作电源、输入端子电源、输出端子电源。

5. 通信

用西门子提供的专用 PC/PPI 电缆将装好编程软件的 PC 和 PLC 相连，打开图 1.8 所示的 STEP7 – Micro/WIN 界面，单击图 1.69 所示的"指令树"中"通信"项目下的"通信"子项目，弹出图 1.70 所示的通信界面，双击"双击刷新"图标，出现图 1.71 所示的界面，表示通信成功，可以进行编程设计。系统默认 PC 地址为 0，图 1.71 所示 PLC 地址为 2。若搜索不到，且检查连接线无松动时，可选择搜索所有波特率，再进行尝试。

6. 程序编写

用 I0.1 控制接在 Q0.0 ~ Q0.7 上的 8 个彩灯循环移位，从左到右以 1s 的时间间隔依次点亮，保持任意时刻只有一个灯亮，到达最右端后，再从左到右依次点亮。跑马灯时序图如图 2.14 所示。

8 个彩灯循环移位控制可以用字节循环移位指令实现。根据控制要求，首先应置彩灯的初始状态为 QB0 =1，即左边第一盏灯亮；接着灯从左到右以 1s 的时间间隔依次点亮，即要求字节 QB0 中的"1"用循环右移位指令每 1s 移动一位，因此须在 RORB（循环右移）指令的 EN 端接一个 1s 的移位脉冲〔可用定时器指令实现，也可以用 SM0.5（1s 脉冲）实现，前者可以改变灯亮时间〕，在最后一盏灯的下降沿产生一个计数脉冲送给计数器，以实现循环 5 次后停止。

编写梯形图程序如图 2.15 所示。

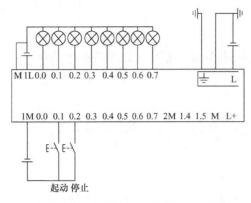

图 2.13　跑马灯控制电气原理图

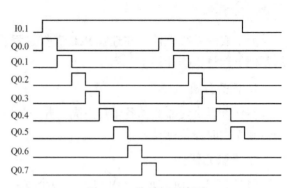

图 2.14　跑马灯时序图

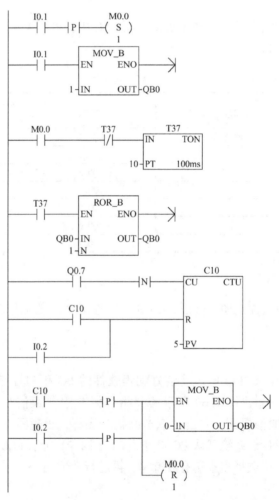

图 2.15　跑马灯控制梯形图

7. 下载程序、系统运行

在硬件连线、软件编程正确完成后，对程序进行编译、下载，进行试运行，此时，跑马灯 PLC 控制系统设计完成。CPU 进入循环扫描状态，不断采集输入端子数据，等待执行程序。

1）连接好 PLC 输入/输出接线。

2）录入程序并下载到 PLC 中，使 PLC 进入运行状态。

3）使 PLC 进入梯形图监控状态。

①不做任何操作，观察输出灯的状态。

②按下起动按钮观察输出灯的状态。

任务评价

为了更好地学习 PLC，组内成员协调完成工作，在强化知识的基础上建立工业现场系统设计的概念，设计完成后，各组之间互评并由教师给予评定，其评定标准以 PLC 职业资格能力要求为依据，使学生初步建立工程概念。

1. 检查内容

1）检查元器件是否齐全，熟悉各元器件的作用。
2）熟悉控制电路原理，列出 I/O 分配表。
3）检查线路安装是否合理及运行情况。

2. 评估策略

评估标准见表 2.10。

表 2.10　跑马灯控制系统设计评估标准

项 目	要 求	分 数	评分标准	得 分
系统电气原理图设计	原理图绘制完整、规范	10	不完整、不规范，每处扣 2 分	
I/O 分配表	准确完整，与原理图一致	10	不完整，每处扣 2 分	
程序设计	简洁易读，符合任务要求	20	不正确，每处扣 5 分	
电气线路安装和连接	线路安装简洁、正确，符合工艺要求	30	不规范，每处扣 5 分	
系统调试	系统设计达到任务要求，运行成功	30	第一次调试不合格，扣 10 分 第二次调试不合格，扣 10 分	
时间	60min，每超时 5min 扣 5 分，不得超过 10min			
安全	检查完毕后通电，人为短路扣 20 分			

拓展训练

训练 1　用特殊功能寄存器 SM0.5 和移位指令完成本任务。

训练 2　手机号码循环显示。要求：用 PLC 实现手机号码循环显示控制。按下起动按钮，开始循环显示；按下急停按钮，数码管停止在当前数字；再按下起动按钮，继续显示；按下停止按钮，数码管熄灭；再次按下起动按钮，从第 1 个数字重新显示。

任务3　倒计时显示控制

学习目标

（1）掌握 S7－200 系列 PLC 的基本逻辑指令、定时器指令、传送指令、七段译码指令和运算指令。

（2）熟悉 PLC 输入端子的接线方法、输出端子负载的接线方法和电源的接线方法。

（3）熟悉数码管的显示过程。

任务要求

用 PLC 实现对 1 盏红灯亮 9s、灭 3s 的倒计时数字显示，即 1 盏红灯亮 9s 和灭 3s 循环，当灯亮时数码管进行倒计时，灯灭 3s 时仍进行倒计时，并能亮、灭循环。

>> 知识准备　运算指令和七段译码指令

1. 运算指令

PLC 的算术运算指令又分为整数计算和浮点数计算，如图 2.16a 所示。算术运算指令包括加/减/乘/除运算指令、递增/递减指令、平方根指令、自然对数指令、自然指数指令和三角函数指令等。运算指令格式如图 2.16b 所示。

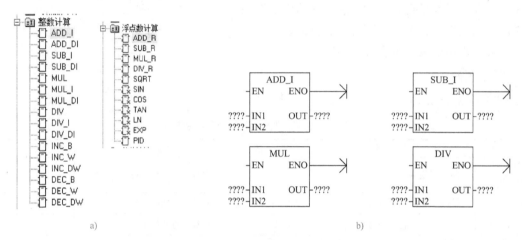

图 2.16　运算指令

在加/减/乘/除运算指令中，ADD_I、SUB_I、MUL_I、DIV_I 是整数与整数的运算，ADD_DI、SUB_DI、MUL_DI、DIV_DI 是双整数与双整数的运算，ADD_R、SUB_R、MUL_R、DIV_R 是实数与实数的运算 。需要注意的是：使用指令时，输入、输出的数据类型要跟指令的数据类型一致，否则会提示有误。

乘/除指令 MUL 和 DIV 是整数与双整数的运算，也就是说，将两个 16 位的整数进行相乘或相除，会得出一个 32 位结果，此时要注意进行除法运算时是将结果中 16 位的余数存在高 16 位，16 位的商存在低 16 位。如图 2.17 所示，假设 VW8 写入 5，VW10 写入 2，指令执行后进行相除的结果是商为 2，余数为 1，并将余数 1 存到 VW4，商 2 存到 VW6 里面（这里 VW4 就是高 16 位，VW6 就是低 16 位）。

整数除法 DIV_I 的输入、输出参数都为 16 位，输出寄存器中只存储取整的商，并且遵循高字节地址存储低位数据。指令实例及存储结果如图 2.18 所示。

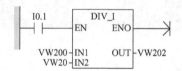

操作数	地址单元	单元长度(n字节)	运算前值	运算结果值
IN1	VW200	2	2003	50
IN2	VW20	2	40	40
OUT	VW202	2	0	50

VB202	VB203
0	50

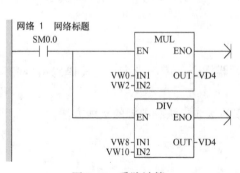

图 2.17　乘除计算

图 2.18　整数除法

2. 七段译码指令

七段译码指令 SEG 将输入字节低 4 位 16#0 ~ F 转换成七段显示码，直接送到输出字节。指令格式及应用如图 2.19 所示。SEG 的输入端字节数据就是要在数码管显示的数字，其输出端接 QB0 时，Q0.0 ~ Q0.6 必须与 a ~ g 端子互相对应。

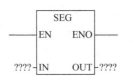
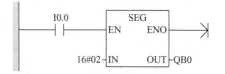

图 2.19　七段译码指令格式及应用

▶▶ 任务实施

1. 任务分析

本任务以运算指令得到的定时器的秒数数字驱动数码管显示。为了得到整秒数，需对定时器的过程值进行除 10 计算。

2. 准备元器件

CPU226 DC/DC/DC、24V 电源、两个按钮、1 个输出指示灯或 LED 灯、数码管、连接线。

3. 输入/输出点分配

两个按钮属于输入控制设备，灯和数码管属于负载。在 PLC 中，PLC 采集开关信号，执行程序，驱动负载。I/O 分配见表 2.11。

表 2.11　I/O 分配表

输　　　入		输　　　出	
I0.0	起动按钮 SB1	Q1.1	红灯
I0.1	停止按钮 SB2	QB0	数码管 a ~ g

4. 绘制电气原理图

根据端子分配绘制电气原理图，如图 2.20 所示。连接 PLC 的工作电源、输入端子电源、输出端子电源。

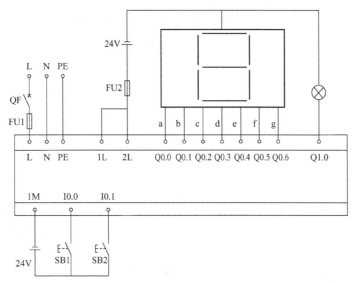

图 2.20　倒计时显示控制电气原理图

5. 通信

用西门子提供的专用 PC/PPI 电缆将装好编程软件的 PC 和 PLC 相连，打开图 1.8 所示的

STEP7‑Micro/WIN 界面,单击图 1.69 所示的"指令树"中"通信"项目下的"通信"子项目,弹出图 1.70 所示的通信界面,双击"双击刷新"图标,出现图 1.71 所示的界面,表示通信成功,可以进行编程设计。系统默认 PC 地址为 0,图 1.71 所示 PLC 地址为 2。若搜索不到,且检查连接线无松动时,可选择搜索所有波特率,再进行尝试。

6. 程序编写

分析:程序中需要根据定时器已运行时间得到剩余时间,并转换成整秒数由数码管显示。亮的时间 9s 由定时器 T37 确定,预置值为 90,灭的时间由 T38 确定,预置值为 30。其计算过程为:T37 当前值是剩余时间 t,此值为 100ms 的倍数,$t/10$ 计算结果存储在 VW12,取商即为整秒数,把其中的 VB14 中的秒数作为 SEG 指令的输入数据,经 QB0 输出到数码管显示。梯形图程序如图 2.21 所示。

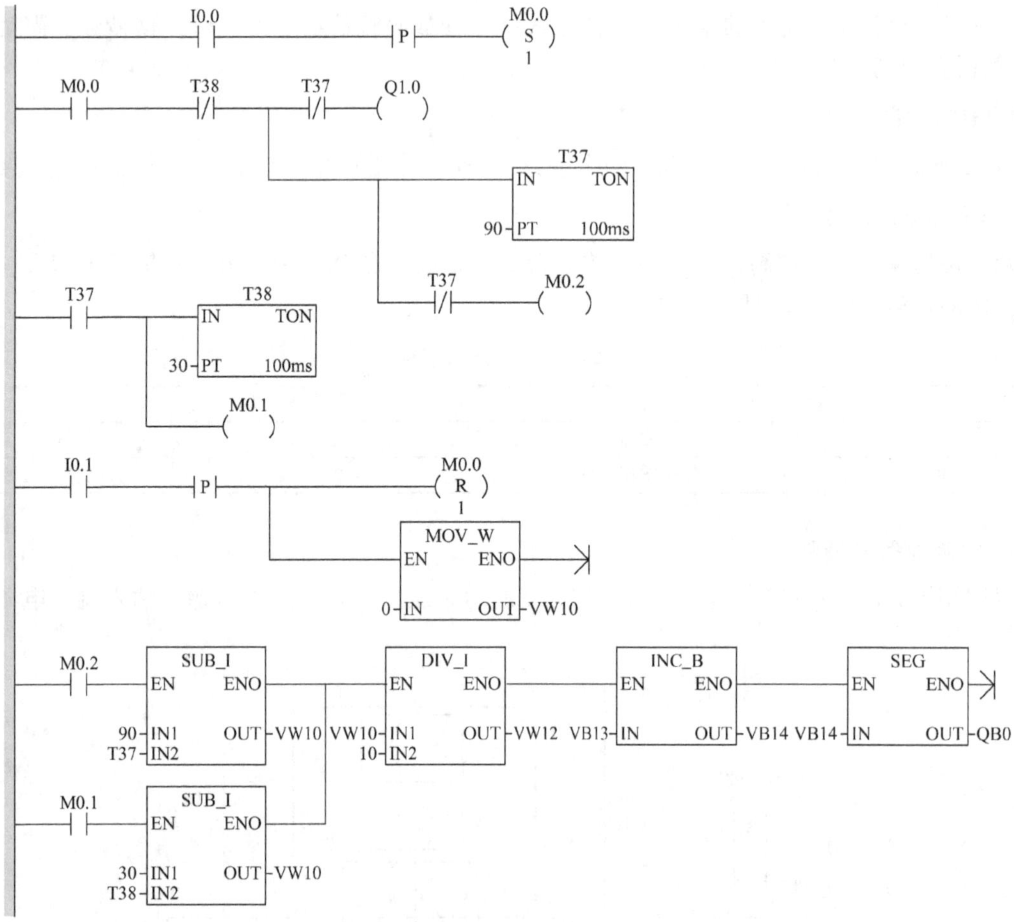

图 2.21 倒计时显示控制梯形图

7. 下载程序、系统运行

在硬件连线、软件编程正确完成后,对程序进行编译、下载,进行试运行,此时,倒计时显示 PLC 控制系统设计完成。CPU 进入循环扫描状态,不断采集输入端子数据,等待执行程序。

1)连接好 PLC 输入/输出接线。

2)录入程序并下载到 PLC 中,使 PLC 进入运行状态。

3)使 PLC 进入梯形图监控状态。

① 不做任何操作,观察输出灯的状态。

② 按下起动按钮观察灯及数码管的状态。

>> 任务评价

为了更好地学习 PLC，组内成员协调完成工作，在强化知识的基础上建立工业现场系统设计的概念，设计完成后，各组之间互评并由教师给予评定，其评定标准以 PLC 职业资格能力要求为依据，使学生初步建立工程概念。

1. 检查内容

1）检查元器件是否齐全，熟悉各元器件的作用。
2）熟悉控制电路原理，列出 I/O 分配表。
3）检查线路安装是否合理及运行情况。

2. 评估策略

评估标准见表 2.12。

表 2.12　倒计时显示控制系统设计评估标准

项　目	要　求	分　数	评分标准	得　分
系统电气原理图设计	原理图绘制完整、规范	10	不完整、不规范，每处扣 2 分	
I/O 分配表	准确完整，与原理图一致	10	不完整，每处扣 2 分	
程序设计	简洁易读，符合任务要求	20	不正确，每处扣 5 分	
电气线路安装和连接	线路安装简洁、正确，符合工艺要求	30	不规范，每处扣 5 分	
系统调试	系统设计达到任务要求，运行成功	30	第一次调试不合格，扣 10 分 第二次调试不合格，扣 10 分	
时间	60min，每超时 5min 扣 5 分，不得超过 10min			
安全	检查完毕后通电，人为短路扣 20 分			

任务4　交通信号灯控制（方式1）

>> 学习目标

（1）掌握 S7-200 系列 PLC 的基本逻辑指令和定时器指令。
（2）熟悉 PLC 输入端子的接线方法，输出端子负载的接线方法和电源的接线方法。
（3）熟悉交通信号灯的控制过程。

>> 任务要求

某交通信号灯采用 PLC 控制，信号灯分东西、南北两组，分别有红、黄、绿三种颜色。具体控制要求如下：

1）按下起动按钮后，信号灯开始工作，南北方向红灯、东西方向绿灯同时亮。
2）东西方向绿灯亮 20s 后，闪烁 3s 后灭；接着东西方向黄灯亮，2s 后灭；然后东西方向红灯亮；25s 后东西方向绿灯又亮，…，如此不断循环，直至停止工作。
3）南北方向红灯亮 25s；之后南北方向绿灯亮 20s；之后南北方向绿灯闪烁 3s 后灭；接着南北方向黄灯亮 2s；之后南北方向红灯又亮，…，如此不断循环，直至停止工作。

交通信号灯设置示意图如图 2.22 所示。

任务实施

1. 任务分析

本任务以定时器指令驱动交通信号灯显示。

2. 准备元器件

选择 CPU226 DC/DC/DC、24V 电源、两个按钮、12 个输出指示灯或 LED 灯、连接线。

3. 输入/输出点分配

两个按钮属于输入控制设备，灯属于负载。在 PLC 中，PLC 采集开关信号，执行程序，驱动负载。I/O 分配见表 2.13。

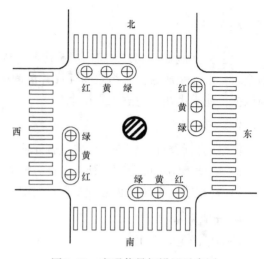

图 2.22 交通信号灯设置示意图

表 2.13 I/O 分配表

输 入		输 出	
I0.0	起动按钮 SB1	Q0.0	南北方向红灯 HL1、HL2
		Q0.1	南北方向黄灯 HL3、HL4
		Q0.2	南北方向绿灯 HL5、HL6
I0.1	停止按钮 SB2	Q0.3	东西方向红灯 HL7、HL8
		Q0.4	东西方向黄灯 HL9、HL10
		Q0.5	东西方向绿灯 HL11、HL12

4. 绘制电气原理图

根据端子分配绘制电气原理图，如图 2.23 所示，连接 PLC 的工作电源、输入端子电源、输出端子电源。

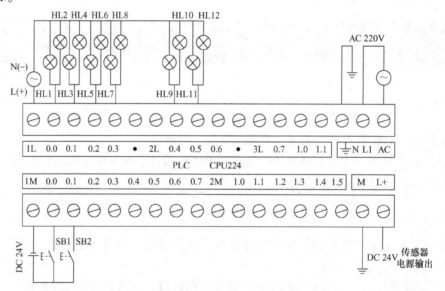

图 2.23 交通信号灯控制电气原理图

5. 通信

用西门子提供的专用 PC/PPI 电缆将装好编程软件的 PC 和 PLC 相连，打开图 1.8 所示的 STEP7 – Micro/WIN 界面，单击图 1.69 所示的"指令树"中"通信"项目下的"通信"子项目，弹出图 1.70 所示的通信界面，双击"双击刷新"图标，出现图 1.71 所示的界面，表示通信成功，可以进行编程设计。系统默认 PC 地址为 0，图 1.71 所示 PLC 地址为 2。若搜索不到，且检查连接线无松动时，可选择搜索所有波特率，再进行尝试。

6. 程序编写

根据控制要求编写梯形图程序，如图 2.24 所示。

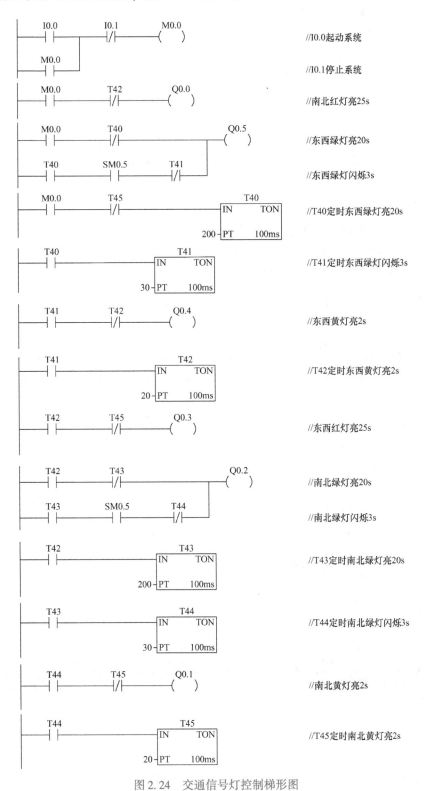

图 2.24　交通信号灯控制梯形图

PLC应用技术项目式教程

7. 下载程序、系统运行

在硬件连线、软件编程正确完成后，对程序进行编译、下载，进行试运行，此时，交通信号灯 PLC 控制系统设计完成。CPU 进入循环扫描状态，不断采集输入端子数据，等待执行程序。

1）连接好 PLC 输入/输出接线。

2）录入程序并下载到 PLC 中，使 PLC 进入运行状态。

3）使 PLC 进入梯形图监控状态。

① 不做任何操作，观察交通信号灯的状态。

② 按下起动按钮观察交通信号灯的状态。

≫任务评价

为了更好地学习 PLC，组内成员协调完成工作，在强化知识的基础上建立工业现场系统设计的概念，设计完成后，各组之间互评并由教师给予评定，其评定标准以 PLC 职业资格能力要求为依据，使学生初步建立工程概念。

1. 检查内容

1）检查元器件是否齐全，熟悉各元器件的作用。

2）熟悉控制电路原理，列出 I/O 分配表。

3）检查线路安装是否合理及运行情况。

2. 评估策略

评估标准见表 2.14。

表 2.14　交通信号灯控制系统设计评估标准

项　　目	要　　求	分　　数	评分标准	得　　分
系统电气原理图设计	原理图绘制完整、规范	10	不完整、不规范，每处扣 2 分	
I/O 分配表	准确完整，与原理图一致	10	不完整，每处扣 2 分	
程序设计	简洁易读，符合任务要求	20	不正确，每处扣 5 分	
电气线路安装和连接	线路安装简洁、正确，符合工艺要求	30	不规范，每处扣 5 分	
系统调试	系统设计达到任务要求，运行成功	30	第一次调试不合格扣，10 分 第二次调试不合格扣，10 分	
时间	60min，每超时 5min 扣 5 分，不得超过 10min			
安全	检查完毕后通电，人为短路扣 20 分			

≫拓展训练

训练　在本任务基础上设置数码管，实现交通灯红、绿、黄灯倒计时显示。

任务5　自动开关门控制

≫学习目标

（1）掌握 S7-200 系列 PLC 的基本逻辑指令和定时器指令。

（2）熟悉 PLC 输入端子的接线方法，输出端子负载的接线方法和电源的接线方法。

（3）熟悉系统设计过程。

随着城市建设的高速发展，自动门的应用越来越普及。自动门的设计大多以单片机或PLC为控制系统，本任务以S7－200系列PLC为控制器实现自动门的控制过程设计。

1. 自动开关门控制系统的硬件组成

自动开关门控制系统由门内光电检测开关K1、门外光电检测开关K2、开门到位开关K3、关门到位开关K4、开门执行机构KM1（使直流电动机正转）、关门执行机构KM2（使直流电动机反转）等部件组成。其结构示意图如图2.25所示。

2. 控制要求

1）当有人由内到外或由外到内使光电检测开关K1或K2动作时，开门执行机构KM1动作，电动机正转，到达开门限位位置时，开门到位开关K3动作，电动机停止运行。

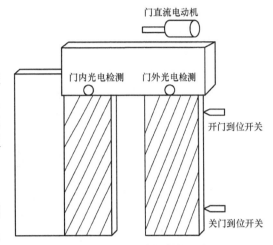

图2.25　自动开关门结构示意图

2）自动门在开门位置停留8s后，自动进入关门过程，关门执行机构KM2动作，电动机反转，当门到达关门限位位置时，关门到位开关K4动作电动机停止运行。

3）在关门过程中，当有人员由外到内或由内到外使光电检测开关K1或K2动作时，应立即停止关门，并自动切换至开门过程。

4）在门打开后的8s等待时间内，若有人员由外至内或由内至外使光电检测开关K1或K2动作时，必须重新开始等待8s后再自动进入关门过程，以保证人员安全通过。

任务实施

1. 任务分析

系统中用于检测的是光电传感器，可以用输入按钮模拟。

2. 准备元器件

CPU224 AC/DC/Relay、24V电源、维修急停开关K、门内光电检测开关K1、门外光电检测开关K2、开门到位开关K3、关门到位开关开关K4、开门执行机构KM1、关门执行机构KM2、连接线。

3. 输入/输出点分配

传感器属于输入控制设备，开、关门机构属于负载。在PLC中，PLC采集开关信号，执行程序，驱动负载。I/O分配见表2.15。

表2.15　I/O分配表

输 入		输 出	
I0.0	维修急停开关K		
I0.1	门内光电检测开关K1	Q0.1	开门执行机构KM1
I0.2	门外光电检测开关K2		
I0.3	开门到位开关K3	Q0.2	关门执行机构KM2
I0.4	关门到位开关K4		

4. 绘制电气原理图

根据梯形图中使用的触点对外部部件、开关进行电路连接，自动开关门控制电气原理图如图2.26所示。

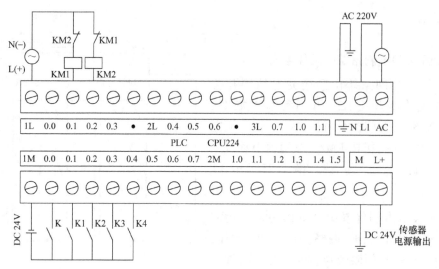

图2.26　自动开关门控制电气原理图

5. 通信

用西门子提供的专用 PC/PPI 电缆将装好编程软件的 PC 和 PLC 相连，打开图所示1.8的 STEP7 - Micro/WIN 界面，单击图1.69所示的"指令树"中"通信"项目下的"通信"子项目，弹出图1.70所示的通信界面，双击"双击刷新"图标，出现图1.71所示的界面，表示通信成功，可以进行编程设计。系统默认 PC 地址为0，图1.71所示 PLC 地址为2。若搜索不到，且检查连接线无松动时，可选择搜索所有波特率，再进行尝试。

6. 程序编写

在编程软件环境中根据控制要求编写梯形图程序，如图2.27所示。

图2.27　自动开关门控制梯形图

60

7. 下载程序、系统运行

在硬件连线、软件编程正确完成后，对程序进行编译、下载，进行试运行，此时，自动开关门 PLC 控制系统设计完成。CPU 进入循环扫描状态，不断采集输入端子数据，等待执行程序。

1）连接好 PLC 输入/输出接线。

2）录入程序并下载到 PLC 中，使 PLC 进入运行状态。

3）使 PLC 进入梯形图监控状态。

① 不做任何操作，观察输出端子状态。

② 按下起动按钮观察输出端子和被控设备的状态。

≫ 任务评价

为了更好地学习 PLC，组内成员协调完成工作，在强化知识的基础上建立工业现场系统设计的概念，设计完成后，各组之间互评并由教师给予评定，其评定标准以 PLC 职业资格能力要求为依据，使学生初步建立工程概念。

1. 检查内容

1）检查元器件是否齐全，熟悉各元器件的作用。

2）熟悉控制电路原理，列出 I/O 分配表。

3）检查线路安装是否合理及运行情况。

2. 评估策略

评估标准见表 2.16。

表 2.16　自动开关门控制系统设计评估标准

项　目	要　　求	分　数	评分标准	得　分
系统电气原理图设计	原理图绘制完整、规范	10	不完整、不规范，每处扣2分	
I/O 分配表	准确完整，与原理图一致	10	不完整，每处扣2分	
程序设计	简洁易读，指令正确，符合任务要求	20	不正确，每处扣5分	
电气线路安装和连接	线路安装简洁、正确，符合工艺要求	30	不规范，每处扣5分	
系统调试	系统设计达到任务要求，运行成功	30	第一次调试不合格，扣10分 第二次调试不合格，扣10分	
时间	60min，每超时5min扣5分，不得超过10min			
安全	检查完毕后通电，人为短路扣20分			

≫ 拓展训练

训练　单按钮单路起/停控制程序。控制要求：单个按钮控制一盏灯，第一次按下时灯亮，第二次按下时灯灭，……，奇数次按下按钮灯亮，偶数次按下按钮灯灭。

任务6 啤酒灌装生产线控制

>> 学习目标

(1) 掌握 S7 - 200 系列 PLC 的基本逻辑指令、定时器指令和计数器指令。

(2) 熟悉 PLC 输入端子的接线方法，输出端子负载的接线方法和电源的接线方法。

(3) 熟悉系统设计过程。

工业生产中有许多液体灌装生产线，大多是用 PLC 实现控制的。本任务以啤酒灌装生产系统为例，进行 PLC 设计。啤酒灌装生产线系统结构示意图如图 2.28 所示。

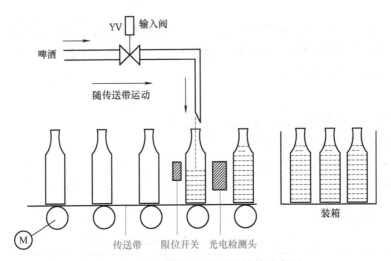

图 2.28 啤酒灌装生产线系统结构示意图

>> 任务要求

系统起动后，电动机带动传送带运行，空啤酒瓶随传送带移动，当系统检测到空啤酒瓶到达设定位置后，装酒系统随传送带同速运动，同时开始装酒，在规定时间结束装酒，开始下一个酒瓶的装酒过程。当装完规定数量时，开始装箱动作，在规定时间结束装箱。

>> 任务实施

1. 任务分析

根据任务要求设计 PLC 控制系统。

2. 准备元器件

CPU224 AC/DC/Relay、24V 电源、起/停开关、光电开关及限位开关。

3. 输入/输出点分配

根据啤酒灌装生产线控制系统的要求确定本任务的 I/O 分配表，见表 2.17。

表 2.17 I/O 分配表

输 入		输 出	
I0.0	起动开关	Q0.0	装酒电磁阀 KM1
I0.1	停止开关	Q0.1	电动机 KM2

（续）

输　　入		输　　出	
I0.2	光电开关	Q0.2	包装执行机构 KM3
I0.3	限位开关		

4. 绘制电气原理图

根据梯形图中使用的触点对外部部件开关和继电器进行电路连接，啤酒灌装生产线控制电气原理图如图 2.29 所示。

5. 通信

用西门子提供的专用 PC/PPI 电缆将装好编程软件的 PC 和 PLC 相连，打开图 1.8 所示的 STEP7－Micro/WIN 界面，单击图 1.69 所示的"指令树"中"通信"项目下的"通信"子项目，弹出图 1.70 所示的通信界面，双击"双击刷新"图标，出现图 1.71 所示的界面，表示通信成功，可以进行编程设计。系统默认 PC 地址为 0，图 1.71 所示 PLC 地址为 2。若搜索不到，且检查连接线无松动时，可选择搜索所有波特率，再进行尝试。

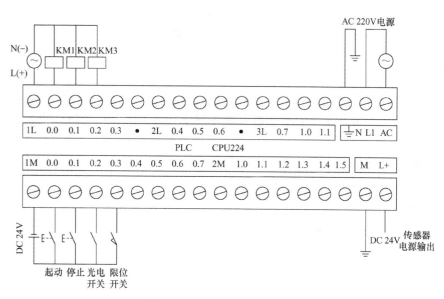

图 2.29　啤酒灌装生产线控制电气原理图

6. 程序编写

在编程软件环境中根据控制要求编写梯形图程序，如图 2.30 所示。

7. 下载程序、系统运行

在硬件连线、软件编程正确完成后，对程序进行编译、下载，进行试运行，此时，啤酒灌装生产线 PLC 控制系统设计完成。CPU 进入循环扫描状态，不断采集输入端子数据，等待执行程序。

1）连接好 PLC 输入/输出接线。

2）录入程序并下载到 PLC 中，使 PLC 进入运行状态。

3）使 PLC 进入梯形图监控状态。

① 不做任何操作，观察系统状态。

② 按下起动按钮观察系统的状态。

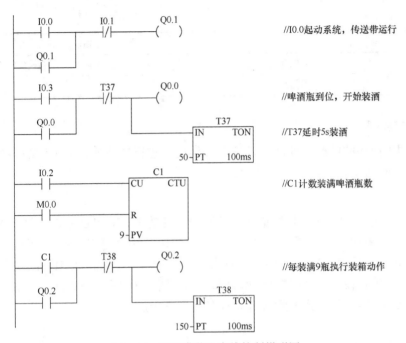

图 2.30　啤酒灌装生产线控制梯形图

▶▶ 任务评价

为了更好地学习 PLC，组内成员协调完成工作，在强化知识的基础上建立工业现场系统设计的概念，设计完成后，各组之间互评并由教师给予评定，其评定标准以 PLC 职业资格能力要求为依据，使学生初步建立工程概念。

1. 检查内容

1）检查元器件是否齐全，熟悉各元器件的作用。
2）熟悉控制电路原理，列出 I/O 分配表。
3）检查线路安装是否合理及运行情况。

2. 评估策略

评估标准见表 2.18。

表 2.18　啤酒灌装生产线控制系统设计评估标准

项　目	要　求	分　数	评分标准	得　分
系统电气原理图设计	原理图绘制完整、规范	10	不完整、不规范，每处扣 2 分	
I/O 分配表	准确完整，与原理图一致	10	不完整，每处扣 2 分	
程序设计	简洁易读，指令正确，符合任务要求	20	不正确，每处扣 5 分	
电气线路安装和连接	线路安装简洁、正确，符合工艺要求	30	不规范，每处扣 5 分	
系统调试	系统设计达到任务要求，运行成功	30	第一次调试不合格，扣 10 分 第二次调试不合格，扣 10 分	
时间	60min，每超时 5min 扣 5 分，不得超过 10min			
安全	检查完毕后通电，人为短路扣 20 分			

训练　闪光频率控制。控制要求：根据选择的按钮使闪光灯以相应频率闪烁。按下慢闪按钮，闪光灯以 4s 频率闪烁；按下中闪按钮，闪光灯以 2s 频率闪烁；按下快闪按钮，闪光灯以 1s 频率闪烁。无论何时按下停止按钮，闪光灯熄灭。

任务7　电动机丫-△减压起动控制

学习目标

（1）掌握定时器的应用，熟悉梯形图的基本编程规则。
（2）学会绘制电动机丫-△减压起动 PLC 控制系统电气原理图。
（3）学会 PLC 控制系统输入/输出端口的分配及安装方法。
（4）熟练运用编程软件进行控制系统的联机调试。

任务要求

电动机丫-△减压起动方式广泛用于功率在 4kW 以上的交流电动机，以限制起动电流。电动机起动时，内部绕组接成星形减压起动，5s 后电动机内部绕组转换为三角形联结，进入全电压运行状态。图 2.31 所示为电动机丫-△减压起动电气原理图，本任务将设计采用 PLC 控制的电动机丫-△减压起动控制电路。

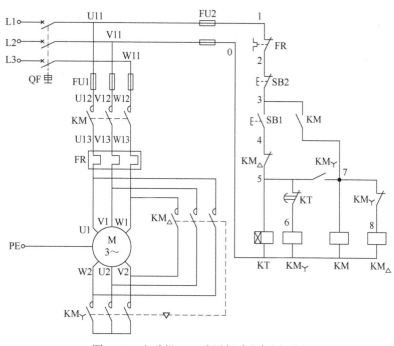

图 2.31　电动机丫-△减压起动电气原理图

任务实施

1. 任务分析

根据任务要求设计 PLC 控制系统。

2. 准备元器件

CPU226 DC/DC/DC、24V 电源、连接线、按钮、接触器及电动机。

3. 输入/输出点分配

系统需要两个输入按钮分别接 I0.0 和 I0.1，用于控制起动和停止，3 个输出端子 Q0.0、Q0.1、Q0.2 分别连接主接触器 KM、丫联结接触器 $KM_丫$、△联结接触器 $KM_△$。I/O 分配见表 2.19。

表 2.19　I/O 分配表

输入信号		输出信号	
停止按钮 SB2	I0.0	主接触器 KM	Q0.0
起动按钮 SB1	I0.1	丫联结接触器 $KM_丫$	Q0.1
		△联结接触器 $KM_△$	Q0.2

4. 绘制电气原理图

根据图 2.31 和表 2.19 画出 PLC 控制的丫-△减压起动电气原理图和电动机主电路，如图 2.32 所示。主接触器 KM 的线圈连接 Q0.0，其主触点连接至三相电源。

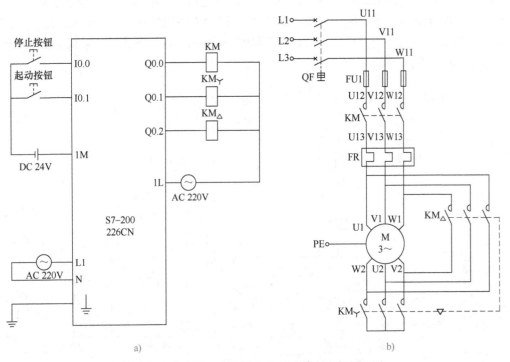

图 2.32　电动机丫-△减压起动 PLC 控制电气原理图

a）PLC 接线　b）主电路

5. 通信

用西门子提供的专用 PC/PPI 电缆将装好编程软件的 PC 和 PLC 相连，打开图 1.8 所示的 STEP7 - Micro/WIN 界面，单击图 1.69 所示的"指令树"中"通信"项目下的"通信"子项目，弹出图 1.70 所示的通信界面，双击"双击刷新"图标，出现图 1.71 所示的界面，表示通信成功，可以进行编程设计。系统默认 PC 地址为 0，图 1.71 所示 PLC 地址为 2。若搜索不到，且检查连接线无松动时，可选择搜索所有波特率，再进行尝试。

6. 程序编写

进入 STEP7 编程软件，在程序编辑窗口输入图 2.33 所示梯形图程序。按下起动按钮 I0.1，Q0.0 连接的主接触器和 Q0.1 连接的丫联结接触器 KM丫接通，电动机以丫联结减压起动，同时定时器 T37 起动，5s 之后，Q0.1 断开，Q0.2 接通，实现△联结全电压运行。

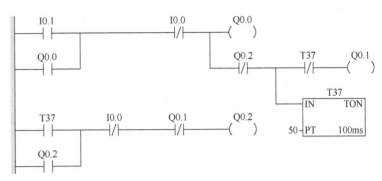

图 2.33　电动机丫-△减压起动 PLC 控制梯形图

7. 下载程序、系统运行

在硬件连线、软件编程正确完成后，对程序进行编译、下载，进行试运行，此时，电动机丫-△减压起动 PLC 控制系统设计完成。CPU 进入循环扫描状态，不断采集输入端子数据，等待执行程序。

1）连接好 PLC 输入/输出接线。
2）录入程序并下载到 PLC 中，使 PLC 进入运行状态。
3）使 PLC 进入梯形图监控状态。
① 不做任何操作，观察 I0.0、I0.1、Q0.0、Q0.1、Q0.2 的状态。
② 按下起动按钮 SB1 及停止按钮 SB2，观察 I0.0、I0.1、Q0.0、Q0.1、Q0.2 的状态。
4）操作过程中同时观察输入/输出状态指示灯的亮、灭情况，观察电动机运行情况。

▶任务评价

为了更好地学习 PLC，组内成员协调完成工作，在强化知识的基础上建立工业现场系统设计的概念，设计完成后，各组之间互评并由教师给予评定，其评定标准以 PLC 职业资格能力要求为依据，使学生初步建立工程概念。

1. 检查内容

1）检查元器件是否齐全，熟悉各元器件的作用。
2）熟悉控制电路原理，列出 I/O 分配表。
3）检查线路安装是否合理及运行情况。

2. 评估策略

评估标准见表 2.20。

表 2.20　电动机丫-△减压起动控制系统设计评估标准

项　目	要　求	分　数	评分标准	得　分
系统电气原理图设计	原理图绘制完整、规范	10	不完整、不规范，每处扣 2 分	
I/O 分配表	准确完整，与原理图一致	10	不完整，每处扣 2 分	

(续)

项　目	要　求	分　数	评分标准	得　分
程序设计	简洁易读，指令正确，符合任务要求	20	不正确，每处扣5分	
电气线路安装和连接	线路安装简洁、正确，符合工艺要求	30	不规范，每处扣5分	
系统调试	系统设计达到任务要求，运行成功	30	第一次调试不合格，扣10分 第二次调试不合格，扣10分	
时间	60min，每超时5min扣5分，不得超过10min			
安全	检查完毕后通电，人为短路扣20分			

➡ 拓展训练

训练1 用置位、复位指令实现电动机丫-△减压起动控制过程。要求在丫联结接触器断开500ms后再接通△联结接触器，以防止切换时电源短路。

训练2 实现电动机正、反转运行的丫-△减压起动控制过程。正转时，以丫联结减压起动，5s后以△联结运行；反转时，以丫联结减压起动，5s后以△联结运行。要求在丫联结接触器断开500ms后再接通△联结接触器，以防止切换时电源短路。

训练3 用PLC实现图2.34所示的三级传送带控制，传送带由三台电动机控制，顺序起动、逆序停止。要求：1#传送带起动5s后2#传送带起动，再5s后3#传送带起动。停止时，3#传送带先停止，5s后2#传送带停止，再5s后1#传送带停止。每台电动机起动时以丫联结减压起动，2s后以△联结全电压运行，再3s后起动下一台电动机。

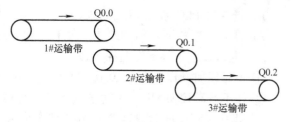

图2.34　三级传送带控制

训练4 单按钮双路起/停控制程序。控制要求：用一只按钮控制两盏灯，第一次按下时第一盏灯亮，第二次按下时第一盏灯灭，同时第二盏灯亮，第三次按下时第二盏灯灭，第四次按下时第一盏亮……如此循环。

程序设计参考：根据控制要求，这里利用I0.0作为单按钮双路起/停控制输入；Q0.0为第一盏灯输出；Q0.1为第二盏灯输出。

训练5 液体混合装置控制训练。

液体混合装置控制系统如图2.35所示。

控制要求：

1）按下起动按钮SB1后，电磁阀YV1通电打开，液体A流入容器。

2）当液位高度到达I时，液位传感器I接通，此时电磁阀YV1断电关闭，而电磁阀YV2通电打开，液体B流入容器。

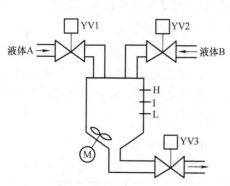

图2.35　液体混合装置控制系统

3）当液位高度到达H时，液位传感器H接通，这时电磁阀YV2断电关闭，同时起动电动机M进行搅拌。

4）20s 后，电动机 M 停止搅拌，这时电磁阀 YV3 通电打开，放出混合后的液体到下一道工序。

5）当液位高度下降至 L 后，再延时 2s，电磁阀 YV3 断电关闭，并自动开始新的工作周期。

6）该液体混合装置在按下停止按钮 SB2 时，要求不能立即停止工作，直到完成一个工作周期后才停止工作。

项目小结

本项目学习了 PLC 的定时器和计数器指令，这两种指令是 PLC 设计中应用较多的指令。S7-200系列 PLC 有 TON、TOF、TONR 三种定时器指令，其分辨率有 1ms、10ms、100ms 三种；有 CTU、CTD、CTUD 三种计数器指令，可以对输入脉冲进行加/减计数。学生在学习时，应加强练习，逐渐实现程序优化。通过分析每个任务、学习相关知识、分配端子、绘制电气原理图和编程下载，项目完成应使学生掌握下列技能：

1）熟练使用定制器指令和计数器指令。

2）熟悉编程环境。

3）掌握 PLC 控制系统的设计步骤。

实践中常见问题解析

1）本项目涉及的梯形图的基本模式是起—保—停，每个起—保—停电路一般只针对一个输出，这个输出可以是系统的实际输出，也可以是中间变量；梯形图编程中常使用一些约定俗成的基本环节，它们都有一定的功能，可以像积木一样在许多地方应用，如延时环节、振荡环节、互锁环节等。

2）"经验"编程方法是依据设计者经验进行设计的方法，其步骤总结如下：

① 在准确了解控制要求后，合理地为控制系统中的事件分配输入/输出口。选择必要的机内器件、如定时器、计数器、辅助继电器等。

② 对于一些控制要求较简单的输出，可直接写出它们的工作条件，依据起—保—停电路模式完成相关的梯形图。工作条件稍复杂的可借助辅助继电器。

③ 对于较复杂的控制要求，为了能用起—保—停电路模式绘出各输出口的梯形图，要正确分析控制要求，并确定组成总的控制要求的关键点。

项目 ③

PLC控制指令应用

任务1 两台电动机自动/手动控制

>> 学习目标

（1）学习跳转指令，学习采用不同控制方式的编程方法。
（2）熟悉基本逻辑指令，学习程序控制指令。
（3）熟悉 PLC 系统设计过程。

>> 任务要求

两台电动机 M1、M2 有两种工作方式：采用手动控制方式时，分别用两台电动机的起动、停止按钮控制 M1、M2 依次工作；采用自动控制方式时，按下起动按钮，则两台电动机间隔 5s 依次起动，按下停止按钮，两台电动机同时停止。

知识准备 程序控制指令

两台电动机的起动方式决定了程序有两种不同的流向，这就用到了程序控制指令。程序控制指令可以影响程序执行的流向和内容，S7-200系列PLC的程序控制指令包括跳转指令（图3.1a）、子程序指令（图3.1b）和中断指令（图3.1c）。

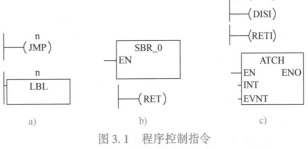

图3.1 程序控制指令
a）跳转指令 b）子程序指令 c）中断指令

1. 跳转及标号指令

两台电动机的手动/自动执行方式是通过跳转指令转到不同的程序段实现功能的。

执行程序时，可能会由于条件的不同，需要产生一些分支，这些分支程序的执行可以用跳转操作来实现。跳转操作由跳转指令和标号指令两部分构成。跳转指令使程序流程跳转到指定标号N处的分支程序继续执行。标号指令用于标记跳转目的地的位置N。

（1）指令格式梯形图（LAD）及指令表（STL）格式如图3.2所示。

（2）功能

1）跳转指令（JMP）：当输入端有效时，使程序跳转到标号处执行。

2）标号指令（LBL）：指令跳转的目标标号。

（3）数据范围 n=0~225。

图3.2 跳转及标号指令
a）跳转指令 b）标号指令

例3.1 跳转指令的应用如图3.3所示。

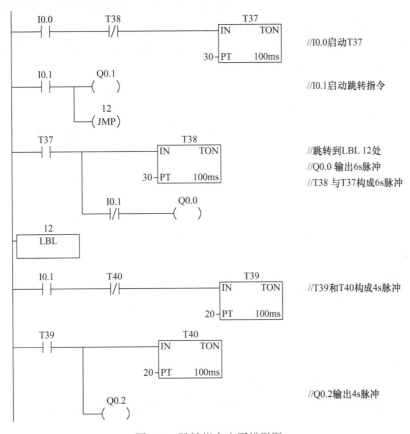

图3.3 跳转指令应用梯形图

图3.3是跳转指令在梯形图中应用的例子。

当I0.0接通而I0.1未通时，T37和T38构成6s脉冲从Q0.0输出。

当I0.0接通后Q0.0输出亮3s灭3s的脉冲，若此时接通I0.1，则T37、T38停止计时，Q0.0保持I0.1接通时的状态，而Q0.1亮，程序执行LBL-12后面的指令，定时器T39、T40启动，Q0.2输出亮2s灭2s的脉冲。

跳转指令中的"n"与标号指令中的"n"值相同。在跳转发生的扫描周期中，被跳过的程序段停止执行，该程序段涉及的各输出元器件的状态保持跳转前的状态不变，不响应程序相关的各种工作条件的变化。

使用跳转指令时应注意以下几点：

1）由于跳转指令具有选择程序段的功能，在同一程序且位于因跳转而不会被同时执行程序段中的同一线圈不被视为双线圈。

2）多条跳转指令可以使用同一标号，但一个跳转指令不允许对应两个标号。

3）可以在主程序、子程序或者中断子程序中使用跳转指令，跳转与之相应的标号必须位于同一段程序中（无论是主程序、子程序还是中断子程序）。可以在状态程序段中使用跳转指令，但相应的标号也必须在同一个程序段中，一般将标号指令设在相关跳转指令之后，这样可以减少程序的执行时间。

4）在跳转条件中引入上升沿或下降沿脉冲指令时，跳转只执行一个扫描周期，但若用特殊辅助继电器SM0.0作为跳转指令的工作条件，跳转就变成了无条件跳转。

2. 子程序指令

子程序指令包含子程序调用指令和子程序条件返回指令。子程序调用指令将程序控制权交给子程序SBR_N，该子程序执行完后，程序控制权回到子程序调用指令的下一条指令。子程序的优点在于它可以用于对一个大的程序进行分段及分块，使其成为较小的更易管理的程序块。程序调试、检查和维护时，可充分利用这些优势。通过使用较小的子程序块，会使得对某一区域及整个程序的检查及故障排除变得简单。子程序只在需要时才被调用、执行。这样就可以更有效地使用PLC，充分利用CPU的时间。

（1）子程序建立　可采用下列方法创建子程序：单击"编辑"菜单，选择"插入子程序"命令；在程序编辑器视窗右击，并从弹出的命令中选择"插入子程序"命令。只要插入了子程序，程序编辑器底部就会出现一个新标签，标示新的子程序名，此时，就可以对新的子程序编程了。

（2）指令格式梯形图（LAD）及指令表（STL）格式如图3.4所示。

图3.4　子程序指令

a）子程序调用指令　b）子程序条件返回指令

（3）功能

1）子程序调用指令（CALL）：当使能输入有效时，主程序把程序控制权交给子程序SBR_N。

2）子程序条件返回指令（CRET）：当使能输入有效时，结束子程序的执行，返回主程序。

（4）数据范围　N = 0 ~ 63。

（5）子程序的编程步骤

1）建立子程序（SBR_N）。

2）在子程序（SBR_N）中编写应用程序。

3）在主程序或其他子程序或中断子程序中编写调用子程序（SBR_N）指令。

（6）子程序的应用

例 3.2　图 3.5 为子程序指令的应用。

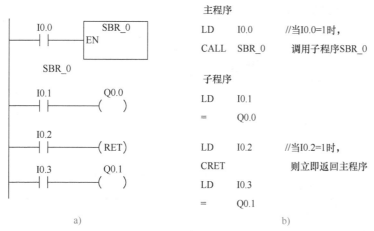

主程序

LD　　I0.0　　　//当I0.0=1时，

CALL　SBR_0　　　调用子程序SBR_0

子程序

LD　　I0.1

=　　　Q0.0

LD　　I0.2　　　//当I0.2=1时，

CRET　　　　　　则立即返回主程序

LD　　I0.3

=　　　Q0.1

a)　　　　　　　　　　　　　　　　b)

图 3.5　子程序指令的应用

a）梯形图　b）指令表

3. 中断程序及中断指令

中断程序常用来响应主程序正常执行时的外部或内部突发事件，程序终止正在执行的程序，转而执行相应中断源的中断程序。

（1）中断与中断源　中断是计算机特有的工作方式，它是指主程序执行过程中中断主程序的执行，而去执行中断子程序。和子程序一样，中断子程序也是为某些特定的控制功能而设定的。和普通子程序不同的是，中断子程序是为随机发生且必须立即响应的事件安排的，其响应时间应小于机器的扫描周期。能引起中断的信号称为中断源，S7-200 系列 PLC 支持 34 种中断源，可分为以下三大类。

1）通信口中断：通信口中断含端口 0 及端口 1 接收及发送相关中断。PLC 的串行通信口可由梯形图或指令表程序来控制，这种通信口的操作模式称为自由端口模式。在自由端口模式下，可由用户程序设置波特率、字符的位数、奇偶校验及通信协议。接收及发送中断可以简化程序对中断的控制。

2）I/O 中断：I/O 中断包括上升沿中断及下降沿中断、高速计数器中断和脉冲串输出中断。

S7-200 系列 PLC 可用输入 I0.0 ~ I0.3 的上升沿或下降沿产生中断，并可用这些上升沿或下降沿信号表示某些需要及时响应的故障状态。

高速计数器中断可以是计数器等于预置值时的响应，也可以是计数方向改变时的响应，还可以是外部复位时的响应。这些高速计数器事件可以实时地得到快速响应，而与 PLC 的扫描周期无关。

脉冲串输出中断提供了完成指定脉冲数输出的及时响应，其典型应用是步进电动机的控制。

3）时基中断：时基中断包括定时中断及定时器 T32/96 中断，S7-200 系列 PLC 可支持两个定时中断。定时中断按周期反复执行。周期时间范围为 5 ~ 255ms，增量为 1ms。定时中断 0 的周期时间应写入 SMB34，定时中断 1 的周期时间应写入 SMB35。每当定时器溢出时，定时中断事件把控制权交给响应的中断程序，通常可用定时中断以固定的时间间隔去控制模拟量输入的采样或者去执行一个 PID 回路。

定时器 T32/96 中断允许及时地响应一个给定的时间间隔。这些中断只支持 1ms 分辨率的延时接通定时器（TON）和延时断开定时器（TOF）T32 和 T96。T32 和 T96 的工作方式与普通定时器相同。中断允许时且定时器的当前值等于预置值时，执行被连接的中断程序。

（2）中断优先级及中断列队　由于中断控制是脱离于程序的扫描执行机制的，当有多个突发事件出现时，处理必须有先后顺序，这就是中断优先级。S7-200 系列 PLC 中断优先组别从大的方面按下列顺序分级：通信(最高级)，I/O(含 HSC 和脉冲列输出)，定时(最低)。在每一级中又可按表3.1所示的级别分级。

表3.1　中断事件的优先级顺序

事件号	中断描述	优先级	优先组中的优先级
8	端口0：接收字符	通信(最高)	0
9	端口0：发送完成		0
23	端口0：接收信息完成		0
24	端口1：接收信息完成		1
25	端口1：接收字符		1
26	端口1：发送完成		1
19	PTO0 完成中断	I/O(中等)	0
20	PTO1 完成中断		1
0	上升沿，I0.0		2
2	上升沿，I0.1		3
4	上升沿，I0.2		4
6	上升沿，I0.3		5
1	下降沿，I0.0		6
3	下降沿，I0.1		7
5	下降沿，I0.2		8
7	下降沿，I0.3		9
12	HSC0 CV = PV (当前值 = 预置值)		10
27	HSC0 输入方向改变		11
28	HSC0 外部复位		12
13	HSC1 CV = PV (当前值 = 预置值)		13
14	HSC1 输入方向改变		14
15	HSC1 外部复位		14
16	HSC2 CV = PV(当前值 = 预置值)		16
17	HSC2 输入方向改变		17
18	HSC2 外部复位		18
32	HSC3 CV = PV (当前值 = 预置值)		19
29	HSC4 CV = PV (当前值 = 预置值)		20
30	HSC4 输入方向改变		21
31	HSC4 外部复位		22
33	HSC5 CV = PV (当前值 = 预置值)		23
10	定时中断0	定时 (最低)	0
11	定时中断1		1
21	定时器T32 (CT = PT) 中断		2
22	定时器T96 (CT = PT) 中断		3

(3) 中断指令类型

1) 中断连接指令。

① 指令格式：梯形图(LAD) 及指令表(STL) 格式如图3.6所示。

② 功能：连接某个中断事件(由中断事件号指定) 所要调用的程序段(由中断程序指定)。

③ 数据类型：中断程序号 INT 和中断事件号 EVNT 均为字节型常数。INT 的数据范围为 0 ～ 127。EVNT 的数据范围为 0 ～ 33。

2) 中断分离指令。

① 指令格式：梯形图(LAD) 及指令表(STL) 格式如图 3.7 所示。

图 3.6　中断连接指令　　　　　　　　图 3.7　中断分离指令

② 功能：切断一个中断事件和所有程序的联系。

③ 数据类型：中断事件号 EVNT 为字节型常数。EVNT 的数据范围为 0 ～ 33。

3) 开中断及关中断指令。

① 指令格式：梯形图(LAD) 及指令表(STL) 格式如图 3.8 所示。

② 功能。

开中断指令(ENI)：中断允许指令，全局性地启动全部中断事件。

关中断指令(DISI)：中断禁止指令，全局性地关闭全部中断事件。

4) 条件中断返回指令。

① 指令格式：梯形图(LAD) 及指令表(STL) 格式如图 3.9 所示。

图 3.8　开中断及关中断指令　　　　　　图 3.9　条件中断返回指令

② 功能：条件中断返回指令，可用于根据先前逻辑条件从中断返回。

注意：中断程序执行完毕后会自动返回，而 RETI 是条件中断返回，用在中断程序中间。

▶▶ 任务实施

1. 任务分析

根据任务要求设计 PLC 控制程序。

2. 准备元器件

CPU224 AC/DC/Relay、24V 电源、自动/手动方式选择开关 SA、起动开关 S1、停止开关 S2、M1 手动起动按钮 S3、M1 手动停止按钮 S4、M2 手动起动按钮 S5、M2 手动停止按钮 S6、电动机 M1 驱动接触器 KM1、电动机 M2 驱动接触器 KM2、连接线。

3. 输入/输出点分配

根据电动机自动和手动控制系统要求，确定本任务的 I/O 分配表见表 3.2。

表 3.2　I/O 分配表

	输　入		输　出
I0.0	自动/手动方式选择开关 SA	Q0.0	电动机 M1 驱动接触器 KM1
I0.1	自动起动开关 S1	Q0.1	电动机 M2 驱动接触器 KM2

（续）

输　　入		输　　出
I0.2	自动停止开关 S2	
I0.3	M1 手动起动按钮 S3	
I0.4	M1 手动停止按钮 S4	
I0.5	M2 手动起动按钮 S5	
I0.6	M2 手动停止按钮 S6	

4. 绘制电气原理图

根据梯形图中使用的触点，对外部部件、开关和电动机进行电路连接，电动机自动/手动控制系统的电气原理图如图3.10所示。

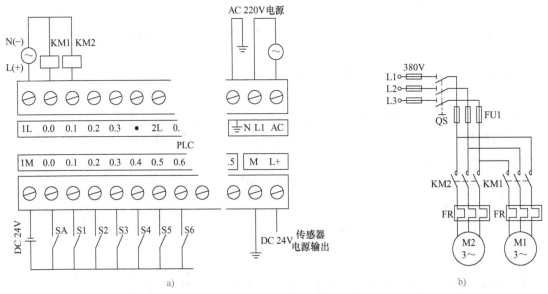

图 3.10　电动机自动/手动控制系统的电气原理图
a）PLC 接线　b）主电路

5. 通信

用西门子提供的专用 PC/PPI 电缆将装好编程软件的 PC 和 PLC 相连，打开图 1.8 所示的 STEP7 - Micro/WIN 界面，单击图 1.69 所示的"指令树"中"通信"项目下的"通信"子项目，弹出图 1.70 所示的通信界面，双击"双击刷新"图标，出现图 1.71 所示的界面，表示通信成功，可以进行编程设计。系统默认 PC 地址为 0，图 1.71 所示 PLC 地址为 2。若搜索不到，且检查连接线无松动时，可选择搜索所有波特率，再进行尝试。

6. 程序编写

根据控制要求编写梯形图程序，如图 3.11 所示。

7. 设计分析

I0.0 是方式选择开关，不能自动复位。I0.0 = 1 时，为自动运行方式，I0.0 = 0 时，为手动运行方式。

方式选择开关 SA 闭合，I0.0 = 1 时为自动操作方式，网络 1 通，程序跳转到网络 4 开始执行，同时网络 5 断开，程序执行 JMP2 和 LBL2 之间的指令。按下自动起动按钮 S1（I0.1），电动机 M1 的主接触器线圈 KM1 通电（Q0.0），主电路的 KM1 主触点闭合，电动机 M1 转动，同时启动定时器，5s 以后电动机 M2 的主接触器线圈 KM2 通电（Q0.1），主电路的 KM2 主触点闭合，

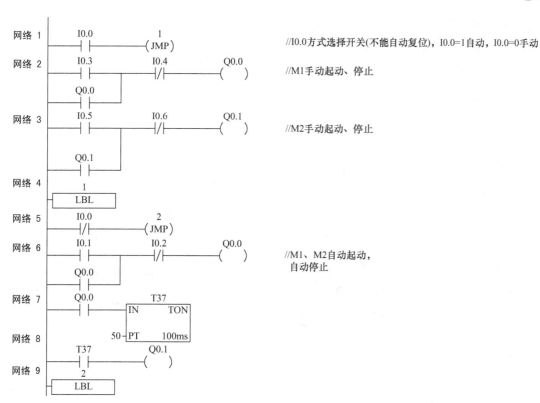

图 3.11 电动机自动/手动控制系统梯形图

电动机 M2 转动。当按下自动停止按钮 S2（I0.2）时，Q0.0 断电，电动机 M1 停止，定时器 T37 复位，电动机 M2 停止。

方式选择开关 SA（I0.0）处于常态，I0.0 = 0 时为手动操作方式，JMP1 不起作用，执行 JMP2 指令，程序运行 JMP1 和 LBL1 之间的指令。分别按下 M1、M2 的起动按钮 S3、S5，电动机运行；按下停止按钮 S4、S6，电动机分别停止。

8. 下载程序、系统运行

在硬件连线、软件编程正确完成后，对程序进行编译、下载，进行试运行，此时，两台电动机自动/手动 PLC 控制系统设计完成，CPU 进入循环扫描状态，不断采集输入端子数据，等待执行程序。

1）连接好 PLC 输入/输出接线。

2）录入程序并下载到 PLC 中，使 PLC 进入运行状态。

3）使 PLC 进入梯形图监控状态。

① 不做任何操作，观察输出信号的状态；此时处于手动模式，进行手动操作。

② 按下模式选择开关 I0.0，切换至自动模式。按下起动按钮 I0.1，电动机 M1 起动，5s 后，电动机 M2 起动；按下停止按钮 I0.2，两台电动机同时停止。

▶▶ 任务评价

为了更好地学习 PLC，组内成员协调完成工作，在强化知识的基础上建立工业现场系统设计的概念，设计完成后，由各组之间互评并由教师给予评定，其评定标准以 PLC 职业资格能力要求为依据，使学生初步建立工程概念。

1. 检查内容

1）检查元器件是否齐全，熟悉各元器件的作用。

2）熟悉控制电路原理，列出I/O分配表。

3）检查线路安装是否合理及运行情况。

2. 评估策略

评估标准见表3.3。

表3.3 两台电动机自动/手动控制系统设计评估标准

项　目	要　求	分　数	评分标准	得　分
系统电气原理图设计	原理图绘制完整、规范	10	不完整、不规范，每处扣2分	
I/O分配表	准确完整，与原理图一致	10	不完整，每处扣2分	
程序设计	简洁易读，指令正确，符合任务要求	20	不正确，每处扣5分	
电气线路安装和连接	线路安装简洁、正确，符合工艺要求	30	不规范，每处扣5分	
系统调试	系统设计达到任务要求，运行成功	30	第一次调试不合格，扣10分 第二次调试不合格，扣10分	
时间	60min，每超时5min扣5分，不得超过10min			
安全	检查完毕通电，人为短路扣20分			

拓展训练

训练1 子程序编程训练

1）名称：不带参数子程序调用的编程。

2）目的：理解子程序调用的方式，掌握子程序的编程方法。

3）控制要求：PLC的输入端子I0.0控制主程序中Q0.0输出闪烁信号，当I0.1输入接通时，调用子程序，I0.3控制Q0.3输出，I0.2控制Q0.2闪烁，I0.4控制子程序无条件返回。

参考梯形图程序如图3.12所示，读者也可自行设计程序。

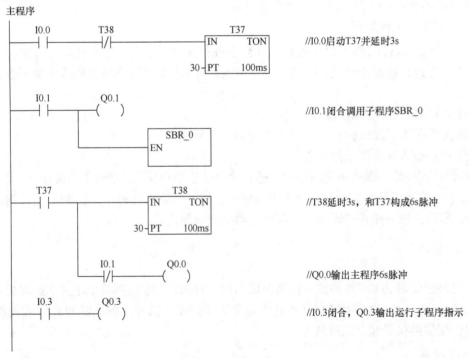

图3.12 子程序调用梯形图程序

子程序

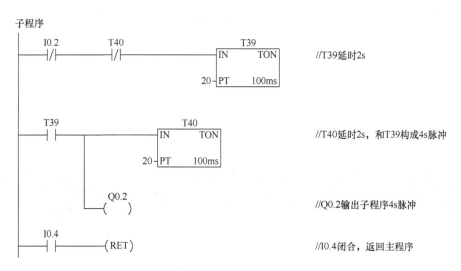

图 3.12 子程序调用梯形图程序（续）

训练2 定时器中断程序设计

1）名称：彩灯循环点亮。

2）目的：理解定时器中断的特点，掌握定时器中断编程的方法。

3）控制要求：采用移位指令与中断指令配合完成彩灯循环点亮的控制。按下起动按钮后的第一个扫描周期置 QB0 初值，并建立 T96 定时器中断事件与中断子程序 0 的连接，实现全局中断；设置 T96 定时器预设值为 1s，并保证系统停止时不会有任何输出。

中断子程序参考图 3.13，读者也可自行设计。

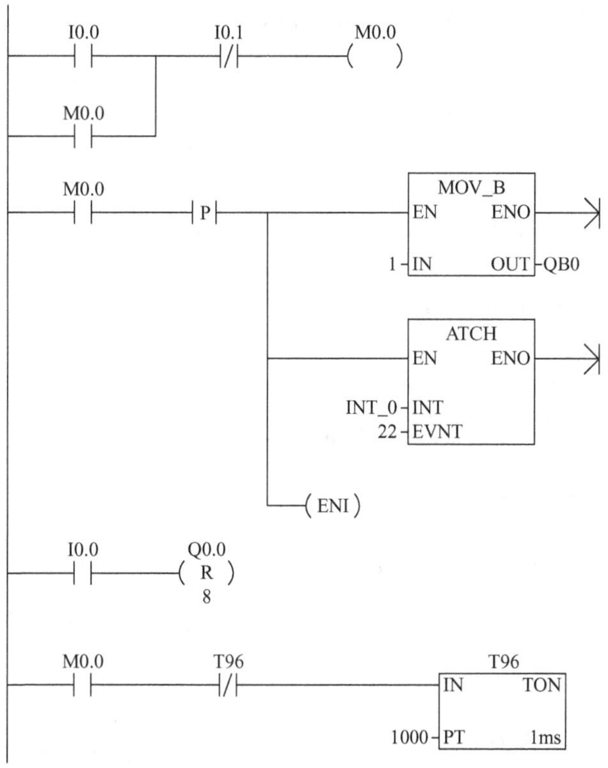

图 3.13 定时器中断控制彩灯循环点亮梯形图程序

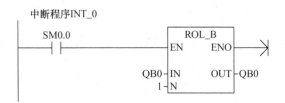

图 3.13　定时器中断控制彩灯循环点亮梯形图程序（续）

任务2　运料小车控制

▶▶ 学习目标

（1）掌握顺序控制继电器指令及其编程方法。

（2）掌握使用跳转指令实现不同工作模式的方法。

▶▶ 任务要求

运料小车系统示意图如图 3.14 所示。小车原位在左侧（SQ1），当按下起动按钮 SB1 时，小车前进；当小车行至料斗下方（SQ2）时，料斗门打开，给小车加料；延时 8s 后料斗门关闭，小车后退；当返回至 SQ1 处时，打开小车底门卸料；6s 后卸料完毕，小车再次前进……如此循环下去。

要求控制运料小车的运行，并实现以下几种运行方式：

1）手动操作：用单独的控制按钮分别接通或断开各负载。

2）单周期操作：按下起动按钮，小车往复运行一次后，停在原位等待下次起动。

3）连续循环操作：按下起动按钮，小车自动连续往复运行。

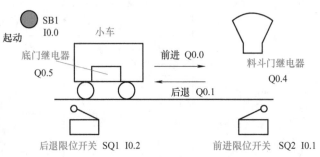

图 3.14　运料小车系统示意图

▶▶ 知识准备1　顺序设计法、顺序功能图及步的相关概念

我们先来分析小车运料系统的自动控制过程：

初始位置（SQ1）$\xrightarrow{\text{SB1 被按下}}$ 接触器 KM1（Q0.0）接通，小车前进（工序 1）

$\xrightarrow{\text{到达料斗下方(SQ2 动作)}}$ 接触器 KM1（Q0.0）断开，小车停止前进，打开料斗门（Q0.4 动作），小车装料（工序2）$\xrightarrow{\text{8s 到}}$ 料斗门关闭（Q0.4 断开），接通接触器 KM2（Q0.1），小车后退（工序3）

$\xrightarrow{\text{到达卸料处(SQ1 动作)}}$ 接触器 KM2（Q0.1）断开，小车停止后退并打开小车底门（Q0.5 动作），小车卸料（工序4）$\xrightarrow{\text{6s 到}}$ 小车底门关闭（Q0.5 断开）。根据运行方式选择单周期或连续运行，选择循环方向，等待 SB1 被按下或接通接触器 KM1（Q0.0）小车前进（工序 1）$\longrightarrow$……。

可以看到，小车在一个周期内共有 4 个工序，控制系统是按照一定的顺序、在满足一定的条件后使小车从前一个工序进入后一个工序，如此循环控制，小车便按照工艺流程自动运行。显然，这是一个按照一定的顺序实现控制的问题，称之为顺控问题，这类问题在工程中非常常见。对于顺控问题，除了可以使用前面介绍的基本指令外，还可以使用 PLC 的另外一种编程语言——顺序功能图实现控制。

1. 顺序设计法

顺序功能图(Sequential Function Charts，SFC) 主要用来编制顺序控制程序。在这种语言中，工艺流程被划分为若干个顺序步骤，可以非常清晰地表述顺序控制过程。

所谓顺序控制，就是按照生产工艺和时间的顺序，在各个信号的作用下，使生产过程中各个执行机构自动有序地进行操作。

为了说明顺序控制方法，现将前述运料小车系统的各个工作步骤用工序表示，并依据工作顺序绘制成图 3.15 所示的工序图。图中清晰地表示出运料小车系统被分解成 4 个工序，各工序之间通过一定的转换条件相关联。在顺序控制中，将分解的各工序称为步。当步被激活时(满足一定的转换条件)，其代表的动作或命令将被执行，执行机构按照顺序一步一步执行动作或命令，这种用来表示顺控问题的方法，称为顺序设计法。在顺序设计法中，各步的任务明确而具体，工序间的转换条件直观，整个工序图很容易理解，可读性很强，能清晰地反映整个控制过程，运用这种方法可以大大提高设计效率。

如果将图 3.15 中的工序换成步，并用位存储器 S 表示，便得到了运料小车系统的自动控制顺序功能图，如图 3.16 所示。所谓顺序功能图，就是描述控制系统的控制过程、功能和特性的一种图形，是设计 PLC 顺序控制程序的有效工具。

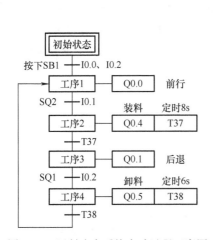

图 3.15　运料小车系统自动过程工序图

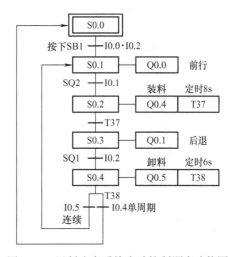

图 3.16　运料小车系统自动控制顺序功能图

在图 3.16 中，用"S□□"标志的方框表示"步"，方框间的连线表示步之间的联系，方框间连线上的短横线表示步转移的条件，方框右侧引出的类似于梯形图支路的符号组织表示该步的任务。

2. 步的相关概念

顺序功能图的基本元素是步，步是根据输出量的状态变化来划分的，在一步之内，各输出量的状态不变，但相邻两步输出量总的状态是不同的，正确将控制系统分解成合理的步是顺序功能图设计的关键。

为了进一步理解 SFC，下面介绍有关步的相关概念。

（1）初始步　与系统的初始状态相对应的步称为初始步，如图3.16中的"S0.0"，初始状态一般是系统等待启动命令的相对静止状态。初始步用双线方框表示，每一个SFC至少要有一个初始步。

（2）活动步　当系统处于某一步所在的阶段时，该步为活动状态，称该步为活动步，也称为当前步。步处于活动状态时，执行相应的非存储型动作，不处于活动状态时则停止执行。

（3）步的动作　可以将一个控制系统分为被控系统和施控系统。例如，在数控车床系统中，数控装置是施控系统，而车床是被控系统。对于被控系统，在某一步中要完成某些"动作"；对于施控系统，在某一步中要向被控系统发出某些"命令"。为了叙述方便，下面将命令或动作统称为动作，并用矩形框中的文字或符号表示，矩形框与它所在的步对应的方框相连。

步的动作主要有存储型和非存储型两种类型。其中存储型动作是指那些需要在若干个步中都应为"ON"的动作，在顺序功能图中，可以根据需要用置位指令S来置"ON"，用复位指令R来复位，如图3.17中的工作状态指示灯Q0.4，在SB1被按下时即被置"ON"，在整个工作过程中一直为"ON"，直到停止按钮被按下才被复位，所以指示灯被点亮和熄灭这个动作即为存储型动作。

非存储型动作是指那些只在步处于活动步时才为"ON"的动作，当步转为非活动步时，动作被复位，在顺序功能图中，直接用线圈输出。如图3.16中的Q0.0、Q0.1、Q0.4、Q0.5均为非存储型动作，在步S0.1为活动步时，动作Q0.0为"ON"，而步S0.1为非活动步时，动作Q0.0即为"OFF"，即步与它的非存储型动作"共存亡"。

（4）步的三要素　如前所述，我们可以总结出步的三要素，即步、转换条件及步的动作，如图3.18所示。步即系统当前所处的状态，即活动步；转换条件是前一步进入当前步所需的条件信号，可以是外部信号，如按钮、开关等，也可以是PLC内部产生的信号，如定时器等提供的信号，当然，也可以是这些信号的逻辑组合；步的动作指当前步所需要执行的命令，前面已有介绍。图中还有步的辅助元素：前一步和后一步，当条件满足时，系统从前一步转换到当前步，当当前步完成指定的动作后，系统再从当前步转换到后一步，即后一步变成当前步。

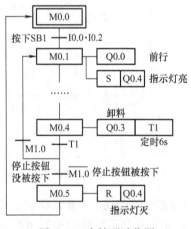

图3.17　存储型动作图

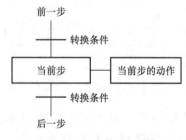

图3.18　步的三要素

>> 知识准备2　顺序控制（继电器）指令

使用顺序设计法设计PLC系统主要有两个步骤：首先是根据工艺流程画出顺序功能图（SFC），之后根据顺序功能图编写相应的顺序控制梯形图程序，这就需要用到顺序控制继电器指令。

1. 顺序控制（继电器）指令介绍

S7－200 系列 PLC 中的顺序控制继电器 S 存储器区（S0.0 ～ S31.7，BOOL 型）专门用于编制顺序控制程序，顺序控制继电器（SCR）指令见表3.4。SCR 指令可以使程序结构清晰，直接针对应用，使编程和调试更加便捷，它将程序划分成若干个 SCR 段，每个 SCR 段起始于 LSCR、结束于 SCRE，一个 SCR 段对应于顺序功能图中的一步。

装载顺序控制继电器（Load Sequence Control Relay，LSCR）指令（对应的梯形图为 SCR）标志着一个 SCR 段（即顺序功能图中的步）的开始，操作数 S_bit 为顺序控制继电器 S 存储区的地址，S_bit 为 ON 时，执行对应 SCR 段中的程序，为 OFF 时，则不执行。

顺序控制继电器结束（Sequence Control Relay End，SCRE）指令标志着一个 SCR 段的结束。

顺序控制继电器传输（Sequence Control Relay Transition，SCRT）指令用来将程序控制权从一个激活的 SCR 段传递到另一个 SCR 段。执行 SCRT 指令可以使当前激活的程序段的 S 位复位，同时使下一个要执行的程序段的 S 位置位。

顺序控制继电器条件结束（Conditional Sequence Control Relay End，CSCRE）指令可以使程序退出一个激活的 SCR 段。

表 3.4 顺序控制继电器（SCR）指令

梯形图指令	语句表指令	描　述
??.? SCR	LSCR S_bit	SCR 程序段开始
??.? —(SCRT)	SCRT S_bit	SCR 转换
—(SCRT)	CSCRE	SCR 程序段条件结束
—(SCRE)	SCRE	SCR 程序段结束

2. 顺序控制继电器指令的使用方法

图 3.16 给出了运料小车系统的顺序功能图，从图中可以看出，只需要将系统的工艺流程分析清楚，按照 SFC 的绘制原则很容易绘出正确的顺序功能图。

下面用实例说明顺序控制继电器指令的使用方法。

例 3.3　简易运料小车系统如图 3.19 所示，小车初始位置在左边，后退限位开关 I0.2 为 1 状态，按下起动按钮 I0.0 后，小车前进，碰到前进限位开关 I0.1 时，停下，3s 后后退，碰到后退限位开关 I0.2 后返回初始步，等待再次起动。通过分析可知，一个工作周期分为前进、暂停、后退 3 步，

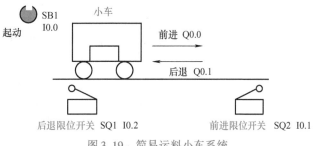

图 3.19　简易运料小车系统

以及起动初始步，分别以起动按钮、限位开关和定时器作为各步转换条件。系统电气原理图和梯形图如图 3.20 和图 3.21 所示。

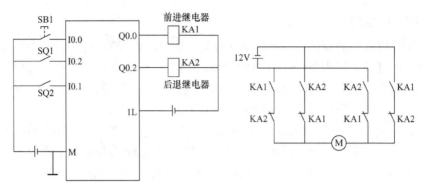

图 3.20　简易运料小车系统电气原理图

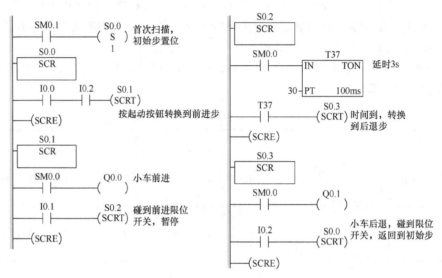

图 3.21　简易运料小车系统梯形图

➤➤ 知识准备3　选择序列与并行序列顺序功能图及其编程方法

前面介绍的运料小车系统是比较简单的顺序控制系统，其顺序功能图从初始步到结束步既没有分支，也没有选择，故流程图比较简单，称之为单序列顺序功能图，其结构示意图如图3.22a所示。实际工程中遇到的问题可能要复杂得多，仅仅用单序列结构并不能解决问题，这就需要使用顺序功能图的另外两种结构，即选择序列和并行序列。

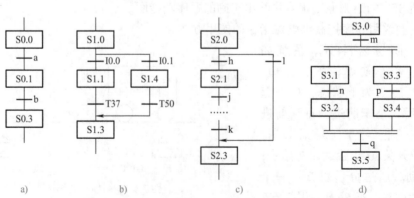

图 3.22　单序列、选择序列、并行序列顺序功能图结构示意图

a）单序列　b）选择序列1　c）选择序列2　d）并行序列

1. 选择序列顺序功能图及其编程方法

选择序列结构如图 3.22b、c 所示，流程图中有分支。在图 3.22b 中，当 I0.0 为 ON 时，顺序功能图由步 S1.0 转到步 S1.1，当 I0.1 为 ON 时，顺序功能图由步 S1.0 转到步 S1.4，I0.0 和 I0.1 不能同时为 ON。选择序列的结束称为合并，图中两个分支在步 S1.3 前合并。图 3.22c 是选择分支的一种特殊情况，即某一条分支上没有步，但转换条件仍然存在，这种情况称为跳步。

选择序列顺序功能图编程时，根据不同的转换条件执行不同的 SCRT 指令，图 3.22b 所示顺序功能图的 SCR 梯形图程序如图 3.23 所示，若 I0.0 为 ON，则执行（$^{S1.1}_{SCRT}$），若 I0.1 为 ON，则执行（$^{S1.4}_{SCRT}$）。

2. 并行序列顺序功能图及其编程方法

并行序列结构如图 3.22d 所示，在步 S3.0 之后，当转换条件 m = 1 时，步 S3.1 和步 S3.3 同时变成活动步，表示系统的几个独立部分同时工作；在步 S3.5 之前，当 q = 1，且步 S3.2 和步 S3.4 同时为活动步时，系统才转到步 S3.5，这时步 S3.2 和步 S3.4 同时失效，称为并行序列的合并。

并行序列顺序功能图编程时，在分支处同一转换条件下，使用多条 SCRT 指令在一段 SCR 程序中同时执行各分支上的第一步，图 3.22d 所示顺序功能图的 SCR 梯形图程序如图 3.24 所示。

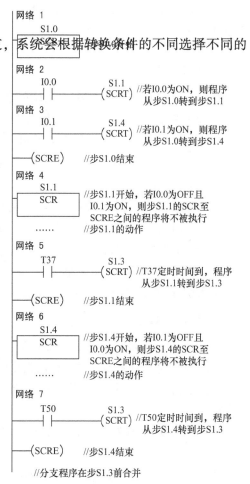

图 3.23　选择序列顺序功能图编程举例

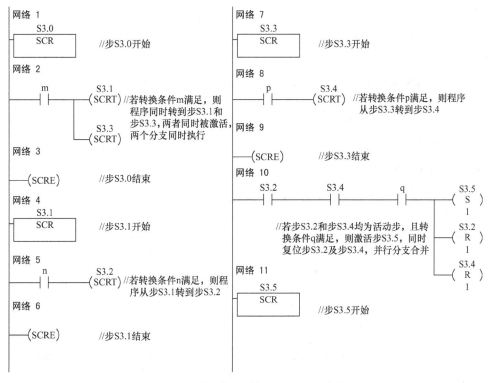

图 3.24　并行序列顺序功能图编程举例

任务实施

1. 任务分析

根据任务2提出的运料小车系统的功能要求,运料小车分为手动和自动两种模式,两种模式的切换用跳转指令实现,手动过程用普通逻辑指令,而自动过程的单周期和循环工作使用顺序控制指令,一个自动工作周期大致可分成如下工序:

1)小车在初始位置处,SQ1为ON,按下开始按钮SB1,则小车前行,电动机正转。

2)小车运行至料斗下方时,SQ2为ON,电动机停转,小车停止,打开料斗门,延时8s。

3)8s时间到,装料完成,料斗门关闭,小车后退,电动机反转。

4)返回至SQ1处,电动机停转,小车停止,打开小车底门卸料,延时6s。

5)6s时间到,卸料完毕,一个工作过程结束。

6)开始一个新的工作周期。

根据小车的工作过程,画出运料小车系统的自动过程工序图,如图3.15所示。

2. 确定I/O设备

根据小车的功能要求,小车需要如下I/O设备:

1)小车前行和后退需要一台交流电动机(电动机的选择要根据小车的最大载荷确定)。电动机正、反转控制需要两个接触器KM1、KM2,KM1控制小车前行,KM2控制小车后退。

2)为了检测小车是否到达原位和料斗下方,需要两个限位开关:SQ1原位,SQ2料斗下方。

3)为了打开和关闭料斗门和小车底门,需要两个继电器:KA1料斗门,KA2小车底门。通过继电器控制直流电动机,继电器通电则电动机得电,门打开;继电器断电则电动机失电,门依靠弹簧装置关闭。

4)起动按钮SB1,用于工作方式选择的开关SA。

由以上分析可知,系统需要如下I/O设备:限位开关两个:SQ1(原位)、SQ2(装料位置);交流接触器两个:KM1(控制小车前行)、KM2(控制小车后退);继电器两个:KA1(控制料斗门开关)、KA2(控制小车底门开关);起动按钮SB1;方式选择开关SA。

此外,还需要4个手动控制按钮:手动向前按钮SB2、手动向后按钮SB3、料斗门打开按钮SB4、底门打开按钮SB5。

3. 输入/输出点分配

根据小车系统需要给每个I/O设备分配一个地址,见表3.5。

表3.5 运料小车系统I/O分配表

输 入			输 出		
符号	点地址	功能描述	符号	点地址	功能描述
SB1	I0.0	起动按钮	KM1	Q0.0	控制小车前行
SQ1	I0.2	后退限位	KM2	Q0.1	控制小车后退
SQ2	I0.1	前进限位、装料位置	KA1	Q0.4	控制料斗门开关

（续）

输 入			输 出		
符号	点地址	功能描述	符号	点地址	功能描述
SA（工作方式选择开关）	I0.3	手动	KA2	Q0.5	控制小车底门开关
	I0.4	单周期			
	I0.5	连续循环			
SB2	I0.6	手动向前			
SB3	I0.7	手动向后			
SB4	I1.0	料斗门打开			
SB5	I1.1	底门打开			

根据系统对 I/O 点数的要求，选择 PLC 型号：系统需要 10 个输入点，4 个输出点，所以选择 CPU226 即可满足要求，且还有一定的余量，以备系统扩展；因为输出设备既有交流器件又有直流器件，所以选用继电器输出类型。

4. 绘制电气原理图

根据表 3.5，运料小车系统电气原理图如图 3.25 所示。其中，小车前行和后退电动机为交流电动机，其接触器使用交流接触器，所以接到公共端 1L 上，控制料斗门和小车底门的电动机为直流电动机，其继电器使用直流继电器，所以接到公共端 2L 上。料斗门电动机和小车底门电动机也可以直接连接到 PLC 输出点 Q0.4 和 Q0.5，而不用继电器。

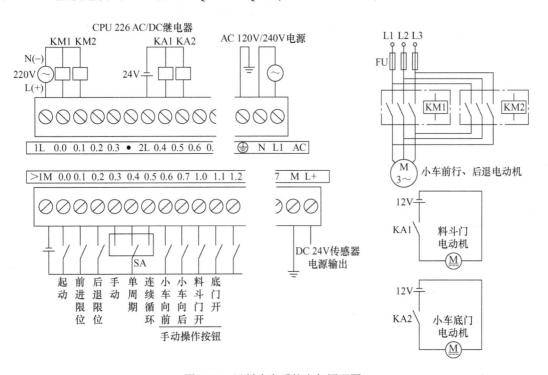

图 3.25　运料小车系统电气原理图

5. 通信

用西门子提供的专用 PC/PPI 电缆将装好编程软件的 PC 和 PLC 相连，打开图 1.8 所示的

STEP7－Micro/WIN 编程界面，单击图 1.69 所示 "指令树" 中 "通信" 项目下的 "通信" 子项目，弹出图 1.70 所示的通信界面，双击 "双击刷新" 图标，出现图 1.71 所示的界面，表示通信成功，可以进行编程设计。系统默认 PC 地址为 0，图 1.71 所示 PLC 地址为 2。若搜索不到，且检查连接线无松动时，可选择搜索所有波特率，再进行尝试。

6. 绘制顺序功能图并编写梯形图程序

根据控制要求，运料小车系统可采用手动、单周期和连续循环三种工作方式。单周期和连续循环方式采用顺序控制指令，手动控制采用普通逻辑指令，编程时采用跳转指令分别指向不同的工作方式，程序结构如图 3.26 所示。当选择手动控制方式时，I0.3 输入映像寄存器置 1，I0.4 和 I0.5 输入映像寄存器置 0。I0.3 常闭触点断开，I0.4 和 I0.5 常闭触点均为闭合状态，执行手动控制程序，跳过自动控制程序。方式选择开关接通单周期或连续循环控制方式时，I0.3 触点闭合，I0.4 和 I0.5 触点断开，跳过手动控制程序而选择执行自动控制程序。

1）手动控制方式梯形图。手动控制程序如图 3.27 所示，选择手动控制方式后，分别按手动控制按钮，使小车前进、后退、料斗门开/关和小车底门开/关。编程时，需确定小车底门、料斗门关闭时才能前行或后退。

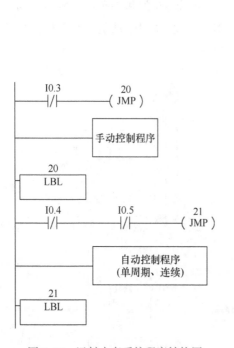

图 3.26 运料小车系统程序结构图

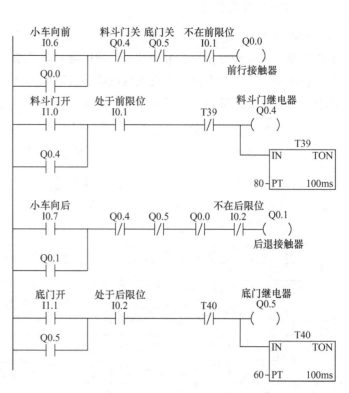

图 3.27 运料小车系统手动控制方式梯形图

2）自动操作方式梯形图。根据运料小车系统工序流程绘制顺序功能图，再根据顺序功能图编写 SCR 梯形图程序，如图 3.28 所示。在网络 15，小车完成一个工作过程回到后限位开关处时，根据方式选择开关 I0.4、I0.5 决定小车单周期还是连续循环运料。

7. 下载程序、系统运行

将此梯形图输入到编辑软件 STEP7－Micro/WIN 中，下载程序并调试，直到系统按照要求运行为止。

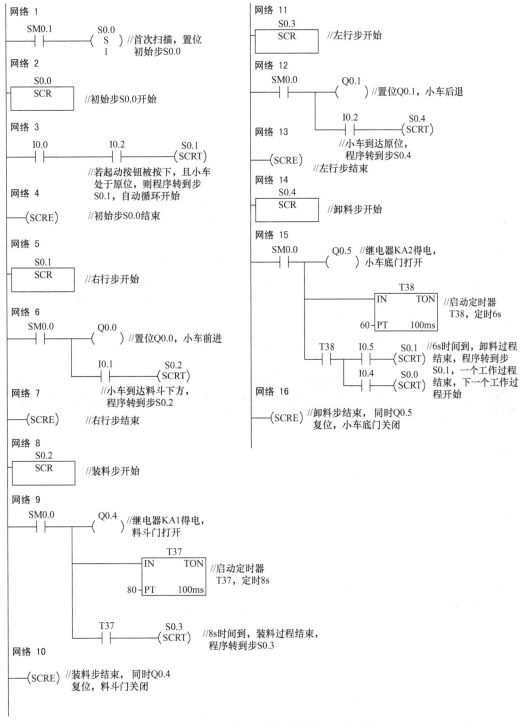

图 3.28　运料小车系统自动控制 SCR 梯形图

▶▶任务评价

　　为了更好地学习 PLC，组内成员协调完成工作，在强化知识的基础上建立工业现场系统设计的概念，设计完成后，由各组之间互评并由教师给予评定，其评定标准以 PLC 职业资格能力要求为依据，使学生初步建立工程概念。

1. 检查内容

1）检查元器件是否齐全，熟悉各元器件的作用。

2）熟悉控制电路原理，列出 I/O 分配表。

3）检查线路连接是否正确及运行情况。

2. 评估策略

评估标准见表 3.6。

表 3.6　运料小车控制系统设计评估标准

项　目	要　求	分　数	评分标准	得　分
系统电气原理图设计	原理图绘制完整、规范	10	不完整、不规范，每处扣 2 分	
I/O 分配表	准确完整，与原理图一致	10	不完整，每处扣 2 分	
程序设计	简洁易读，指令正确，符合任务要求	20	不正确，每处扣 5 分	
电气线路安装和连接	线路安装简洁、正确，符合工艺要求	30	不规范，每处扣 5 分	
系统调试	系统设计达到任务要求，运行成功	30	第一次调试不合格，扣 10 分 第二次调试不合格，扣 10 分	
时间	60min，每超时 5min 扣 5 分，不得超过 10min			
安全	检查完毕通电，人为短路扣 20 分			

任务3　彩灯控制

▶▶学习目标

（1）掌握顺序控制继电器指令及其编程方法。

（2）熟悉定时器的使用过程。

▶▶任务要求

有 5 个彩灯，输出分别为 Q0.0、Q0.1、Q0.2、Q0.3、Q0.4，开关按钮接 I0.0，当按下 I0.0 时，彩灯依次顺序点亮：Q0.0 亮 2s→Q0.1 亮 2s→Q0.2 亮 2s→Q0.3 亮 2s→Q0.4 亮 2s→Q0.1 亮 2s……如此循环，当一盏灯亮时，则前一盏灯灭。用顺序控制指令实现控制过程。

▶▶任务实施

1. 任务分析

按下起动按钮 I0.0 后，彩灯系统开始工作，其工作周期包括：第一盏灯亮；2s 时间到，第二盏灯亮，第一盏灯灭；2s 时间到，第三盏灯亮，第二盏灯灭；2s 时间到，第四盏灯亮，第三盏灯灭；2s 时间到，第五盏灯亮，第四盏灯灭。该周期共有五个过程，所以顺序功能图应该包括 5 个工序步，加上初始步，共有 6 步。

图 3.29 所示为彩灯控制系统的顺序功能图。

说明：顺序功能图从初始步 S0.0 到 S0.5 结束共有 6 步。初始状态是所有的灯都不亮，此时按下起动按钮 I0.0，满足转换条件，则系统从步 S0.0 转换到步 S0.1，步的动作是点亮第一盏灯，并启动定时器 T37，定时 2s；当 T37 定时时间到，并且第一盏灯 Q0.0 亮时，系统从步 S0.1

转到步 S0.2，步的动作是点亮第二盏灯，并启动定时器 T38，定时 2s。以此类推，直至第五盏灯亮，并且定时时间 T41 到时，一个周期结束，系统再次回到步 S0.1 点亮第一盏灯，如此循环。在本系统中，当从步 S0.1 转换到步 S0.2 时，第一盏灯即熄灭，即灯点亮和步被激活同步，当步为非活动步时，灯也跟着熄灭，所以本系统中灯点亮这一动作为一非存储型动作，直接用线圈输出即可。

2. 准备元器件

CPU226 DC/DC/DC、24V 电源、1 个按钮、5 个 LED 灯、连接线。

3. 输入/输出点分配

I/O 分配见表 3.7。

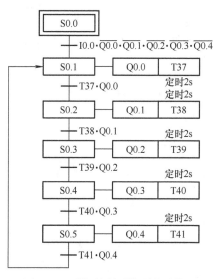

图 3.29　彩灯控制系统顺序功能图

表 3.7　I/O 分配表

输　　入		输　　出	
I0.0	起动按钮	Q0.0 ~ Q0.4	彩灯

4. 绘制电气原理图

根据端子分配绘制电气原理图，如图 3.30 所示。连接上 PLC 的工作电源、输入端子电源、输出端子电源。

5. 通信

用西门子提供的专用 PC/PPI 电缆将装好编程软件的 PC 和 PLC 相连，打开图 1.8 所示的 STEP7 - Micro/WIN 界面，单击图 1.69 所示的"指令树"中"通信"项目下的"通信"子项目，弹出图 1.70 所示的通信界面，双击"双击刷新"图标，出现图 1.71 所示的界面，表示通信成功，可以进行编程设计。系统默认 PC 地址为 0，图 1.71

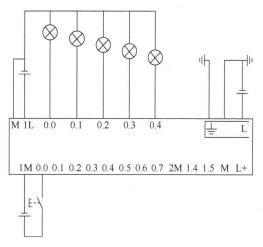

图 3.30　彩灯控制系统电气原理图

所示 PLC 地址为 2。若搜索不到，且检查连接线无松动时，可选择搜索所有波特率，再进行尝试。

6. 程序编写

编写梯形图程序，如图 3.31 所示。

7. 下载程序、系统运行

在硬件连线、软件编程正确完成后，对程序进行编译、下载，进行试运行，此时，彩灯 PLC 控制系统设计完成，CPU 进入循环扫描状态，不断采集输入端子数据，等待执行程序。

1）连接好 PLC 输入/输出接线。

2）录入程序并下载到 PLC 中，使 PLC 进入运行状态。

3）使 PLC 进入梯形图监控状态。

① 不做任何操作，观察彩灯的状态。

② 按下起动按钮，观察彩灯的状态。

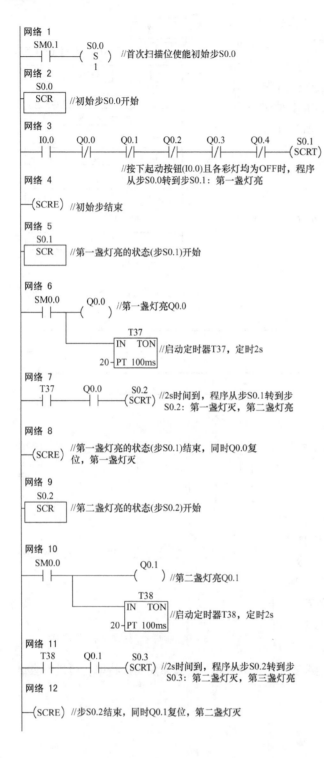

图 3.31　彩灯控制系统梯形图

▶▶任务评价

　　为了更好地学习 PLC，组内成员协调完成工作，在强化知识的基础上建立工业现场系统设计的概念，设计完成后，各组之间互评并由教师给予评定，其评定标准以 PLC 职业资格能力要求为依据，使学生初步建立工程概念。

1. 检查内容

1）检查元器件是否齐全，熟悉各元器件的作用。

2）熟悉控制电路原理，列出 I/O 分配表。

3）检查线路安装是否合理及运行情况。

2. 评估策略

评估标准见表3.8。

表 3.8 彩灯控制系统设计评估标准

项 目	要 求	分 数	评分标准	得 分
系统电气原理图设计	原理图绘制完整、规范	10	不完整、不规范，每处扣2分	
I/O 分配表	准确完整，与原理图一致	10	不完整，每处扣2分	
程序设计	简洁易读，指令正确，符合任务要求	20	不正确，每处扣5分	
电气线路安装和连接	线路安装简洁、正确，符合工艺要求	30	不规范，每处扣5分	
系统调试	系统设计达到任务要求，运行成功	30	第一次调试不合格，扣10分 第二次调试不合格，扣10分	
时间	60min，每超时5min扣5分，不得超过10min			
安全	检查完毕通电，人为短路扣20分			

任务4 交通信号灯控制（方式2）

▶▶学习目标

（1）掌握顺序控制继电器指令及其编程方法。

（2）熟悉定时器的使用过程。

▶▶任务要求

交通信号灯时序图如图 3.32 所示。按下起动按钮 I0.0，交通灯将按照时序要求变化，按下停止按钮 I0.1，所有灯熄灭。请设计顺序功能图并编制梯形图程序。

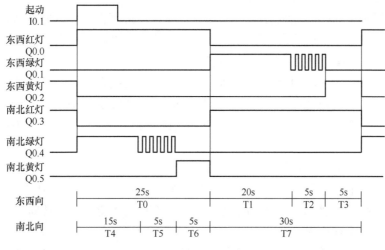

图 3.32 交通信号灯时序图

任务实施

1. 任务分析

分析：按下起动按钮，则东西方向信号灯一个工作周期包括：红灯（Q0.0）亮25s→绿灯（Q0.1）亮20s→绿灯（Q0.1）闪亮5次（周期1s）→黄灯（Q0.2）亮5s……如此循环，所以一个周期共包括4个状态，在顺序功能图中有4步；南北方向信号灯一个周期工作包括：绿灯（Q0.4）亮15s→绿灯（Q0.4）闪亮5次（周期1s）→黄灯（Q0.5）亮5s→红灯（Q0.3）亮30s……如此循环，一个周期共有4个状态，在顺序功能图中有4步。进一步分析可知，东西方向信号灯和南北方向的信号灯是同时进行的，所以在绘制顺序功能图时可以用并行序列来表示它们的情况，其顺序功能图如图3.33所示。

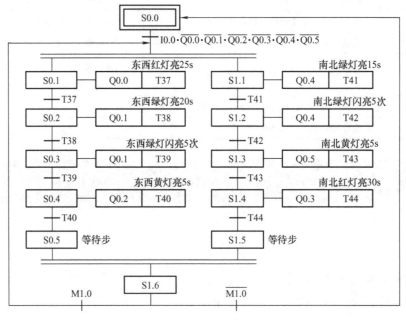

图3.33 交通信号灯系统顺序功能图

说明：

1）虚设步：当按下起动按钮I0.0后，步S0.1和步S1.1同时变为活动步，东西方向红灯亮、南北方向绿灯亮，55s后东西方向和南北方向均结束一个周期，两个分支合并。按时序要求，东西方向应回到步S0.1、南北方向应回到步S1.1，以继续循环，这样就造成直接从并行序列的合并处转换到分支处，这种情况下，我们一般在两者之间增加一步S1.6，这一步没有任何动作，进入该步后，将马上转移到下一步，这样的步被称为虚设步。

2）等待步：步S0.5和步S1.5是等待步，它们用来同时结束各个并行序列。只要步S0.5和步S1.5都是活动步，就会发生步0.5和步S1.5向步S1.6的转换，使并行序列合并。

3）状态标志位M1.0：根据题目要求在按下起动按钮I0.0后，系统起动工作，在按下停止按钮I0.1后，系统结束工作。为了标记系统是否处于工作状态，我们运用了一个状态标志位M1.0，M1.0通过起保停电路受控于I0.0和I0.1。当系统工作时，M1.0为1；当系统不工作时，M1.0为0。

4）在顺序功能图的最后一步（虚设步）后有一个选择性分支，当M1.0为1时，系统转向步S0.1和步S1.1，信号灯继续工作；当按下I0.1后，M1.0被复位，系统转向步S0.0，回到初始状态，所有的信号灯全部熄灭。

在起动按钮被按下并且所有交通灯都无输出时，通过置位指令S将状态标志位M1.0置1，此后，系统开始工作，在任意一步中，如果停止按钮被按下，状态标志位 M1.0 均会被复位，则当一个循环周期结束，程序运行到虚设步 S1.6 时，将会因为 M1.0 被复位而转到初始步 S0.0，所有信号灯均熄灭，即在按下停止按钮后，系统要在完成一个循环后才停止工作。

2. 准备元器件

CPU226 DC/DC/DC、24V 电源、两个按钮、12 个 LED 灯(红绿黄各 4 个)、连接线。

3. 输入/输出点分配

I/O 分配见表3.9。

表 3.9　I/O 分配表

输　入		输　出	
I0.0	起动按钮	Q0.0	东西方向红灯 HL1、HL2
		Q0.1	东西方向绿灯 HL3、HL4
		Q0.2	东西方向黄灯 HL5、HL6
I0.1	停止按钮	Q0.3	南北方向红灯 HL7、HL8
		Q0.4	南北方向绿灯 HL9、HL10
		Q0.5	南北方向黄灯 HL11、HL12

4. 绘制电气原理图

根据端子分配绘制电气原理图，如图 3.34 所示，连接 PLC 的工作电源、输入端子电源、输出端子电源。

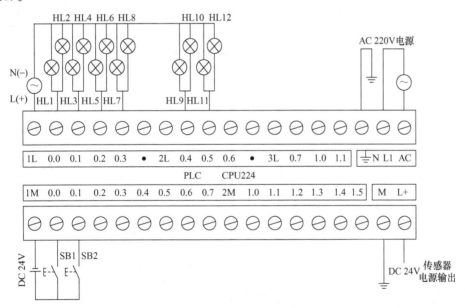

图 3.34　交通信号灯系统电气原理图

5. 通信

用西门子提供的专用 PC/PPI 电缆将装好编程软件的 PC 和 PLC 相连，打开图 1.8 所示的 STEP7‑Micro/WIN 界面，单击图 1.69 所示的"指令树"中"通信"项目下的"通信"子项目，弹出图 1.70 所示的通信界面，双击"双击刷新"图标，出现图 1.71 所示的界面，表示通信成功，可以进行编程设计。系统默认 PC 地址为 0，图 1.71 所示 PLC 地址为 2。若搜索不到，且检查连接线无松动时，可选择搜索所有波特率，再进行尝试。

6. 程序编写

编写梯形图程序，如图3.35所示。

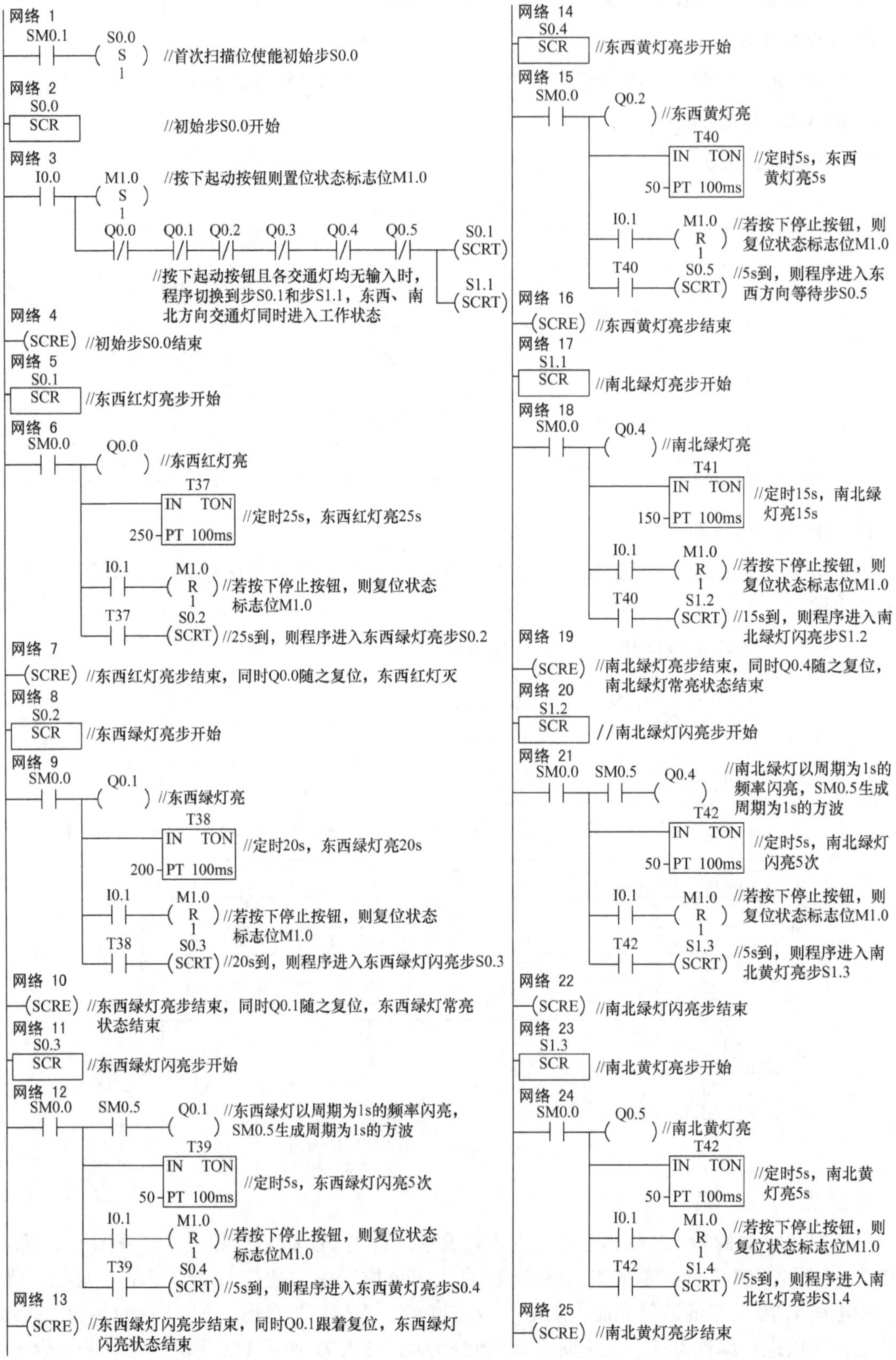

网络 1
SM0.1 ─┤ ├─(S)S0.0 //首次扫描位使能初始步S0.0
             1

网络 2
S0.0
─[SCR]─ //初始步S0.0开始

网络 3
I0.0 ─┤ ├─(S)M1.0 //按下起动按钮则置位状态标志位M1.0
             1
Q0.0 Q0.1 Q0.2 Q0.3 Q0.4 Q0.5 ─┤/├─┤/├─┤/├─┤/├─┤/├─┤/├─ (SCRT)S0.1
                                          (SCRT)S1.1
//按下起动按钮且各交通灯均无输入时，程序切换到步S0.1和步S1.1，东西、南北方向交通灯同时进入工作状态

网络 4
─(SCRE)─ //初始步S0.0结束

网络 5
S0.1
─[SCR]─ //东西红灯亮步开始

网络 6
SM0.0 ─┤ ├─(Q0.0)─ //东西红灯亮
                T37
              [IN   TON] //定时25s，东西红灯亮25s
          250─[PT 100ms]
I0.1 ─┤ ├─(R)M1.0 //若按下停止按钮，则复位状态标志位M1.0
             1
T37 ─┤ ├─(SCRT)S0.2 //25s到，则程序进入东西绿灯亮步S0.2

网络 7
─(SCRE)─ //东西红灯亮步结束，同时Q0.0随之复位，东西红灯灭

网络 8
S0.2
─[SCR]─ //东西绿灯亮步开始

网络 9
SM0.0 ─┤ ├─(Q0.1)─ //东西绿灯亮
                T38
              [IN   TON] //定时20s，东西绿灯亮20s
          200─[PT 100ms]
I0.1 ─┤ ├─(R)M1.0 //若按下停止按钮，则复位状态标志位M1.0
             1
T38 ─┤ ├─(SCRT)S0.3 //20s到，则程序进入东西绿灯闪亮步S0.3

网络 10
─(SCRE)─ //东西绿灯亮步结束，同时Q0.1随之复位，东西绿灯常亮状态结束

网络 11
S0.3
─[SCR]─ //东西绿灯闪亮步开始

网络 12
SM0.0 SM0.5 ─┤ ├─┤ ├─(Q0.1)─ //东西绿灯以周期为1s的频率闪亮，SM0.5生成周期为1s的方波
                T39
              [IN   TON] //定时5s，东西绿灯闪亮5次
           50─[PT 100ms]
I0.1 ─┤ ├─(R)M1.0 //若按下停止按钮，则复位状态标志位M1.0
             1
T39 ─┤ ├─(SCRT)S0.4 //5s到，则程序进入东西黄灯亮步S0.4

网络 13
─(SCRE)─ //东西绿灯闪亮步结束，同时Q0.1跟着复位，东西绿灯闪亮状态结束

网络 14
S0.4
─[SCR]─ //东西黄灯亮步开始

网络 15
SM0.0 ─┤ ├─(Q0.2)─ //东西黄灯亮
                T40
              [IN   TON] //定时5s，东西黄灯亮5s
           50─[PT 100ms]
I0.1 ─┤ ├─(R)M1.0 //若按下停止按钮，则复位状态标志位M1.0
             1
T40 ─┤ ├─(SCRT)S0.5 //5s到，则程序进入东西方向等待步S0.5

网络 16
─(SCRE)─ //东西黄灯亮步结束

网络 17
S1.1
─[SCR]─ //南北绿灯亮步开始

网络 18
SM0.0 ─┤ ├─(Q0.4)─ //南北绿灯亮
                T41
              [IN   TON] //定时15s，南北绿灯亮15s
          150─[PT 100ms]
I0.1 ─┤ ├─(R)M1.0 //若按下停止按钮，则复位状态标志位M1.0
             1
T40 ─┤ ├─(SCRT)S1.2 //15s到，则程序进入南北绿灯闪亮步S1.2

网络 19
─(SCRE)─ //南北绿灯亮步结束，同时Q0.4随之复位，南北绿灯常亮状态结束

网络 20
S1.2
─[SCR]─ // 南北绿灯闪亮步开始

网络 21
SM0.0 SM0.5 ─┤ ├─┤ ├─(Q0.4)─ //南北绿灯以周期为1s的频率闪亮，SM0.5生成周期为1s的方波
                T42
              [IN   TON] //定时5s，南北绿灯闪亮5次
           50─[PT 100ms]
I0.1 ─┤ ├─(R)M1.0 //若按下停止按钮，则复位状态标志位M1.0
             1
T42 ─┤ ├─(SCRT)S1.3 //5s到，则程序进入南北黄灯亮步S1.3

网络 22
─(SCRE)─ //南北绿灯闪亮步结束

网络 23
S1.3
─[SCR]─ //南北黄灯亮步开始

网络 24
SM0.0 ─┤ ├─(Q0.5)─ //南北黄灯亮
                T42
              [IN   TON] //定时5s，南北黄灯亮5s
           50─[PT 100ms]
I0.1 ─┤ ├─(R)M1.0 //若按下停止按钮，则复位状态标志位M1.0
             1
T42 ─┤ ├─(SCRT)S1.4 //5s到，则程序进入南北红灯亮步S1.4

网络 25
─(SCRE)─ //南北黄灯亮步结束

图 3.35　交通信号灯系统梯形图程序

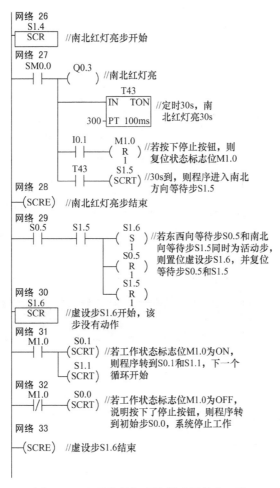

图 3.35 交通信号灯系统梯形图程序（续）

7. 下载程序、系统运行

在硬件连线、软件编程正确完成后，对程序进行编译、下载，进行试运行，此时，交通信号灯 PLC 控制系统设计完成，CPU 进入循环扫描状态，不断采集输入端子数据，等待执行程序。

1）连接好 PLC 输入/输出接线。

2）录入程序并下载到 PLC 中，使 PLC 进入运行状态。

3）使 PLC 进入梯形图监控状态。

① 不做任何操作，观察交通信号灯的状态。

② 按下起动按钮，观察交通信号灯的状态。

》》任务评价

为了更好地学习 PLC，组内成员协调完成工作，在强化知识的基础上建立工业现场系统设计的概念，设计完成后，各组之间互评并由教师给予评定，其评定标准以 PLC 职业资格能力要求为依据，使学生初步建立工程概念。

1. 检查内容

1）检查元器件是否齐全，熟悉各元器件的作用。

2）熟悉控制电路原理，列出 I/O 分配表。

3）检查线路安装是否合理及运行情况。

2. 评估策略

评估标准见表 3.10。

表 3.10 交通信号灯控制系统设计评估标准

项 目	要 求	分 数	评分标准	得 分
系统电气原理图设计	原理图绘制完整、规范	10	不完整、不规范，每处扣 2 分	
I/O 分配表	准确完整，与原理图一致	10	不完整，每处扣 2 分	
程序设计	简洁易读，指令正确，符合任务要求	20	不正确，每处扣 5 分	
电气线路安装和连接	线路安装简洁、正确，符合工艺要求	30	不规范，每处扣 5 分	
系统调试	系统设计达到任务要求，运行成功	30	第一次调试不合格，扣 10 分 第二次调试不合格，扣 10 分	
时间	60min，每超时 5min 扣 5 分，不得超过 10min			
安全	检查完毕通电，人为短路扣 20 分			

任务5 运输带顺序起停控制

▶▶学习目标

（1）掌握顺序控制继电器指令及其编程方法。
（2）熟悉定时器的使用过程。

▶▶任务要求

如图 3.36 所示，3 条运输带顺序相连，为了避免运送的物料在 2 号和 3 号运输带上堆积，按下起动按钮 SB1，3 号运输带先运行，5s 后 2 号运输带自动起动，再过 5s 后 1 号运输带自动起动。停机的顺序与起动的顺序刚好相反，即按下停止按钮 SB2 后，1 号运输带先

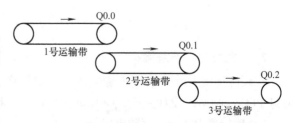

图 3.36 运输带顺序起停控制系统安装示意图

停止，5s 后 2 号运输带停止，再过 5s 3 号运输带停止。在顺序起动 3 条运输带的过程中，操作人员如果发现异常情况，可按下停止按钮 SB2 将已经起动的运输带停车，此时仍采用后起动的运输带先停车的原则。画出系统顺序功能图，并编写梯形图程序。

▶▶任务实施

1. 任务分析

显然，这是一个典型的顺序控制问题，使用顺序功能图可以很容易地解决这个问题。在初始步 S0.0 时，当按下起动按钮 I0.0 后，进入步 S0.1，起动 3 号运输带，同时定时器 T37 开始定时，5s 后，程序从步 S0.1 转到步 S0.2，起动 2 号运输带，同时定时器 T38 开始定时，5s 后，程序从步 S0.2 转到步 S0.3，起动 1 号运输带。至此，三条运输带已全部起动，若按下停止按钮，则程序从步 S0.3 转到步 S0.4，1 号运输带停止，同时启动定时器 T39，5s 后，程序从步 S0.4 步转到步 S0.5，2 号运输带停止，同时启动定时器 T40，5s 后，程序从步 S0.5 转换到步 S0.6，3 号运输带停止，程序从步 S0.6 转换到步 S0.0，回到初始步。在整个运行周期中，共有 7 步。设

计时需注意，各运输带起动后就会一直运行，直到停止按钮被按下为止，所以运输带起动这一动作是一个存储型动作，置 ON 时应用 S，清零时用 R，不能直接使用线圈驱动。

2. 准备元器件

根据本系统的功能，需用到如下 I/O 设备：起动按钮 SB1、停止按钮 SB2，控制 1 号运输带所需的交流接触器 KM1、控制 2 号运输带所需的交流接触器 KM2、控制 3 号运输带所需的交流接触器 KM3。

3. 输入/输出点分配

I/O 分配见表 3.11。

表 3.11 I/O 分配表

输　入			输　出		
符号	点地址	功能描述	符号	点地址	功能描述
SB1	I0.0	起动按钮	KM1	Q0.1	控制 1 号运输带
SB2	I0.1	停止按钮	KM2	Q0.2	控制 2 号运输带
			KM3	Q0.3	控制 3 号运输带

4. 绘制电气原理图

根据 I/O 分配表可以绘制出系统的电气原理图，如图 3.37 所示。

5. 通信

用西门子提供的专用 PC/PPI 电缆将装好编程软件的 PC 和 PLC 相连，打开图 1.8 所示的 STEP7－Micro/WIN 编程界面，单击图 1.69 所示"指令树"中"通信"项目下的"通信"子项目，弹出图 1.70 所示的通信界面，双击"双击刷新"图标，出现图 1.71 所示的界面，表示通信成功，可以进行编程设计。系统默认 PC 地址为 0，图 1.71 所示 PLC 地址为 2。若搜索不到，且检查连接线无松动时，可选择搜索所有波特率，再进行尝试。

6. 程序编写

首先，根据工序要求绘制出顺序功能图，如图 3.38 所示，再根据顺序功能图编写梯形图程序，如图 3.39 所示。在步 S0.2 和步 S0.3 前面分别有一个选择分支，主要是用于在起动过程中

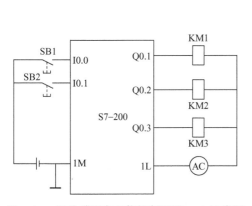

图 3.37 运输带顺序起停控制系统 PLC 连线图

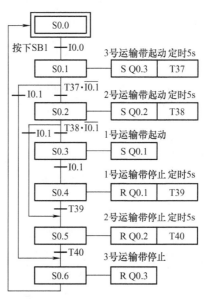

图 3.38 运输带顺序起停控制系统顺序功能图

的紧急停车，如已起动3号运输带，按下停止按钮，则I0.1满足条件，程序将从步S0.1转向步S0.6，3号运输带停车。

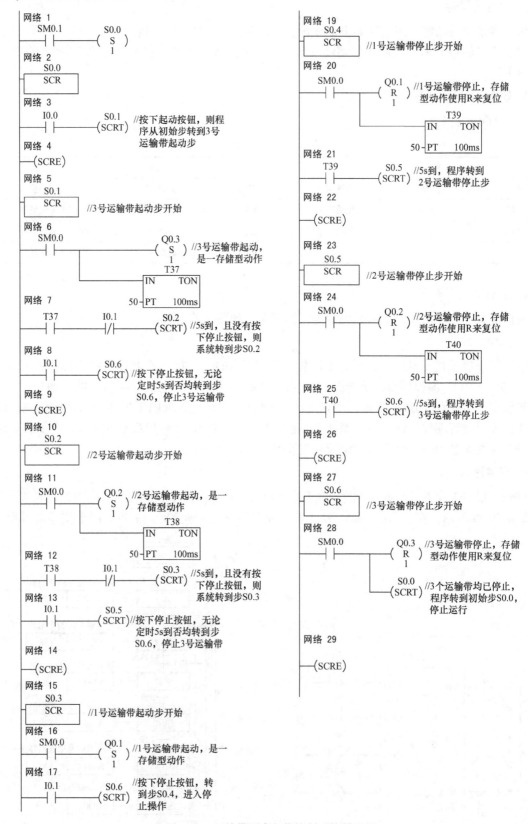

图 3.39　运输带顺序起停控制系统梯形图

7. 下载程序、系统运行

将此梯形图输入到编辑软件 STEP7 – Micro/WIN 中，下载程序并调试，直到系统按照要求运转为止。

>> 任务评价

为了更好地学习 PLC，组内成员协调完成工作，在强化知识的基础上建立工业现场系统设计的概念，设计完成后，由各组之间互评并由教师给予评定，其评定标准以 PLC 职业资格能力要求为依据，使学生初步建立工程概念。

1. 检查内容

1）检查元器件是否齐全，熟悉各元器件的作用。
2）熟悉控制电路原理，列出 I/O 分配表。
3）检查线路连接是否正确及运行情况。

2. 评估策略

评估标准见表 3.12。

表 3.12 运输带顺序起停控制系统设计评估标准

项 目	要 求	分 数	评分标准	得 分
系统电气原理图设计	原理图绘制完整、规范	10	不完整、不规范，每处扣 2 分	
I/O 分配表	准确完整，与原理图一致	10	不完整，每处扣 2 分	
程序设计	简洁易读，指令正确，符合题目要求	20	不正确，每处扣 5 分	
电气线路安装和连接	线路安装简洁、正确，符合工艺要求	30	不规范，每处扣 5 分	
系统调试	系统设计达到题目要求，运行成功	30	第一次调试不合格，扣 10 分 第二次调试不合格，扣 10 分	
时间	60min，每超时 5min 扣 5 分，不得超过 10min			
安全	检查完毕后通电，人为短路扣 20 分			

>> 拓展训练

训练1 运料小车的扩展

1. 控制要求

运料小车系统在图 3.14 的单周期自动控制要求的基础上增加一个停止按钮和一个工作状态指示灯。要求：当按下起动按钮时，系统运行，同时指示灯亮；当按下停止按钮时，小车执行完当前周期工作回到原位停止，同时指示灯灭，其系统示意图及电气原理图如图 3.40 所示。

2. 设计过程

扩展后的运料小车系统设计过程和原来一样，只是顺序功能图和梯形图均有所改变。图 3.41 是其顺序功能图，在步 S0.5 前面是个选择序列，根据停止按钮是否被按下选择执行不同的分支。

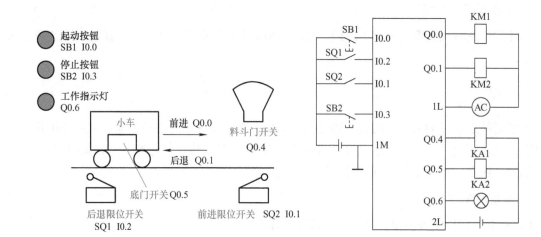

图 3.40 运料小车系统扩展示意图和电气原理图

a）系统示意图 b）电气原理图

当未按下停止按钮时，工作状态标志位 M1.0 被置 1，程序从步 S0.4 转向步 S0.1 继续循环，当按下停止按钮后，工作状态标志位 M1.0 被清零，则程序从步 S0.4 转向步 S0.5，指示灯熄灭，并转向初始步 S0.0，小车停止运行，直到再次按下起动按钮。

在整个工作过程中，指示灯一直亮，所以是一个存储型动作，用 S 置 1，用 R 清零。另外，在小车回到原位之前，任何一个工序中按下停止按钮，小车不会马上停止，而是回到原位后再停止，这是因为虽然停止按钮使工作状态标志位 M1.0 清零了，但程序并没有马上处理这一事件，而是等到步 S0.4 结束后，即一个周期结束后才对 M1.0 做出响应，使其停止在原位。

请读者根据系统功能图进行程序设计。

训练 2 某一冷加工自动化生产线有一钻孔动力头，其工作示意图如图 3.42 所示。动力头的加工过程如下：

1）动力头在原位，加上起动信号（SB）接通电磁阀 YV1，动力头快进。

2）动力头碰到限位开关 SQ1 后，接通电磁阀 YV1、YV2，动力头由快进转为工进。

3）动力头碰到限位开关 SQ2 后，开始延时，时间是 10s。

4）当延时时间到，接通电磁阀 YV3，动力头快退。

5）动力头退回原位后停止。

试编写 SCR 梯形图程序。

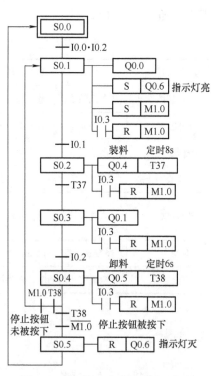

图 3.41 运料小车系统扩展功能图

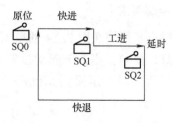

图 3.42 训练 2 示意图

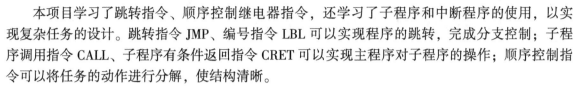

项目小结

　　本项目学习了跳转指令、顺序控制继电器指令，还学习了子程序和中断程序的使用，以实现复杂任务的设计。跳转指令 JMP、编号指令 LBL 可以实现程序的跳转，完成分支控制；子程序调用指令 CALL、子程序有条件返回指令 CRET 可以实现主程序对子程序的操作；顺序控制指令可以将任务的动作进行分解，使结构清晰。

　　能够向 PLC 发出中断请求的事件称为中断事件。S7 - 200 系列 PLC 的中断事件包括 3 大类，它们分别是通信口中断、I/O 中断和时基中断。其中最高优先等级为通信口中断，中间级为 I/O中断，最低等级为时基中断。

　　根据任务灵活使用定时器指令。通过分析任务、学习相关知识，分配端子、绘制电气原理图、编程下载后，应能够：

　　1）熟练使用程序控制指令。

　　2）熟悉编程环境。

　　3）掌握 PLC 控制系统的设计步骤。

实践中常见问题解析

　　1）在任务设计过程中，要使所编的程序尽可能清晰，这样既便于程序的调试、修改和补充，也便于别人了解和读懂程序。要想使程序清晰，就要注意程序的层次，讲究模块化、规范化。

　　2）编制复杂的程序时，更要注意程序的层次，可积累自身经验与吸收他人经验，整理出一些标准的具有典型功能的顺序，并尽可能使顺序单元化，像计算机中一些常用的子程序一样，需要时直接调用，这样，程序设计简化易读。

　　3）要使所编的顺序符合 PLC 性能指标及工作要求，所编程序的指令条数要少于所选用 PLC内存的容量，即程序在 PLC 中能放得下，所用的输入、输出点数要在所选用 PLC 的点数范围之内。

　　4）使用顺序控制指令时，合理设置步转换的转换点。

项目④

PLC高速脉冲指令应用

▶ 知识目标

- 掌握 S7 – 200 系列 PLC 的功能指令，包括数据传送指令、移位指令、高速计数器指令和高速脉冲指令。
- 学会彩环循环点亮系统的设计，学会机械手控制系统的设计。

▶ 能力目标

- 具有根据任务要求绘制电气原理图的能力。
- 会使用高速计数器指令和高速脉冲指令编程。
- 了解编码器数据的采集和步进电动机的驱动方法。

▶ 职业能力

- 通过学习机械手的控制方法，围绕 PLC 核心技术，锻炼学生学习能力、应变能力和创新能力。
- 掌握 PLC 系统设计技巧，获得较强的实践能力，具有现场读图能力。
- 能够对企业现场的机械设备的电气控制要求进行分析，并提出 PLC 解决方案。

▶ 思政目标

- 在实际操作过程中，要培养动手实践能力，培养质量意识、安全意识、节能环保意识和规范操作的职业素养。

任务1 霓虹彩环控制

▶▶ 学习目标

（1）掌握移位寄存器指令的应用方法。
（2）用移位寄存器指令实现彩环循环控制系统。
（3）掌握 PLC 的编程技巧和程序调试的方法。

▶▶ 任务要求

图 4.1 所示为霓虹彩环控制板，共有 5 个彩环，每个彩环有内外两圈彩灯，要求用 PLC 控制灯光的闪烁移位及时序的变化，每个步骤为 0.5s，按下起动按钮，点亮顺序为：1 内亮→1 外亮→2 内亮→2 外亮→1 内、1 外、2 内、2 外亮→3 内亮→3 外亮→4 内亮→4 外亮→3 内、3 外、4 内、4 外亮→5 内亮→5 外亮→1 内亮→1 外亮……如此循环下去，直至按下停止按钮。

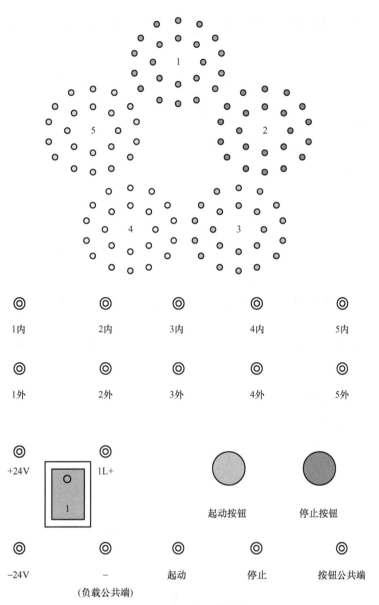

图4.1　霓虹彩环控制板

▶▶知识准备　移位寄存器指令与闪烁电路

下面通过举例巩固前面所学移位指令内容。

例4.1　当I0.0闭合的上升沿到来时，把十进制常数32送到变量存储器VB10，将变量存储器VB20中的内容送到VB30中。程序如图4.2所示。

```
      I0.0              MOV_B                 //当I0.0触点闭合时，其上升沿使
    ──┤├──────┤P├────┤EN    ENO├─                常量十进制整数32传送到内部寄
                                                存器VB10
                    32─┤IN    OUT├─VB10


                        MOV_B                 把VB20的字节数据传送到VB30，
                    ────┤EN    ENO├─             VB20的内容不变

                   VB20─┤IN    OUT├─VB30
```

图4.2　传送指令的应用

例 4.2　用传送指令对一般程序进行初始化、赋初值，梯形图如图 4.3 所示。

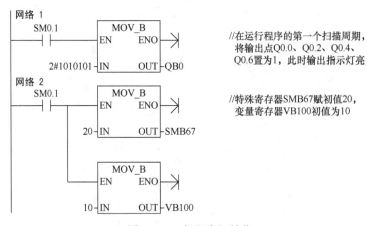

图 4.3　一般程序初始化

图 4.3 的网络 1 也可以用图 4.4 的指令实现，与图 4.3 比较可知，用传送指令可以简化程序。

在本任务中，需要在初始时，点亮 Q0.0 连接的彩环，使用图 4.5 所示梯形图实现。

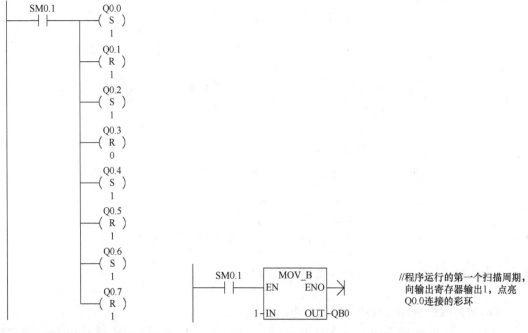

图 4.4　基本指令实现输出点的设置　　　　图 4.5　点亮 Q0.0 彩环梯形图

1. 移位寄存器指令

移位寄存器指令 SHRB（Shift Register Bit）是可以指定移位寄存器长度和移位方向的移位指令。其指令格式如图 4.6 所示。

1）移位寄存器指令 SHRB 将 DATA 数值移入移位寄存器。梯形图中，EN 为使能输入端，连接移位脉冲信号，每次使能端有效时，整个移位寄存器移动 1 位。DATA 为数据输入端，连接移入移位寄存器的二进制数值，执行指令时将该位的值移入寄存器。S_BIT 指定移位寄存器的最低位。N 指定移位寄存器的长度

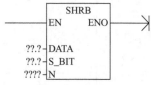

图 4.6　移位寄存器指令格式

和移位方向，移位寄存器的最大长度为64位，N为正值表示左移位，输入数据（DATA）移入移位寄存器的最低位（S_BIT），并移出移位寄存器的最高位。移出的数据被放置在溢出内存位（SM1.1）中。N为负值表示右移位，输入数据移入移位寄存器的最高位，并移出最低位（S_BIT）。移出的数据被放置在溢出内存位（SM1.1）中。

2）DATA和S‑BIT的操作数为I、Q、M、SM、T、C、V、S、L，数据类型为BOOL变量。N的操作数为VB、IB、QB、MB、SB、SMB、LB、AC、常量，数据类型为字节。

例4.3　移位寄存器应用举例。梯形图及运行结果如图4.7和图4.8所示。

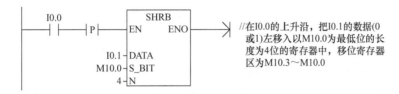

图4.7　例4.3梯形图

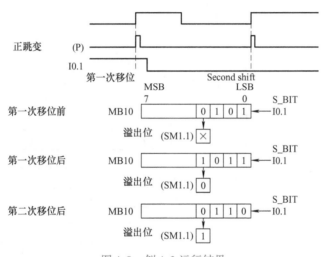

图4.8　例4.3运行结果

2. 闪烁电路

实现多盏灯间隔0.5s依次点亮需要用到0.5s的移位脉冲，实现这种功能的电路称为闪烁电路。

闪烁电路是一个时钟电路，可以是等间隔间断，也可以是不等间隔间断。图4.9所示为特殊寄存器SM0.5实现的Q0.0以0.5s时间间隔闪烁的梯形图和时序图。如果闪烁时间变化就要用定时器，在图4.10所示的闪烁电路中，当I0.0有效时，T37产生一个通1s断2s的闪烁信号，Q0.0和T37一起闪烁，Q0.0点亮时间由T38决定，熄灭时间由T37决定。实际中，使用图4.11所示的闪烁电路，什么时候用到闪烁电路，把T37的常开或常闭触点串联即可。本任务中以时间间隔为0.5s的速度依次点亮，只产生移位脉冲，用图4.12所示梯形图即可实现，图中，T37每隔0.5s接通一个扫描周期，形成脉冲发生器，作为ROR_B指令的触发脉冲。

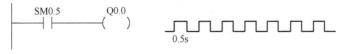

图4.9　SM0.5实现的闪烁电路

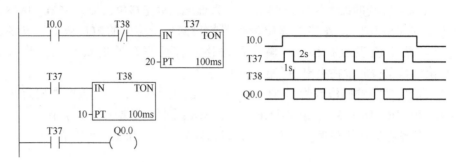

图4.10　定时器实现的闪烁电路及时序图

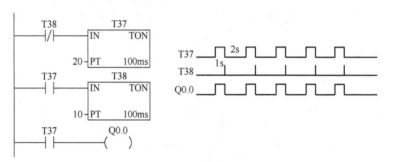

图4.11　实用闪烁电路及时序图

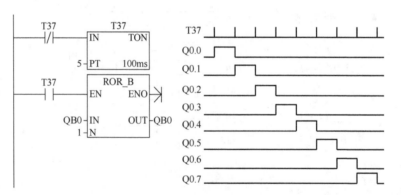

图4.12　移位脉冲

例4.4　用I0.0控制接在Q0.0~Q0.7上的8个彩灯循环移位，从左到右以间隔0.5s的速度依次点亮各彩灯，保持任意时刻只有一个指示灯亮，到达最右端后，再从左到右依次点亮，时序图如图4.13所示。

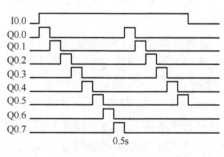

图4.13　例4.4时序图

分析： 8个彩灯循环移位控制，可以用字节的循环移位指令。根据控制要求，首先应置彩灯的初始状态QB0＝1，即左边第一盏灯亮；接着从左到右以间隔0.5s的速度依次点亮各灯，即要求字节QB0中的"1"用循环右移位指令每0.5s移动一位，因此须在ROR_B（循环右移）指令的EN端接一个0.5s的移位脉冲［可用定时器指令实现，也可以用SM0.5（1s脉冲）实现，前者可以改变灯亮时间］。

梯形图程序如图4.14所示，电气原理图如图4.15所示。

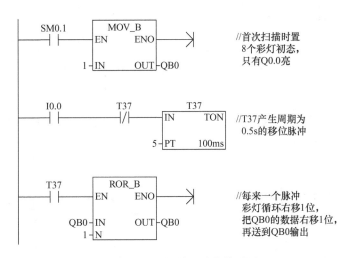

图 4.14　彩灯循环移位梯形图

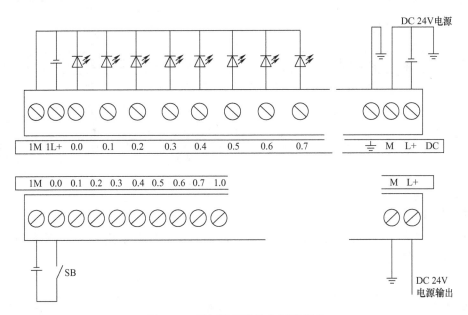

图 4.15　彩灯循环移位电气原理图

>> **任务实施**

1. 任务分析

首先，分析一下霓虹彩环模拟实验板的电路原理。

霓虹彩环模拟实验板的电路原理如图 4.16 所示。每个内环由 8 个彩色发光二极管组成，外环由 14 个彩色发光二极管组成，作为输出设备，其负载公共端和 PLC 输出端子的公共端 1M 相连，10 个彩环的正端分别和 PLC 输出端子 Q0.0 ～ Q1.1 相连。起动按钮和停止按钮作为系统的输入设备，连接 PLC 的输入点，分别控制彩环循环点亮开始和停止，按钮公共端和输入端子电源的正极相连。

2. 准备元器件

CPU226 DC/DC/DC、24 V 电源、两个按钮、霓虹彩环模拟实验板及连接线。

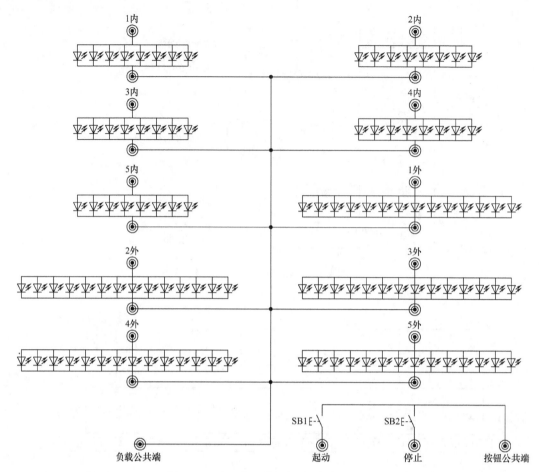

图 4.16　霓虹彩环模拟实验板电路原理图

3. 输入/输出点分配

两个按钮属于输入控制设备，灯属于负载。在 PLC 中，PLC 采集开关信号，执行程序，驱动负载。I/O 分配见表4.1。

表 4.1　霓虹彩环控制系统 I/O 点分配

实验板输入端子名称	PLC 输入接点	实验板输出端子名称	PLC 输出接点
起动按钮 SB1	I0.0	1 内	Q0.0
		1 外	Q0.1
		2 内	Q0.2
		2 外	Q0.3
停止按钮 SB2	I0.1	3 内	Q0.4
		3 外	Q0.5
		4 内	Q0.6
		4 外	Q0.7
		5 内	Q1.0
		5 外	Q1.1

起动按钮和停止按钮分别接 PLC 的 I0.0 和 I0.1，因为共有 10 个彩环，需占用 Q0.0 ~ Q0.7、Q1.0、Q1.1 共 10 个输出接点，分别和霓虹彩环模拟实验板的 1 内、1 外、2 内……5 内、5 外端子相连。

4. 绘制电气原理图

根据端子分配绘制系统电气原理图，如图 4.17 所示。

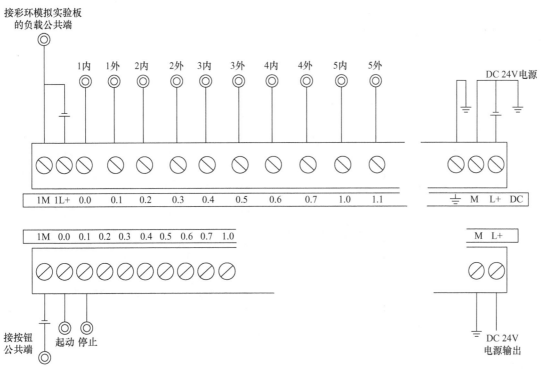

图 4.17 彩环控制系统电气原理图

5. 通信

用西门子提供的专用 PC/PPI 电缆将装好编程软件的 PC 和 PLC 相连，打开图 1.8 所示的 STEP7 - Micro/WIN 界面，单击图 1.69 所示的"指令树"中"通信"项目下的"通信"子项目，弹出图 1.70 所示通信界面，双击"双击刷新"图标，出现图 1.71 所示的界面，表示通信成功，可以进行编程设计。系统默认 PC 地址为 0，图 1.71 所示 PLC 地址为 2。若搜索不到，且检查连接线无松动时，可选择搜索所有波特率，再进行尝试。

6. 程序设计

设计分析：根据任务要求，彩环点亮顺序为 1 内亮→1 外亮→2 内亮→2 外亮→1 内、1 外、2 内、2 外亮→3 内亮→3 外亮→4 内亮→4 外亮→3 内、3 外、4 内、4 外亮→5 内亮→5 外亮→1 内亮……如此循环。使彩环闪亮移位分为 12 步，因此可以指定一个 12 位的移位寄存器（M0.0 ~ M0.7，M1.0 ~ M1.3），移位寄存器的每一位对应一步。而对于输出，如 1 内（Q0.0），分别在第 1、第 5 步时被点亮，即其对应的移位寄存器位 M0.0、M0.4 置位时，Q0.0 置位，所以需要将这些位所对应的常开触点并联后输出 Q0.0，以此类推其他输出。移位寄存器的 S - BIT 位为 M0.0，由 I0.0 通过传送指令将其初始值置为 1。彩环循环示意图如图 4.18 所示，彩环循环梯形图如图 4.19 所示，彩环循环时序波形如图 4.20 所示。

在移位寄存器指令中，EN 连接移位脉冲，在每一个脉冲的上升沿，移位寄存器移动一位。移位寄存器每 0.5s 移动一位，因此需要设计一个每 0.5s 产生一个脉冲的脉冲发生器（由 T37 定时 0.5s 形成接通 1 个扫描周期的移位脉冲）。

M2.0 为数据输入端 DATA。根据控制要求，每次只运行 1 步输出，在 I0.0 起动的第 1 个循环，M0.0 ~ M1.3 寄存器为 000000000001，在 T37 的第一个移位脉冲到来时，由 M2.0 送入移位寄存器 S-BIT 位(M0.0) 一个 0，而 M0.0 原有的 1 移到 M0.1，第 2 步脉冲~第 12 步的脉冲到来时，由 M2.0 送入 M0.0 的值均为"0"，在定时器 T37 延时 0.5s 的移位脉冲驱动下左移，当第 12 步的脉冲到来时，寄存器的最后一位 M1.3 置位，同时通过与 I0.0 并联的 M1.3 常开触点使 M2.0 置位，当第 13 步脉冲到来时，由 M2.0 送入 M0.0 的值为 1，如此循环下去，直至按下停止按钮，使所有寄存器复位，彩环熄灭。

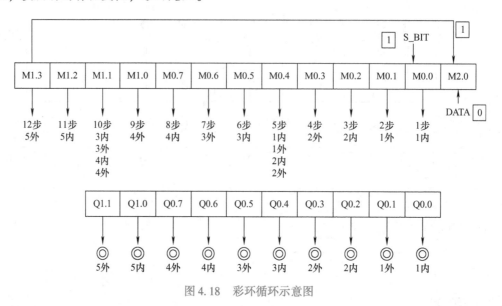

图 4.18　彩环循环示意图

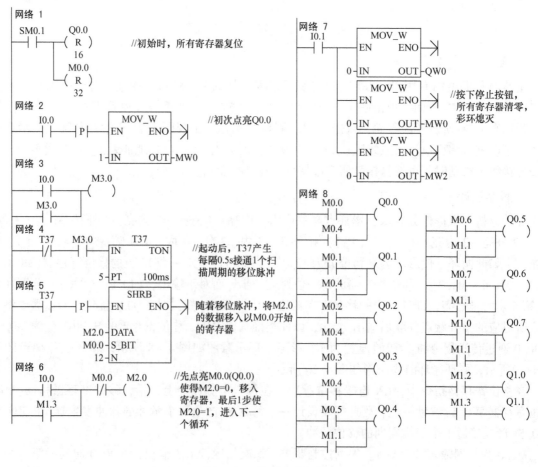

图 4.19　彩环循环梯形图

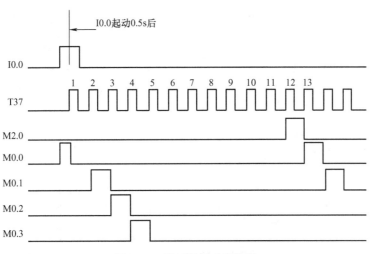

图4.20 彩环循环时序波形

7. 下载程序、系统运行

在硬件连线、软件编程正确完成后，对程序进行编译、下载，进行试运行，此时，霓虹彩环 PLC 控制系统设计完成，CPU 进入循环扫描状态，不断采集输入端子数据，等待执行程序。

1）连接好 PLC 输入/输出接线。

2）录入程序并下载到 PLC 中，使 PLC 进入运行状态。

3）使 PLC 进入梯形图监控状态。

① 不做任何操作，观察彩环的状态。

② 按下起动按钮，观察彩环的状态。

>> 任务评价

为了更好地学习 PLC，组内成员协调完成工作，在强化知识的基础上建立工业现场系统设计的概念，设计完成后，各组之间互评并由教师给予评定，其评定标准以 PLC 职业资格能力要求为依据，使学生初步建立工程概念。

1. 检查内容

1）检查元器件是否齐全，熟悉各元器件的作用。

2）熟悉控制电路原理，列出 I/O 分配表。

3）检查线路安装是否合理及运行情况。

2. 评估策略

评估标准见表4.2。

表4.2 霓虹彩环控制系统设计评估标准

项　　　目	要　　　求	分　　数	评分标准	得　　分
系统电气原理图设计	1）原理图绘制完整、规范 2）输入/输出接线图正确	10	1）原理图绘制不完整、不规范，每处扣2分 2）输入/输出接线图错一处扣5分 3）不会设置及下载，分别扣5分	

（续）

项　　目	要　　求	分　　数	评分标准	得　　分
I/O 分配表	准确、完整	10	不准确、不完整，每错一处扣 5 分	
程序设计	简洁易读，符合题目要求	20	程序不能运行、不正确，每处扣 5 分	
电气线路安装和连接	1）元件选择正确，布局合理，安装符合要求 2）布线合理美观，线路安全简洁，符合工艺要求	30	1）元件选择、布局不合理，每处扣 3 分，元件安装不牢固，每处扣 3 分 2）布线不合理、不美观，每处扣 3 分	
系统调试	1）程序编制实现功能 2）操作步骤正确 3）接霓虹彩环模拟实验板成功	20	1）连线接错一根，扣 10 分 2）一个功能不实现，扣 10 分 3）操作步骤错一步，扣 5 分	
职业素养与安全意识	1）现场操作安全保护是否符合安全操作规程 2）工具摆放、包装物品、导线线头等的处理是否符合职业岗位的要求 3）是否有分工又有合作，配合紧密 4）遵守课堂纪律，爱惜实训设备和器材，保持实训室的整洁	10	不合格，每项扣 5 分，扣完为止	
时间	60min，每超时 5min 扣 5 分，不得超过 10min			

▶▶ 拓展训练

训练 1　数码管上的流水灯。将数码管的各个显示管作为流水灯，每隔 500ms 流水闪烁，用移位指令实现。

训练 2　在本任务基础上加入暂停按钮，按下暂停按钮彩环立即停止，再按下起动按钮时，彩环从暂停的位置继续循环；当按下停止按钮时，彩环完成当前循环周期后停止。

任务2　机械手底盘旋转控制

随着社会生产的不断进步和生活节奏的不断加快，人们对生产效率也不断提出新的要求。由于微电子技术，计算机软、硬件技术的迅猛发展和现代控制理论的不断完善，机械手技术快速发展。本任务设计的机械手由气动平行气爪、*X/Y* 轴丝杠组、转盘机构、旋转基座等机械部分组成，其外形及结构部件如图 4.21 所示。它的主要作用是完成物品的搬运、码垛工作，能配合不同的生产线或物流流水线的正常工作，节省了人力，使零件搬运、货物运输更快捷、便利。

▶▶ 学习目标

（1）了解机械手的结构。

（2）进行输入/输出部件的 I/O 点分配。

（3）熟悉机械手底盘的控制方法及线路连接。

（4）熟悉编码器的信号采集过程。

（5）熟悉高速计数器的编程方法。

（6）进行 PLC 与直流电动机及编码器的连接与编程，进行底盘旋转定位。

>> **任务要求**

按下起动按钮 SB1，底盘直流电动机旋转，编码器将底盘的旋转角度转换为脉冲，高速计数器采集编码器的脉冲数，使底盘旋转30°，停止3s，再返回原位。底盘原点定位由底盘限位传感器控制。任意时刻按下停止按钮 SB2，底盘带动机械手返回原位后停止。

>> **知识准备1 机械手的结构**

图4.21所示为机械手的外形及结构部件。

1）平行气夹机械手爪的张合由气压通过电磁阀控制，充气时，手爪夹紧，放气时，手爪松开。

2）X轴由步进电动机及滚珠丝杠组实现气动平行手爪和手臂的伸出和缩回。

3）Y轴由步进电动机及滚珠丝杠组实现气动平行手爪、手臂和X轴驱动部件的上升和下降。

4）旋转底盘由直流电动机经大的齿轮传动驱动机械手、X/Y轴丝杠组自由旋转，底盘由光电编码器检测和控制其旋转角度。

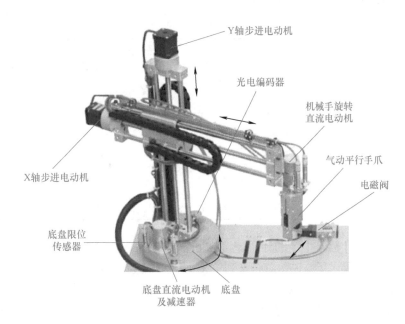

图4.21 机械手外形及结构部件

>> **知识准备2 高速计数器指令**

高速计数器指令是从指定输入点输入不受扫描周期影响的脉冲、从输出点输出周期可变的高速脉冲。

（1）高速计数器指令介绍 高速计数器指令有两条：高速计数器定义指令（High speed counter Definition，HDEF）和高速计数器指令（High Speed Counter，HSC）。

1）高速计数器定义指令 HDEF。该指令指定高速计数器(HSCx)的工作模式。工作模式的选择即选择了高速计数器的输入脉冲、计数方向、复位和起动功能。每个高速计数器只能用一条高速计数器定义指令。执行 HDEF 指令后，就不能再改变计数器的设置，除非 CPU 进入停止模式。表4.3为HDEF指令格式。

表4.3　HDEF指令格式

LAD	HDEF EN ENO ????-HSC ????-MODE
STL	HDEF　HSC,MODE
功能说明	高速计数器定义指令HDEF
操作数	HSC：高速计数器的编号，为常量(0~5) 数据类型：字节 MODE：工作模式，为常量(0~11) 数据类型：字节

2) 高速计数器指令HSC。根据高速计数器控制位的状态和按照HDEF指令指定的工作模式，激活高速计数器。参数N指定高速计数器的编号。执行HSC指令时，CPU检查控制字节和有关的当前值和预置值。其格式见表4.4。

表4.4　HSC指令格式

LAD	HSC EN ENO ????-N
STL	HSC　N
功能说明	高速计数器指令HSC
操作数	N：高速计数器的编号，为常量(0~5) 数据类型：字
备注	SM4.3(运行时间)，0001(HSC在HDEF之前)，0005(HSC/PLS同时操作)

项目2介绍的普通计数器指令的计数速度受扫描周期的影响，对比CPU扫描频率高的脉冲输入，就不能满足控制要求了。S7-200系列PLC设计了高速计数功能，其计数自动进行，不受扫描周期的影响，最高计数频率取决于CPU的类型，CPU22x系列的最高计数频率为30kHz。高速计数器在程序中使用时的地址编号用HC n来表示(在非正式程序中可用HSC n)，HC(HSC)表示编程元件名称为高速计数器，n为编号。

不同型号的PLC主机，其高速计数器的数量不同，CPU224和CPU226有6个高速计数器，编号为HC0~HC5。高速计数器对外部输入的高速脉冲进行计数，每个高速计数器使用不同的输入端子，且有不同的工作模式。

（2）高速计数器占用的输入端子CPU224和CPU226有6个高速计数器，其占用的输入端子见表4.5。

表4.5　高速计数器占用的输入端子

高速计数器	使用的输入端子
HSC0	I0.0, I0.1, I0.2
HSC1	I0.6, I0.7, I1.0, I1.1
HSC2	I1.2, I1.3, I1.4, I1.5
HSC3	I0.1
HSC4	I0.3, I0.4, I0.5
HSC5	I0.4

各高速计数器不同的输入端分别有其专用的功能，分别命名为时钟脉冲端、方向控制端、

复位端及启动端。同一个输入端子不能用于两种不同的功能，但是高速计数器当前未使用的输入端子均可用于其他用途。

（3）高速计数器的计数方式　每个高速计数器都有不同的计数方式。根据使用的输入端子功能的不同，共分12种工作模式。模式0~模式2采用单路脉冲输入的内部方向控制加/减计数；模式3~模式5采用单路脉冲输入的外部方向控制加/减计数；模式6~模式8采用两路脉冲输入的单相加/减计数；模式9~模式11采用两路脉冲输入的双相正交计数。

每个高速计数器都有相应的特殊寄存器作为控制字节、状态字节、一个32位当前值（current value，CV）寄存器和一个32位预置值（present value，PV）寄存器。

1）单路脉冲输入的内部方向控制加/减计数（模式0~模式2）。该方式只有一个脉冲输入端，通过高速计数器的控制字节的第3位来控制其进行加计数还是减计数。该位=1，进行加计数；该位=0，进行减计数。图4.22所示为内部方向控制的单路加/减计数脉冲波形。

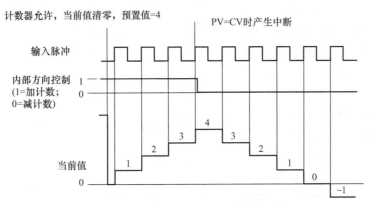

图4.22　内部方向控制的单路加/减计数脉冲波形

例如，计数器HSC0采用此计数方式的模式1时，I0.0为外部输入脉冲，I0.2为复位端。当其控制字节SM37.3=1时，对输入脉冲加计数；当SM37.3=0时，对输入脉冲减计数。当前脉冲数（CV）放置在SMD38中，预置脉冲数（PV）放置在SMD42中，当两者相等时产生中断。当I0.2=1时，清除计数器当前值并保持清除状态，直至I0.2=0。机械手的底盘旋转定位可采用HSC0的模式0或模式1。I0.0接底盘编码器的输出，底盘旋转时带动编码器一起转动，编码器将旋转角度转换为脉冲，输入I0.0，HSC0对底盘的旋转角度计数。

2）单路脉冲输入的外部方向控制加/减计数（模式3~模式5）。该方式有一个脉冲输入端，有一个方向控制端，方向输入信号等于1时，进行加计数；方向输入信号等于0时，进行减计数。图4.23所示为外部方向控制的单路加/减计数脉冲波形。

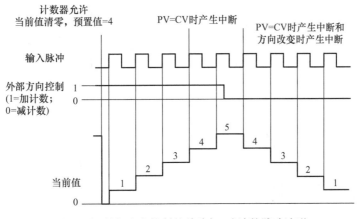

图4.23　外部方向控制的单路加/减计数脉冲波形

例如，计数器 HSC0 采用此计数方式的模式 3 时，I0.0 为外部输入脉冲，I0.1 为方向控制端子，I0.2 为复位端。当其 I0.1 = 1 时，对输入脉冲加计数；当 I0.1 = 0 时，对输入脉冲减计数。当前脉冲数（CV）放置在 SMD38 中，预置脉冲数（PV）放置在 SMD42 中，当两者相等时产生中断。机械手的底盘旋转定位也可采用 HSC0 的模式 3。I0.0 接底盘编码器的输出，用于对底盘的旋转角度计数。

3）两路脉冲输入的单相加/减计数（模式 6 ~ 模式 8）。该方式有两个脉冲输入端，一个是加计数脉冲，一个是减计数脉冲，计数值为两个输入端脉冲的代数和。如图 4.24 所示。

4）两路脉冲输入的双相正交计数（模式 9 ~ 模式 11）。该方式有两个脉冲输入端，输入的两路脉冲 A 相与 B 相相位互差 90°（正交）。当 A 相超前 B 相 90°时，进行加计数；当 A 相滞后 B 相 90°时，进行减计数。在这种计数方式下，可选择 1x 模式（单倍频，一个时钟脉冲计一个数）和 4x 模式（四倍频，一个时钟脉冲计四个数）。如图 4.25 和图 4.26 所示。

（4）高速计数器的工作模式及模式设置指令 高速计数器的 4 种计数方式根据有无复位输入又各有 3 种工作模式，共 12 种工作模式。HSC0 ~ HSC5 共 6 个高速计数器，每个高速计数器有多种不同的工作模式。并非每种计数器都支持每一种工作模式，HSC0 和 HSC4 有模式 0、1、3、4、6、7、9、10；HSC1 和 HSC2 有模

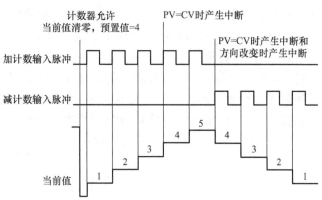

图 4.24 两路脉冲输入的单相加/减计数

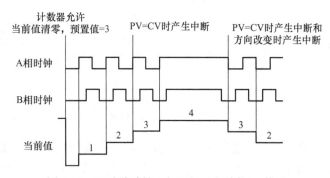

图 4.25 两路脉冲输入的双相正交计数 1x 模式

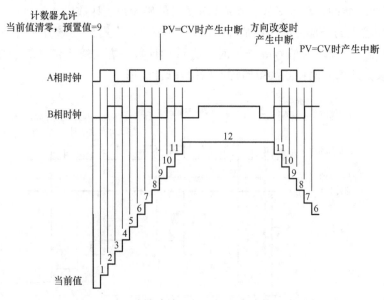

图 4.26 两路脉冲输入的双相正交计数 4x 模式

式 0 ~ 模式 11；HSC3 和 HSC5 只有模式 0。HSC0 和 HSC3 又新增了模式 12，把 Q0.0 和 Q0.1 端子分别接到 I0.0 和 I0.1，则可以对 Q0.0、Q0.1 输出的高速脉冲进行计数。每种高速计数器所拥有的工作模式和其占有的输入端子的数目有关。表 4.6 和表 4.7 列出了 6 个高速计数器的工作模式和输入端子的说明。

表 4.6　高速计数器 HSC0、HSC3、HSC4、HSC5 的工作模式和输入端子

模式功能说明	模式	HSC0			HSC3	HSC4			HSC5
		脉冲输入端	方向控制端	复位端	脉冲输入端	脉冲输入端	方向控制端	复位端	脉冲输入端
单路脉冲输入的内部方向控制加/减计数	0	I0.0	—	—	I0.1	I0.3	—	—	I0.4
	1	I0.0	—	I0.2	—	I0.3	—	I0.5	
	2	—	—	—	—	—	—	—	
单路脉冲输入的外部方向控制加/减计数	3	I0.0	I0.1	—	—	I0.3	I0.4	—	
	4	I0.0	I0.1	I0.2	—	I0.3	I0.4	I0.5	
	5	—	—	—	—	—	—	—	

模式功能说明	模式	HSC0			—	HSC4			—
		加计数脉冲	减计数脉冲	复位端	—	加计数脉冲	减计数脉冲	复位端	—
两路脉冲输入的单相加/减计数	6	I0.0	I0.1	—		I0.3	I0.4	—	
	7	I0.0	I0.1	I0.2		I0.3	I0.4	I0.5	
	8	—	—	—		—	—	—	

模式功能说明	模式	HSC0			—	HSC4			—
		A 相脉冲输入端	B 相脉冲输入端	复位端	—	A 相脉冲输入	B 相脉冲输入	复位端	—
两路脉冲输入的双相正交计数	9	I0.0	I0.1	—		I0.3	I0.4	—	
	10	I0.0	I0.1	I0.2		I0.3	I0.4	I0.5	
	11	—	—	—		—	—	—	

模式功能说明	模式	HSC0			HSC3				
		内部脉冲输入			内部脉冲输入				
内部高速脉冲计数	12	Q0.0	—	—	Q0.1	—	—		

表 4.7　高速计数器 HSC1、HSC2 的工作模式和输入端子

模式功能说明	模式	HSC1				HSC2			
		脉冲输入端	方向控制端	复位端	启动	脉冲输入端	方向控制端	复位端	启动
单路脉冲输入的内部方向控制加/减计数	0	I0.6	—	—	—	I1.2	—	—	—
	1	I0.6	—	I1.0	—	I1.2	—	I1.4	—
	2	I0.6	—	I1.0	I1.1	I1.2	—	I1.4	I1.5
单路脉冲输入的外部方向控制加/减计数	3	I0.6	I0.7	—	—	I1.2	I1.3	—	—
	4	I0.6	I0.7	I1.0	—	I1.2	I1.3	I1.4	—
	5	I0.6	I0.7	I1.0	I1.1	I1.2	I1.3	I1.4	I1.5

（续）

模式功能说明	模式	HSC1				HSC2			
		加计数脉冲	减计数脉冲	复位端	启动	加计数脉冲	减计数脉冲	复位端	启动
两路脉冲输入的单相加/减计数	6	I0.6	I0.7	—	—	I1.2	I1.3	—	—
	7	I0.6	I0.7	I1.0	—	I1.2	I1.3	I1.4	—
	8	I0.6	I0.7	I1.0	I1.1	I1.2	I1.3	I1.4	I1.5

模式功能说明	模式	HSC1				HSC2			
		A相脉冲输入端	B相脉冲输入端	复位端	启动	A相脉冲输入端	B相脉冲输入端	复位端	启动
两路脉冲输入的双相正交计数	9	I0.6	I0.7	—	—	I1.2	I1.3	—	—
	10	I0.6	I0.7	I1.0	—	I1.2	I1.3	I1.4	—
	11	I0.6	I0.7	I1.0	I1.1	I1.2	I1.3	I1.4	I1.5

当复位端有效时，清除计数器当前值，直至复位端解除。

当启动端有效时，允许计数器计数；当启动端无效时，计数器保持当前值，并忽略计数脉冲。

选用某个高速计数器在某种工作方式下工作后，所使用的输入端不是任意选择的，必须按系统指定的输入点输入信号。如HSC1在模式5下工作，就必须用I0.6作为脉冲输入端，I0.7作为方向控制端，I1.0作为复位端，I1.1作为启动端。

例4.5 定义HSC0为模式1单路脉冲输入的内部方向控制加/减计数，I0.0接编码器高速脉冲，I0.2为复位端。采用第一个扫描周期调用，梯形图如图4.27所示。

（5）高速计数器的特殊寄存器 每个高速计数器都有特殊寄存器作为控制字节、状态字节、当前值寄存器（计数器以此值开始计数）和预置值寄存器，见表4.8。

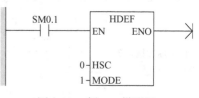

图4.27 例4.5梯形图

表4.8 高速计数器的特殊寄存器

高速计数器	控制字节	状态字节	当前值（仅装入）	预置值（仅装入）
HSC0	SMB37	SMB36	SMD38	SMD42
HSC1	SMB47	SMB46	SMD48	SMD52
HSC2	SMB57	SMB56	SMD58	SMD62
HSC3	SMB137	SMB136	SMD138	SMD142
HSC4	SMB147	SMB146	SMD148	SMD152
HSC5	SMB157	SMB156	SMD158	SMD162

1）控制字节。定义了计数器和工作模式之后，还要设置高速计数器的有关控制字节。每个高速计数器均有一个控制字节，它决定了计数器的计数允许或禁用，方向控制（仅限模式0～模式2）或对所有其他模式的初始化计数方向，装入当前值和预置值。控制字节每个控制位的说明见表4.9。

表 4.9　HSC 的控制字节的控制位

HSC0	HSC1	HSC2	HSC3	HSC4	HSC5	说　明
SM37.0	SM47.0	SM57.0		SM147.0		复位有效电平控制： 0 = 复位信号高电平有效；1 = 低电平有效
	SM47.1	SM57.1				起动有效电平控制：0 = 起动信号高电平有效； 1 = 低电平有效
SM37.2	SM47.2	SM57.2		SM147.2		正交计数器计数速率选择： 0 = 4×计数速率；1 = 1×计数速率
SM37.3	SM47.3	SM57.3	SM137.3	SM147.3	SM157.3	计数方向控制位： 0 = 减计数；1 = 加计数
SM37.4	SM47.4	SM57.4	SM137.4	SM147.4	SM157.4	向 HSC 写入计数方向： 0 = 无更新；1 = 更新计数方向
SM37.5	SM47.5	SM57.5	SM137.5	SM147.5	SM157.5	向 HSC 写入新预置值： 0 = 无更新；1 = 更新预置值
SM37.6	SM47.6	SM57.6	SM137.6	SM147.6	SM157.6	向 HSC 写入新当前值： 0 = 无更新；1 = 更新当前值
SM37.7	SM47.7	SM57.7	SM137.7	SM147.7	SM157.7	HSC 允许： 0 = 禁用 HSC；1 = 启用 HSC

2）状态字节。每个高速计数器都有一个状态字节，状态位表示当前计数方向以及当前值是否大于或等于预置值。每个高速计数器状态字节的状态位见表 4.10。状态字节的 0～4 位不用。监控高速计数器状态的目的是使外部事件产生中断，以完成重要的操作。

表 4.10　高速计数器状态字节的状态位

HSC0	HSC1	HSC2	HSC3	HSC4	HSC5	说　明
SM36.5	SM46.5	SM56.5	SM136.5	SM146.5	SM156.5	当前计数方向状态位： 0 = 减计数；1 = 加计数
SM36.6	SM46.6	SM56.6	SM136.6	SM146.6	SM156.6	当前值等于预设值状态位： 0 = 不相等；1 = 等于
SM36.7	SM46.7	SM56.7	SM136.7	SM146.7	SM156.7	当前值大于预设值状态位： 0 = 小于或等于；1 = 大于

例4.6　定义 HSC0 的工作模式为模式1（单路脉冲输入的内部方向控制加/减计数），I0.0 为计数脉冲输入端，I0.2 为复位端，设置 SMB37 = 16#C8（11001000）（允许计数，更新当前值，不更新预置值，设置计数方向为加计数，复位设置为高电平有效）。梯形图如图 4.28 所示。

例4.7　定义 HSC1 的工作模式为模式5（单路脉冲输入的外部方向控制加/减计数），I0.6 为计数脉冲输入端，I0.7 为方向控制端，I1.0 为复位端，I1.1 为启动端，设置 SMB47 = 16#F8（11111000）（允许计数，更新当前值，更新预置值，设置计数方向为加计数，复位设置为高电平有效）。梯形图如图 4.29 所示。

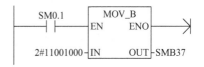

图 4.28　例 4.6 梯形图

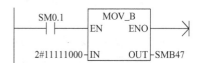

图 4.29　例 4.7 梯形图

3）当前值寄存器和预置值寄存器。每个高速计数器都有一个 32 位的当前值 CV 和一个 32 位的预置值 PV 寄存器，当前值和预置值均为带符号的整数值，见表 4.8。初始时，一般将当前值寄存器初值设为零，预置值寄存器为一特定的值，进行一次计数完毕，要设置高速计数器的新当前值和新预置值，必须设置控制字节令其第五位和第六位为 1，允许更新预置值和当前值，将新当前值和新预置值写入相应寄存器，然后执行 HSC 指令，将新数值传输到高速计数器。

也可以使用数据类型 HCx（x 为计数器编号 0 ~ 5）读取每个高速计数器的当前值。

例 4.8　图 4.30 所示梯形图的功能是读取高速计数器 HSC1 的当前值，并送入 VD20。当计数值小于等于 30 时；Q0.5 亮，当计数值大于 40 时，Q0.4 亮。

（6）高速计数器指令的初始化　这里以 HSC0 的模式 1 为例介绍高速计数器指令初始化的步骤。

例 4.9　控制要求：定义 HSC0 的工作模式为模式 1（单路脉冲输入的内部方向控制加/减计数），I0.0 为计数脉冲输

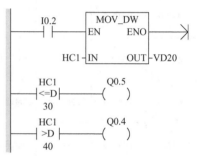

图 4.30　例 4.8 读取计数器当前值

入端，I0.2 为复位端，设置 SMB37 = 16#C8（允许计数，更新当前值，不更新预置值，设置计数方向为加计数，复位设置为高电平有效），启动计数器后，当高速计数器当前值 = 预置值时，以中断程序实现 Q0.4 亮。

HSC0 计数器模式 1 的初始化步骤如下：

1）用首次扫描时接通一个扫描周期的特殊内部存储器 SM0.1 对高速计数器编程，也可以调用一个子程序完成初始化操作。因为采用了子程序，在随后的扫描中不必再调用这个子程序，以减少扫描时间，使程序结构更好。

2）在初始化的程序中，根据控制要求设置控制字节（SMB37、SMB47、SMB57、SMB137、SMB147、SMB157），此例设置 SMB37 = 16#C8，则为：允许计数，写入新当前值，不写入新预置值，初始计数方向为加计数，不更新计数方向，复位设置为高电平有效。用"MOVB　16#C8，SMB37"实现。

3）执行 HDEF 指令，设置 HSC 的编号（0 ~ 5），设置工作模式（0 ~ 11）。此例 HSC 的编号设置为 0，工作模式输入设置为 1，即为单路脉冲输入的内部方向控制加/减计数。用"HDEF　0，1"实现。

4）当前值 0 写入 32 位当前值寄存器（SMD38，SMD48，SMD58，SMD138，SMD148，SMD158）。用指令"MOVD　0，SMD38"实现。

5）预置值 = 40 写入 32 位预置值寄存器（SMD42，SMD52，SMD62，SMD142，SMD152，SMD162）。执行指令"MOVD　40，SMD42"，则设置预置值为 40。若写入预置值为 16#00，则高速计数器处于不工作状态。

以下 6）~9）步骤为可选步骤。

6）为了捕捉当前值等于预置值的事件，将条件 CV = PV 中断事件（对于 HSC0 是事件 12）与一个中断程序相联系。

7）为了捕捉计数方向的改变，将方向改变的中断事件（事件 27）与一个中断程序相联系。

8）为了捕捉外部复位，将外部复位中断事件（事件 28）与一个中断程序相联系。

9）执行全局中断允许指令（ENI）允许 HSC 中断。

10）执行 HSC 指令使 S7 – 200 系列 PLC 高速计数器激活。

梯形图程序如图 4.31 所示。

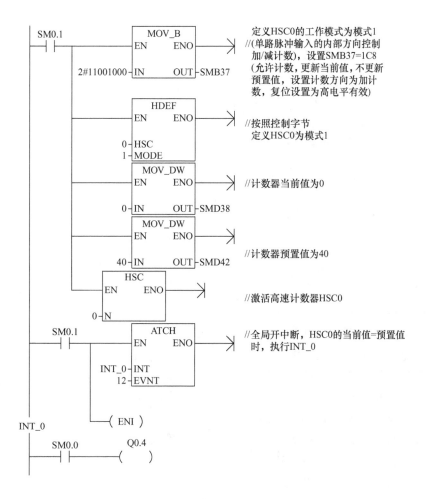

图4.31　例4.9梯形图

>> 知识准备3　光电编码器

光电编码器是一种通过光电转换将输出轴上的机械几何位移量转换成脉冲或数字量的传感器，是目前应用最多的传感器之一。一般的光电编码器主要由光栅盘和光电检测装置组成。光栅盘是在一定直径的圆板上等分地开通若干个长方形孔，光栅盘与电动机同轴，电动机旋转时，光栅盘与电动机同速旋转，经发光二极管等电子元器件组成的检测装置检测输出若干脉冲信号，其原理如图 4.32 所示。光电编码器的发光二极管 VL 向光栅盘发出光线，光栅盘随主轴旋转，当光线照射到光栅孔时，光电编码器的光敏元件 VT 检测不到光线，编码器输出为 0；当光线照射到非光栅孔位置时，光敏元件检测到光线，编码器输出为 1。随着光栅盘的旋转，光敏元件输出一系列脉冲，通过计算每秒光电编码器输出脉冲的个数就能得出当前电动机的转速，根据采集

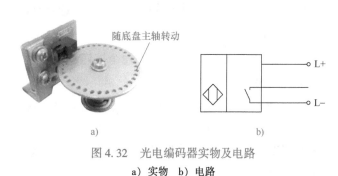

图4.32　光电编码器实物及电路
a）实物　b）电路

到的脉冲数还能控制电动机旋转的角度。光电编码器实物如图4.32a所示，其电路原理图如图4.33所示。

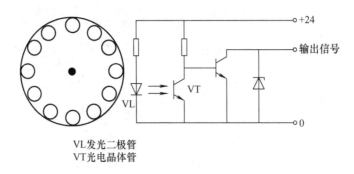

VL发光二极管
VT光电晶体管

图4.33 光电编码器电路原理图

▶▶ 任务实施

1. 任务分析

机械手底盘结构示意图如图4.34所示。底盘是固定的，直流电动机及减速器带动一小齿轮和大齿轮传动，大齿轮的轴和机械手臂Y轴丝杠支架相连，这样实现从直流电动机、小齿轮、大齿轮到机械手臂Y轴丝杠支架的传动，从而实现机械手移动角度的控制。在底盘上有一个电感传感器，称为原点定位传感器，当检测到金属时，输出高电平，它作为机械手臂的原点位置；在大齿轮边缘固定有一个小金属块，随大齿轮转动，

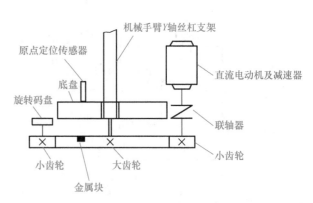

图4.34 机械手底盘结构示意图

当金属块转到传感器位置时，传感器有输出，其输出信号端连接到PLC的输入点。随大齿轮一起转动的还有一个小齿轮，它的轴上连接光电编码器，编码器上有刻着小孔的码盘，码盘随轴一起转动，将齿轮的旋转角度转换成脉冲，输入到PLC待检测。

为了控制直流电动机正、反转，需要两个继电器KA1、KA2，KA1通电时，电动机正转，KA2通电时，电动机反转。两个继电器线圈由PLC输出点控制，常开触点和常闭触点组成互锁电路，分别接入直流电动机电路，如图4.35所示。PLC输出控制信号，继电器线圈通电，其常开触点闭合，常闭触点断开，直流电动机通电，按照一定的方向转动，电动机轴上连接的齿轮转动，从而带动Y轴丝杠及其连接的机械手臂一起转动。

2. 准备元器件

CPU226 DC/DC/DC、24V电源、两个按钮、两个继电器、机械手实训台、连接线。

3. 输入/输出点分配

S7-200系列PLC的输入端子I0.0接入与底盘同速旋转的光电编码盘的输出信号，即作为高速计数器的脉冲输入端，I0.2作为高速计数器的复位端，I0.3为电动机起动按钮，I0.4为电动机停止按钮，Q0.0为底盘逆时针旋转继电器线圈，Q0.1为底盘顺时针旋转继电器线圈。I/O分配见表4.11。

表4.11　I/O分配表

输　入	功　能	输　出	功　能
I0.0	光电编码盘的输出信号	Q0.0	逆时针旋转继电器
I0.2	高速计数器的复位端	Q0.1	顺时针旋转继电器
I0.3	起动按钮SB1		
I0.5	停止按钮SB2		

4. 绘制电气原理图

根据控制要求和机械手底盘结构示意图绘制电气原理图，如图4.35所示。

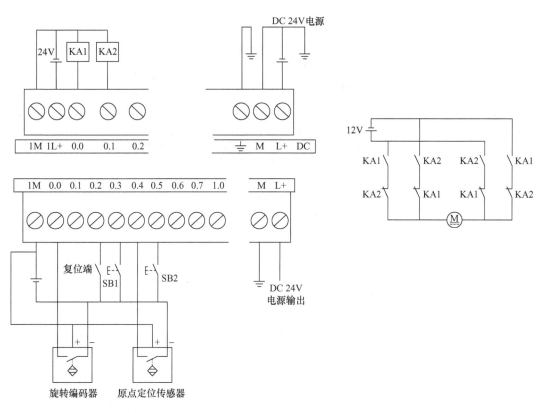

图4.35　机械手底盘旋转控制电气原理图

5. 通信

用西门子提供的专用 PC/PPI 电缆将装好编程软件的 PC 和 PLC 相连，打开图1.8所示的 STEP7‐Micro/WIN 编程界面，单击图1.69所示"指令树"中"通信"项目下的"通信"子项目，弹出图1.70所示的通信界面，双击"双击刷新"图标，出现图1.71所示的界面，表示通信成功，可以进行编程设计。系统默认 PC 地址为0，图1.71所示 PLC 地址为2。若搜索不到，且检查连接线无松动时，可选择搜索所有波特率，再进行尝试。

6. 程序编写

编程时采用高速计数器 HSC0 的模式0，梯形图及其注释如图4.36所示。其中，用 HC0 读取计数器当前值进行旋转定位。

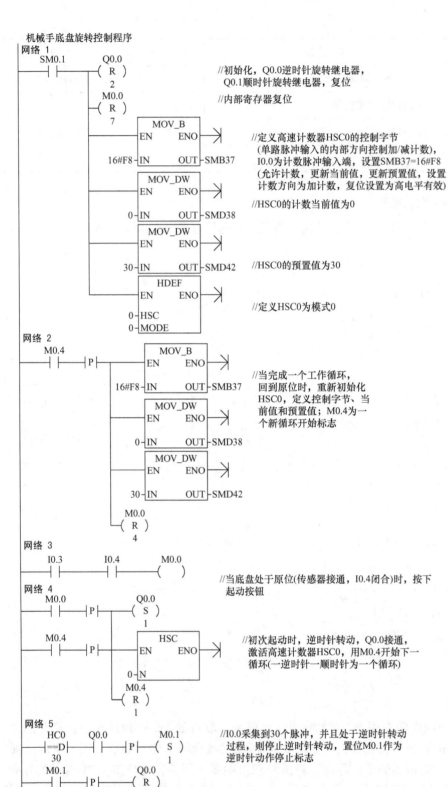

图 4.36　机械手底盘旋转梯形图

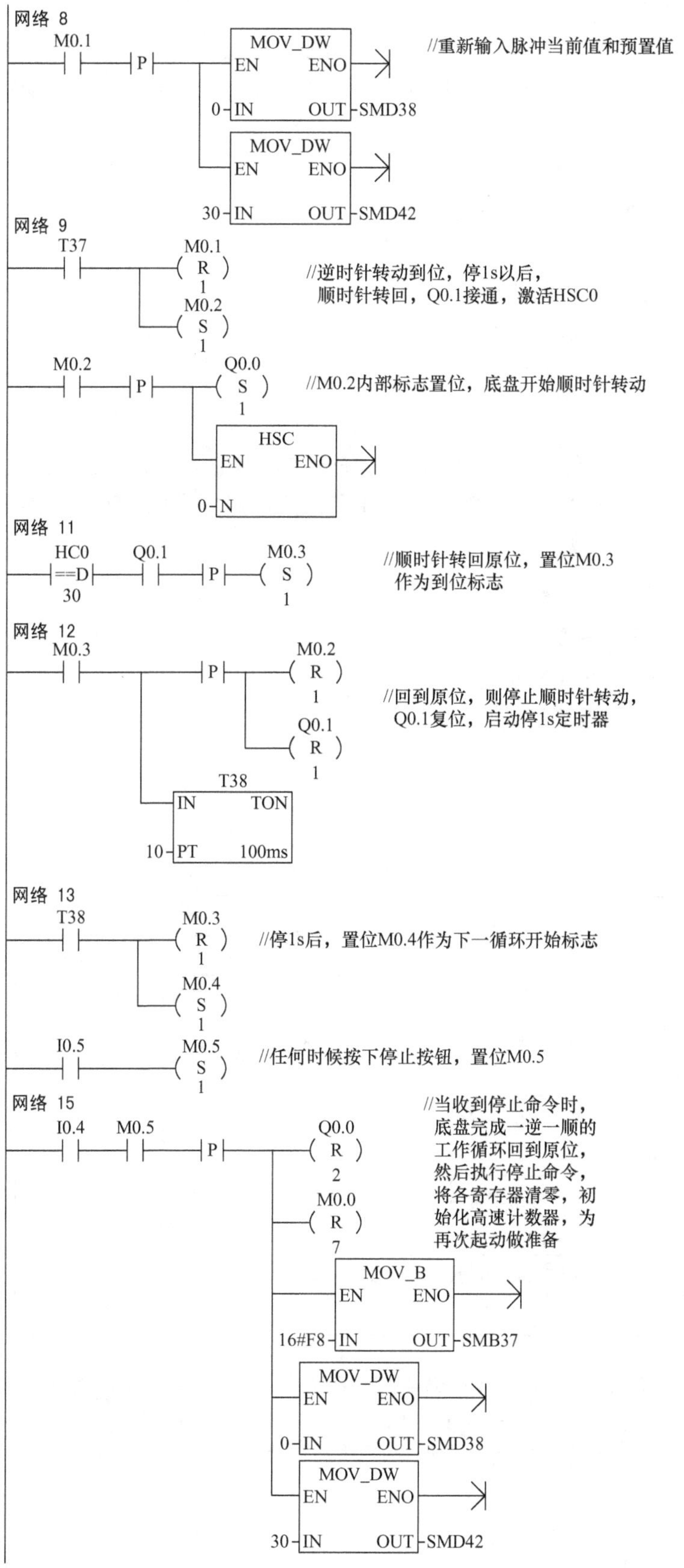

网络 8

M0.1 ─┤ ├─ P ─┤

//重新输入脉冲当前值和预置值

```
      MOV_DW
    EN      ENO
 0 —IN      OUT— SMD38

      MOV_DW
    EN      ENO
30 —IN      OUT— SMD42
```

网络 9

T37 ─┤ ├─

```
 M0.1
 ( R )
  1
 M0.2
 ( S )
  1
```

//逆时针转动到位，停1s以后，
顺时针转回，Q0.1接通，激活HSC0

M0.2 ─┤ ├─ P ─

```
 Q0.0
 ( S )
  1
```

//M0.2内部标志置位，底盘开始顺时针转动

```
      HSC
    EN      ENO
 0 —N
```

网络 11

```
 HC0      Q0.1       M0.3
==D ─┤ ├─ P ─┤ ( S )
 30                   1
```

//顺时针转回原位，置位M0.3
作为到位标志

网络 12

M0.3 ─┤ ├─ P ─┤

```
 M0.2
 ( R )
  1
 Q0.1
 ( R )
  1
```

//回到原位，则停止顺时针转动，
Q0.1复位，启动停1s定时器

```
      T38
    IN      TON
10 —PT      100ms
```

网络 13

T38 ─┤ ├─

```
 M0.3
 ( R )
  1
 M0.4
 ( S )
  1
```

//停1s后，置位M0.4作为下一循环开始标志

I0.5 ─┤ ├─

```
 M0.5
 ( S )
  1
```

//任何时候按下停止按钮，置位M0.5

网络 15

I0.4 ─┤ ├─ M0.5 ─┤ ├─ P ─┤

```
 Q0.0
 ( R )
  2
 M0.0
 ( R )
  7
```

//当收到停止命令时，
底盘完成一逆一顺的
工作循环回到原位，
然后执行停止命令，
将各寄存器清零，初
始化高速计数器，为
再次起动做准备

```
      MOV_B
    EN      ENO
16#F8 —IN   OUT— SMB37

      MOV_DW
    EN      ENO
 0 —IN      OUT— SMD38

      MOV_DW
    EN      ENO
30 —IN      OUT— SMD42
```

图 4.36　机械手底盘旋转梯形图（续）

7. 下载程序、系统运行

在硬件连线、软件编程正确完成后,对程序进行编译、下载,进行试运行,此时,机械手底盘旋转 PLC 控制系统设计完成,CPU 进入循环扫描状态,不断采集输入端子数据,等待执行程序。

1) 连接好 PLC 输入/输出接线。

2) 录入程序并下载到 PLC 中,使 PLC 进入运行状态。

3) 使 PLC 进入梯形图监控状态。

① 不做任何操作,观察电动机的状态。

② 按下起动按钮,观察电动机运行的状态。

▶▶ 任务评价

为了更好地学习 PLC,组内成员协调完成工作,在强化知识的基础上建立工业现场系统设计的概念,设计完成后,各组之间互评并由教师给予评定,其评定标准以 PLC 职业资格能力要求为依据,使学生初步建立工程概念。

1. 检查内容

1) 检查元器件是否齐全,熟悉各元器件的作用。

2) 熟悉控制电路原理,列出 I/O 分配表。

3) 检查线路安装是否合理及运行情况。

2. 评估策略

评估标准见表 4.12。

表 4.12　机械手底盘旋转控制系统设计评估标准

项　　目	要　　求	分　　数	评分标准	得　　分
系统电气原理图设计	原理图绘制完整、规范	10	不完整、不规范,每处扣 2 分	
I/O 分配表	准确完整,与原理图一致	10	不完整,每处扣 2 分	
程序设计	简洁易读,指令正确,符合任务要求	20	不正确,每处扣 5 分	
电气线路安装和连接	线路安装简洁、正确,符合工艺要求	30	不规范,每处扣 5 分	
系统调试	系统设计达到任务要求,运行成功	30	第一次调试不合格,扣 10 分 第二次调试不合格,扣 10 分	
时间	60min,每超时 5min 扣 5 分,不得超过 10min			
安全	检查完毕后通电,人为短路扣 20 分			

任务3　机械手臂升降控制

▶▶ 学习目标

(1) 熟悉机械手步进电动机的控制方法及线路连接。

(2) 熟悉高速脉冲指令的编程方法。

▶▶任务要求

按下起动按钮 SB1 驱动机械手 Y 轴步进电动机，使其连接的滚珠丝杠带动机械手上升 0.1m(10cm)，停 1s，再返回原位。当按下停止按钮时，机械手臂返回出发点停止。运动路线如图 4.37 所示。

▶▶知识准备1　高速脉冲指令

机械手控制系统的 X、Y 轴方向采用步进电动机及其驱动器进行控制，PLC 对步进电动机的控制需要用到高速脉冲指令。

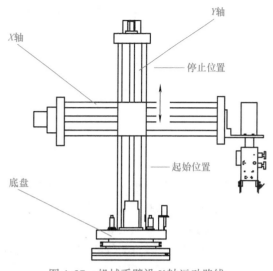

图 4.37　机械手臂沿 Y 轴运动路线

1. 高速脉冲指令占用的输出端子

S7－200 系列 PLC 有脉冲串输出信号(Pulse Train Output，PTO)、脉宽调制信号(Pulse Width Modulation，PWM)，两台高速脉冲发生器，占用输出端子 Q0.0 和 Q0.1，即 S7－200 系列 PLC 能从 Q0.0 和 Q0.1 输出高速脉冲，输出频率可达 20kHz。PTO 功能可输出指定个数、指定周期的方波脉冲(占空比为 50%)，其波形如图 4.38 所示。PWM 功能可输出脉宽变化的脉冲信号，用户可以指定脉冲的周期和脉冲的宽度，其波形如图 4.39 所示。若一台高速脉冲发生器指定给数字输出点 Q0.0，另一台高速脉冲发生器则指定给数字输出点 Q0.1。当 PTO、PWM 高速脉冲发生器控制输出时，将禁止输出点 Q0.0、Q0.1 的正常使用；当不使用 PTO、PWM 高速脉冲发生器时，输出点 Q0.0、Q0.1 恢复正常使用，即由输出映像寄存器决定其输出状态。高速脉冲输出可用于对电动机进行速度及位置控制，以及通过控制变频器使电动机调速。

图 4.38　PTO 脉冲　　　　　　　图 4.39　PWM 脉冲

2. 脉冲输出指令

每个脉冲发生器发出脉冲的个数、周期值都需要在一组特殊存储器 SM 中定义，然后执行脉冲输出(PLS)指令，使 Q0.0 或 Q0.1 输出高速脉冲。

PLS 指令功能：使能有效时，检查用于脉冲输出(Q0.0 或 Q0.1)的一组特殊存储器位(SM 存储区)，然后执行特殊存储器位定义的脉冲操作，为 PTO/PWM 发生器编程。在启用 PTO 或 PWM 操作之前，将用于 Q0.0 和 Q0.1 的过程映像寄存器设为 0。其指令格式见表 4.13。

表 4.13　脉冲输出(PLS)指令格式

LAD	STL	操作数及数据类型
PLS EN　　ENO ????-Q0.X	PLS　Q	Q：常量(0 或 1) 数据类型：字

例4.10 PLS指令格式（预先要对特殊存储器定义）梯形图如图4.40所示。

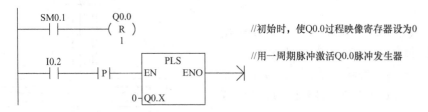

//初始时，使Q0.0过程映像寄存器设为0

//用一周期脉冲激活Q0.0脉冲发生器

图4.40 例4.10梯形图

3. 用于脉冲输出(Q0.0或Q0.1)的特殊存储器

当使用Q0.0或Q0.1发出高速脉冲时，要用传送指令对一定的特殊存储区进行定义。

（1）控制字节和参数的特殊存储器 每个PTO/PWM发生器都有一个控制字节（8位）、一个脉冲计数值（无符号的32位数值）、一个周期时间和脉宽值（无符号的16位数值）。这些值都放在特殊存储区(SM)，见表4.14。执行PLS指令时，S7-200系列PLC读这些特殊存储器位，然后执行特殊存储器位定义的脉冲操作，对相应的PTO/PWM发生器进行编程。

表4.14 脉冲输出(Q0.0或Q0.1)的特殊存储器

Q0.0和Q0.1对PTO/PWM输出的控制字节		
Q0.0	Q0.1	说 明
SM67.0	SM77.0	PTO/PWM刷新周期值，0：不刷新；1：刷新
SM67.1	SM77.1	PWM刷新脉冲宽度值，0：不刷新；1：刷新
SM67.2	SM77.2	PTO刷新脉冲计数值，0：不刷新；1：刷新
SM67.3	SM77.3	PTO/PWM时基选择，0：1μs；1：1ms
SM67.4	SM77.4	PWM更新方法，0：异步更新；1：同步更新
SM67.5	SM77.5	PTO操作，0：单段操作；1：多段操作
SM67.6	SM77.6	PTO/PWM模式选择，0：选择PTO；1：选择PWM
SM67.7	SM77.7	PTO/PWM允许，0：禁止；1：允许
Q0.0和Q0.1对PTO/PWM输出的周期值		
Q0.0	Q0.1	说 明
SMW68	SMW78	PTO/PWM周期时间值（范围：2~65535）
Q0.0和Q0.1对PTO/PWM输出的脉宽值		
Q0.0	Q0.1	说 明
SMW70	SMW80	PWM脉冲宽度值（范围：0~65535）
Q0.0和Q0.1对PTO脉冲输出的计数值		
Q0.0	Q0.1	说 明
SMD72	SMD82	PTO脉冲计数值（范围：1~4294967295）
Q0.0和Q0.1对PTO脉冲输出的多段操作		
Q0.0	Q0.1	说 明
SMB166	SMB176	段号（仅用于多段PTO操作），多段流水线PTO运行中的段的编号
SMW168	SMW178	包络表起始位置，用距离V0的字节偏移量表示（仅用于多段PTO操作）
Q0.0和Q0.1的状态位		
Q0.0	Q0.1	说 明
SM66.4	SM76.4	PTO包络由于增量计算错误异常终止，0：无错；1：异常终止

（续）

Q0.0 和 Q0.1 的状态位		
Q0.0	Q0.1	说　明
SM66.5	SM76.5	PTO 包络由于用户命令异常终止，0：无错；1：异常终止
SM66.6	SM76.6	PTO 流水线溢出，0：无溢出；1：溢出
SM66.7	SM76.7	PTO 空闲，0：运行中；1：PTO 空闲

例4.11　设置控制字节。用 Q0.0 作为高速脉冲 PTO 脉冲串输出，对应的控制字节为 SMB67，输出脉冲操作为 PTO 操作，允许脉冲输出，单段 PTO 脉冲串输出，时基为 1ms，设定周期值和脉冲数，则应向 SMB67 写入 2#10001101，即 16#8D。表4.15 列出了 SMB67 的各位定义。

表 4.15　SMB67 各位定义

SM67.7	SM67.6	SM67.5	SM67.4	SM67.3	SM67.2	SM67.1	SM67.0
1	0	0	0	1	1	0	1
PTO 允许	PTO 模式	PTO 单段脉冲操作		PTO 脉冲周期时基为 1ms	PTO 刷新脉冲计数值		PTO 刷新周期值

再向 SMW68 写入 20，则定义 PTO 脉冲串周期为 20ms；向 SMD72 写入 PTO 脉冲数为 500。再执行 PLS 指令激活脉冲发生器。梯形图如图 4.41 所示。

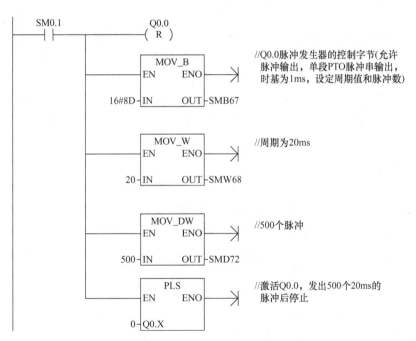

图 4.41　例 4.11 梯形图

此段程序表示：由 Q0.0 发出一段 500 个、周期为 20ms 的 PTO 脉冲。

编程下载此段程序并执行后，能够看到 Q0.0 不断闪烁，表示输出 0、1 相间的脉冲。

通过修改脉冲输出（Q0.0 或 Q0.1）的特殊存储器 SM 区，Q0.0 输出脉冲时修改 SMB67、SMW68、SMD72，Q0.1 输出脉冲时修改 SMB77、SMW78、SMD82，更改 PTO 的输出波形，然后再执行 PLS 指令。常用 PTO/PWM 控制字节数值见表 4.16，根据控制要求将表 4.16 的控制字写入 SMB67（Q0.0 输出脉冲）或 SMB77（Q0.1 输出脉冲）。

表 4.16　常用 PTO/PWM 控制字节数值

控制字 (16 进制) SMB67、SMB77	执行 PLS 指令后的结果							
	允许 (**.7)	模式选择 (**.6)	PTO 段操作 (**.5)	PWM 更新方法(**.4)	时基 (**.3)	脉冲数 (**.2)	脉冲宽度 (**.1)	周期 (**.0)
16#81	Yes	PTO	单段		1μs/周期			装入
16#84	Yes	PTO	单段		1μs/周期	装入		
16#85	Yes	PTO	单段		1μs/周期	装入		装入
16#89	Yes	PTO	单段		1ms/周期			装入
16#8C	Yes	PTO	单段		1ms/周期	装入		
16#8D	Yes	PTO	单段		1ms/周期	装入		装入
16#A0	Yes	PTO	多段		1μs/周期			
16#A8	Yes	PTO	多段		1ms/周期			
16#D1	Yes	PWM		同步	1μs/周期			装入
16#D2	Yes	PWM		同步	1μs/周期		装入	
16#D3	Yes	PWM		同步	1μs/周期		装入	装入
16#D9	Yes	PWM		同步	1ms/周期		装入	
16#DA	Yes	PWM		同步	1ms/周期		装入	
16#DB	Yes	PWM		同步	1ms/周期		装入	装入

注：所有控制位、周期、脉冲宽度和脉冲计数值的默认值均为零。向控制字节(SM67.7 或 SM77.7) 的 PTO/PWM 允许位写入零，然后执行 PLS 指令，将禁止 PTO 或 PWM 波形的生成。

（2）状态字节的特殊存储器　除了控制信息外，还有用于 PTO 功能的状态位，如表 4.17 中 Q0.0 和 Q0.1 的状态位。程序运行时，根据运行状态使某些位自动置位。可以通过程序来读取相关位的状态，用此状态作为判断条件，实现相应的操作。SM66.7（Q0.0）和 SM76.7（Q0.1）是 PTO 空闲或运行标志位，当 Q0.0 和 Q0.1 正在输出脉冲时，SM66.7（Q0.0）和 SM76.7（Q0.1）为 0，当 Q0.0 和 Q0.1 空闲时，SM66.7（Q0.0）和 SM76.7（Q0.1）为 1。利用此标志位可以判断脉冲串是否发送完毕。

4. PTO 的使用

PTO 是可以指定脉冲数和周期占空比为 50% 的高速脉冲串的输出。状态字节中的最高位 SM66.7 和 SM76.7(空闲位) 用来指示脉冲串输出是否完成。可在脉冲串完成时起动中断子程序，若使用多段操作，则在包络表完成时起动中断子程序。

（1）周期和脉冲数　周期范围为 50(20kHz)～65 535μs 或 2～65 535ms，为 16 位无符号数，时基有 1μs 和 1ms 两种，通过控制字节的第三位选择。

注意：

1）如果周期小于 2 个时间单位，则周期的默认值为 2 个时间单位。

2）周期设定奇数微秒或毫秒(例如，75ms) 会引起波形失真。

脉冲计数（无符号双整数）范围为 1～4 294 967 295，为 32 位无符号数，如设定脉冲计数为 0，则系统默认脉冲计数值为 1。

（2）PTO 的种类及特点　PTO 功能可输出单个脉冲串或多个脉冲串，现用脉冲串输出完成时，新的脉冲串输出立即开始。这样就保证了输出脉冲串的连续性。PTO 功能允许多个脉冲串排队，从而形成流水线。流水线分为两种：单段流水线和多段流水线。图 4.42 所示为 PTO 脉冲种类。

1）单段流水线，是指流水线中每次只能存储一个脉冲串的控制参数，初始 PTO 段一旦启

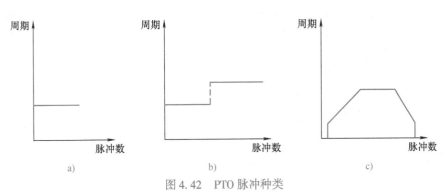

图 4.42 PTO 脉冲种类

a）单独一段脉冲 b）单段流水线 c）多段流水线

动，必须按照对第二个波形的要求立即刷新 SM，并再次执行 PLS 指令，第一个脉冲串完成，第二个波形输出立即开始，重复此步骤可以实现多个脉冲串的输出。如果不刷新 SM，执行 PLS 指令后，只输出一段脉冲，如例 4.11，Q0.0 输出 500 个 20ms 的脉冲之后就不再输出了。

单段流水线中的各段脉冲串可以采用不同的时间基准，但有可能造成脉冲串之间的不平稳过渡。输出多个高速脉冲时，编程复杂。

2）多段流水线，是指能够通过指定脉冲的数量自动增加或减少周期，周期增量值 Δ 为正值会增加周期，周期增量值 Δ 为负值会减少周期，若 Δ 为零，则周期不变。在变量存储区 V 建立一个包络表。包络表存放每个脉冲串的参数，执行 PLS 指令时，S7 - 200 系列 PLC 自动按包络表中的顺序及参数进行脉冲串输出。包络表中每段脉冲串的参数占用 8B，由一个 16 位周期值（2B）、一个 16 位周期增量值 Δ（2B）和一个 32 位脉冲计数值（4B）组成。包络表的存储格式见表 4.17。

表 4.17 包络表的存储格式

从包络表起始地址的字节偏移	段 号	说 明
VB_n		段数（1B，1～255）；数值 0 产生非致命错误，无 PTO 输出
VB_{n+1}	段 1	初始周期（2B，2～65 535 个时基单位）
VB_{n+3}		每个脉冲的周期增量 Δ（2B，有符号整数：－32 768～32 767 个时基单位）
VB_{n+5}		脉冲数（4B，1～4 294 967 295）
VB_{n+9}	段 2	初始周期（2B，2～65 535 个时基单位）
VB_{n+11}		每个脉冲的周期增量 Δ（2B，有符号整数：－32 768～32 767 个时基单位）
VB_{n+13}		脉冲数（4B，1～4 294 967 295）
VB_{n+17}	段 3	初始周期（2B，2～65 535 个时基单位）
VB_{n+19}		每个脉冲的周期增量 Δ（2B，有符号整数：－32 768～32 767 个时基单位）
VB_{n+21}		脉冲数（4B，1～4 294 967 295）

（3）单段脉冲 PTO 初始化和操作步骤 例 4.11 就是一个单段脉冲输出的例子。

用一个子程序实现 PTO 初始化，首次扫描（SM0.1）时从主程序调用初始化子程序，执行初始化操作。以后的扫描不再调用该子程序，这样便可减少扫描时间，程序结构更好，也可以不用子程序，如例 4.11 在主程序中用首次扫描 SM0.1 进行初始化。现在以从 Q0.0 输出高速脉冲为例进行初始化。

初始化操作步骤如下：

1）首次扫描（SM0.1）时将输出 Q0.0 复位（置 0），并调用完成初始化操作的子程序。

2）在初始化子程序中，根据控制要求设置控制字并写入 SMB67 特殊存储器。如写入 16#85（选择 μs 递增）或 16#89（选择 ms 递增），两个数值表示允许 PTO 功能，选择 PTO 操作，选择单段操作，以及选择时基（μs 或 ms）。

3）写入周期值载入 SMW68。

4）写入脉冲计数值载入 SMD72。

5）开中断。如果想在 PTO 完成后立即执行相关功能，则须设置中断，将脉冲串完成事件（中断事件号 19）连接一中断程序。此步骤为可选。

6）执行 PLS 指令，使 S7 - 200 系列 PLC 为 PTO/PWM 高速脉冲发生器编程，高速脉冲串由 Q0.0 输出。

7）退出子程序。

（4）多段 PTO 初始化和操作步骤　以 Q0.0 输出高速脉冲为例，多段 PTO 初始化操作步骤如下。

首次扫描（SM0.1）时将输出 Q0.0 或 Q0.1 复位（置 0），并调用完成初始化操作的子程序。

在主程序中调用初始化子程序，在子程序中：

1）设置控制字节，选择多端操作。在初始化子程序中，根据控制要求设置控制字并写入 SMB67 特殊存储器。如写入 16#A0（选择 μs 递增）或 16#A8（选择 ms 递增），两个数值表示允许 PTO 功能，选择 PTO 操作，选择多段操作，以及选择时基（μs 或 ms）。

2）将包络表的首地址（16 位）写入 SMW168 中。

3）在变量存储器 V 中写入包络表的各参数值。一定要在包络表的起始字节中写入段数。在变量存储器 V 中建立包络表的过程也可以在一个子程序中完成。

4）执行 PLS 指令，使 CPU 确认配置。

5）退出子程序。

执行 PLS 指令后，CPU 自动从 V 存储区的包络表中读出多个脉冲串的特性，发送脉冲。在包络表中的所有的脉冲串必须采用同一时基，在多段流水线执行时，包络表的各段参数不能改变，包括一个字长的起始周期值、周期增量值、双字长的脉冲个数。PTO/PWM 常用于步进电动机的控制。

5. PWM

PWM 功能产生一个占空比变化、周期固定的脉冲输出。可以为其设定周期和脉宽（以 μs 或 ms 为单位）。周期为 50 ~ 65 535μs 或者 2 ~ 65 535ms。脉宽为 0 ~ 65 535μs 或者 0 ~ 65 535ms（最低 50μs，设置为 0μs 相当于禁止输出）。

例 4.12　数控机床中步进电动机驱动工作台（图 4.43）实现定位，脉冲当量为 0.1mm/步，移动到位需要 4000 个脉冲，移动过程如图 4.44 所示，列出 PTO 包络表，从 Q0.0 输出多段高速脉冲，进行初始化编程。

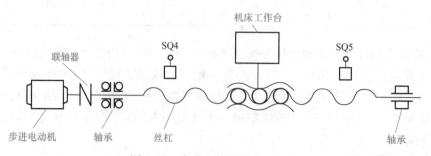

图 4.43　步进电动机驱动工作台

问题解析：多段脉冲流水线如图 4.44 所示，从 A 点到 B 点为加速过程，从 B 点到 C 点为恒速运行，从 C 点到 D 点为减速过程。

由图 4.44 可见，流水线分为 3 段，需建立 3 段脉冲的包络表。起始和终止脉冲频率为 2kHz，最大脉冲频率为 10kHz，所以起始和终止周期为 $1/2kHz = 500\mu s$，最大频率的周期为 $1/10kHz = 100\mu s$。AB 段：加速运行，应在约 200 个脉冲时达到最大脉冲频率；BC 段：恒速运行，约 $(4000 - 200 - 200) = 3600$ 个脉冲；CD 段：减速运行，应在约 200 个脉冲时完成。

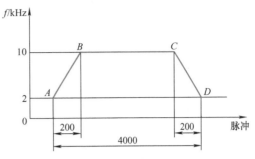

图 4.44　多段脉冲流水线

某一段每个脉冲周期增量值 Δ 用下式确定：

周期增量值 Δ = （该段结束时的周期时间 – 该段初始的周期时间）/该段的脉冲数

则 AB 段的周期增量值 $\Delta = (100 - 500)/200\mu s = -2\mu s$，即步进电动机从 $500\mu s$ 周期起动，每一个脉冲周期递减 $2\mu s$，共运行 200 个脉冲；BC 段的周期增量值 $\Delta = 0$，CD 段的周期增量值 $\Delta = (500 - 100)/200 = 2\mu s$。假设包络表位于从 VB300 开始的 V 存储区中，包络表见表 4.18。

表 4.18　例 4.12 包络表

V 存储区地址	段　号	参数值	说　明
VB300		3	段数(1B)
VW301	AB 段(加速)	$500\mu s$	初始周期(2B)
VW303		$-2\mu s$	加速阶段脉冲的周期增量 Δ（2B）
VD305		200	脉冲数(4B)
VW309	BC 段(恒速)	$100\mu s$	初始周期（2B）
VW311		0	恒速阶段脉冲的周期增量 Δ(2B)
VD313		3600	脉冲数(4B)
VW317	CD 段(减速)	$100\mu s$	初始周期(2B)
VW319		$2\mu s$	减速阶段脉冲的周期增量 Δ(2B)
VD321		200	脉冲数(4B)

梯形图主程序如图 4.45 所示，多段速控制子程序 SBR1 如图 4.46 所示，包络表初始化子程序 SBR0 如图 4.47 所示。

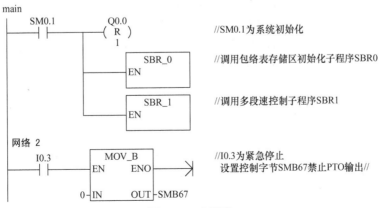

图 4.45　主程序

多段速步进电动机控制子程序
SBR1

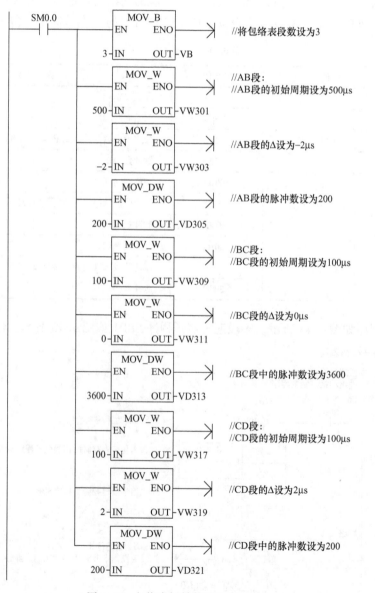

图 4.46　子程序 SBR1

图 4.47　包络表初始化子程序 SBR0

知识准备2 步进电动机及其驱动器

步进电动机作为执行元件，是机电一体化的重要设备之一，广泛应用于各种自动化设备中。在 PLC 控制系统设计中，常用高速脉冲指令驱动步进电动机实现精确定位。

1. 步进电动机

步进电动机是将电脉冲信号转换为角位移或线位移的开环控制元件。当步进驱动器接收到一个脉冲信号时，它就驱动步进电动机按设定的方向转动一个固定的角度（即步距角）。可以通过控制脉冲个数来控制角位移量，从而达到准确定位的目的；同时也可以通过控制脉冲频率来控制电动机转动的速度和加速度，从而达到调速的目的。电动机的转速、停止的位置只取决于脉冲信号的频率和脉冲数，而不受负载变化的影响，这一线性关系的存在，加上步进电动机只有周期性的误差而无累积误差等特点，使其对速度、位置等参数控制变得非常简单。

比较常用的步进电动机包括反应式（VR）步进电动机、永磁式（PM）步进电动机、混合式（HB）步进电动机。混合式步进电动机是综合了永磁式步进电动机和反应式步进电动机的优点设计而成的。它又分为两相、三相和五相混合式步进电动机，两相混合式步进电动机的步距角一般为 1.8°，三相混合式步进电动机的步距角一般为 1.2°，而五相混合式步进电动机的步距角一般为 0.72°。

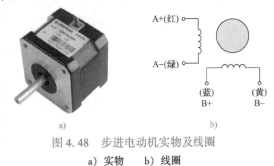

图 4.48　步进电动机实物及线圈
a）实物　b）线圈

机械手系统选用的是森创两相混合式步进电动机 42BYG250C 及其驱动器 SH20403，步进电动机实物及线圈如图 4.48 所示。

2. 两相步进电动机的工作原理

图 4.49 为两相步进电动机的工作原理示意图。它包括一个永磁转子、绕组和导磁定子，定子有两个绕组 A 和 B。

当绕组 $A\overline{A}$ 通电时，其定子磁极产生磁场，因异性相吸，将转子吸引到图 4.49a 所示位置；当绕组 $A\overline{A}$ 断电，绕组 $B\overline{B}$ 通电时，转子磁极顺时针转过 90°，被吸引到图 4.49b 所示位置。当绕组 $B\overline{B}$ 断电，绕组 $\overline{A}A$ 通电时，转子磁极顺时针转过 90°，被吸引到图 4.49c 所示位置。若绕组在控制脉冲的作用下，当通电顺序按照 $A\overline{A}\rightarrow B\overline{B}\rightarrow \overline{A}A\rightarrow \overline{B}B\rightarrow A\overline{A}$ 周而复始地变化时，电动机沿顺时针方向转动。当通电顺序为 $A\overline{A}\rightarrow \overline{B}B\rightarrow \overline{A}A\rightarrow B\overline{B}\rightarrow A\overline{A}$ 时，电动机将沿逆时针转动。控制脉冲每作用一次，通电方向就变化一次，使电动机转动一步，即 90°，每发出 4 个控制脉冲，电动机转动一周。脉冲频率越高，电动机速度越快。这种控制方式采用单绕组通电，称为两相四拍控制方式。

步进电动机绕组的通断电状态每改变一次，其转子转过的角度 α 称为步距角，因此，图 4.49 所示步进电动机的步距角 $\alpha = 90°$。

还有一种通电方式为两相八拍控制方式，能实现步距角的细分，其原理是通过改变 A、B 相电流的大小，以改变合成磁场的夹角，从而可将一个步距角细分为多步。如图 4.50 所示，当 A 相绕组单独通电转为 A、B 相绕组同时通电时，转子将停在 A、B 相磁极中间，如图 4.50b 所示，此时转子转过了 45°。

若通电顺序按照 $A\overline{A}\rightarrow A\overline{A}+B\overline{B}\rightarrow B\overline{B}\rightarrow \overline{B}B+\overline{A}A\rightarrow \overline{A}A\rightarrow \overline{A}A+\overline{B}B\rightarrow \overline{B}B\rightarrow \overline{B}B+A\overline{A}$ 这 8 个状态周而复始地变化，电动机将沿顺时针方向转动。电动机每转动一步，转子转过 45°，每发出 8 个脉冲电动机转动一周。与四拍通控制方式相比，它的步距角小了一半。

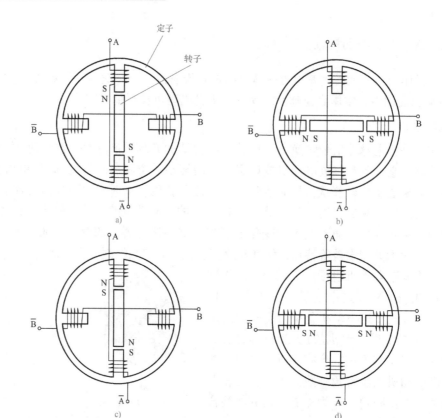

图 4.49 两相步进电动机的工作原理示意图

a）A 相通电 b）B 相通电 c）$\overline{A}$ 相通电 d）$\overline{B}$ 相通电

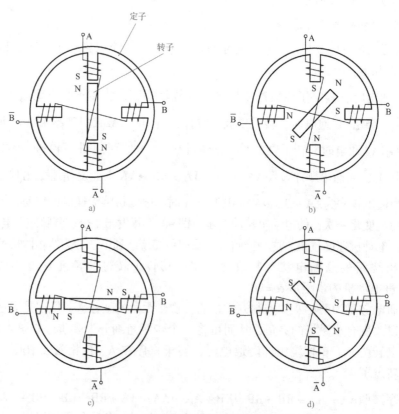

图 4.50 两相步进电动机的步距角细分

a）A 相通电 b）A+B 相通电 c）B 相通电 d）B+A 相通电

3. 步进电动机的相关概念

（1）相数　电动机内部的线圈组数，常用 m 表示。

（2）拍数　完成一个磁场周期性变化所需脉冲数或导电状态，用 n 表示。以两相步进电动机为例，有两相四拍运行和两相八拍运行方式。

（3）步距角　对应一个脉冲信号，电动机转子转过的角位移，用 α 表示。

步进电动机步距角 α 与定子绕组的相数 m、转子的齿数 z 及通电方式系数 k 有关，可用下式表示：

$$\alpha = 360°/(mzk)$$

相邻两次通电，相的数目相同时，$k=1$；相邻两次通电，相的数目不同时，$k=2$。

对于图4.49所示的两相四拍步进电动机，转子齿数 $z=2$，通电方式系数 $k=1$，其步距角为

$$\alpha = 360°/(mzk) = 360°/(2 \times 2 \times 1) = 90°$$

若按两相八拍通电方式工作，$k=2$，则步距角为

$$\alpha = 360°/(mzk) = 360°/(2 \times 2 \times 2) = 45°$$

如图4.51所示两相步进电动机，转子齿数 $z=4$，当以 A→B→A*→B*→A 顺序通电时，相数 $m=2$，转子齿数 $z=4$，通电方式系数 $k=1$，所以步距角 $\alpha=360°/(mzk)=360°/(2 \times 4 \times 1)=45°$。

当以 A→AB→B→BA*→A*→A*B→B*→B*A 顺序通电，则步距角 $\alpha=360°/(mzk)=360°/(2 \times 4 \times 2)=22.5°$。

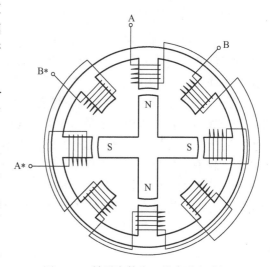

图4.51　转子齿数为4的步进电动机

计算步距角的另一种方法是 $\alpha = 360°/($转子齿数 $z \times$ 运行拍数 $N)$。这个齿数 z 应为磁极对（一个 N、S 极）齿数。图4.50所示步进电动机磁极齿数为1，当四拍通电时，$\alpha=360°/($转子磁极齿数 $z \times$ 运行拍数 $N)=360°/(1 \times 4)=90°$；八拍时，$\alpha=360°/($转子磁极齿数 $z \times$ 运行拍数 $N)=360°/(1 \times 8)=45°$。

图4.51所示磁极对齿数为2，当四拍通电时，$\alpha=360°/($转子磁极齿数 $z \times$ 运行拍数 $N)=360°/(2 \times 4)=45°$；八拍时，$\alpha=360°/($转子磁极齿数 $z \times$ 运行拍数 $N)=360°/(2 \times 8)=22.5°$。

目前步进电动机多为轴向分级（转子轴向上有一个 N 磁极和一个 S 磁极），每个磁极齿数为50，如图4.52所示，其步距角 $\alpha=360°/($转子齿数 $z \times$ 运行拍数 $N)$。以常规二、四相，转子

a)　　　　　　　b)

图4.52　混合式步进电动机的定子和转子

a）定子　b）转子

齿数为50的电动机为例，四拍运行时，步距角 $\alpha=360°/(50 \times 4)=1.8°$（俗称整步）；八拍运行时，步距角 $\alpha=360°/(50 \times 8)=0.9°$（俗称半步）。

4. 两相混合式步进电动机的结构

图4.52所示步进电动机步距角较大，常常满足不了系统精度的要求，所以通常采用图4.53所示的定子磁极上带有小齿，转子齿数很多的结构，其步距角可以做得很小。

图 4.53 所示为混合式步进电动机绕组接线图，A、B 两相绕组沿轴向分相，沿着定子圆周有 8 个凸出的磁极，1、3、5、7 磁极属于 A 相绕组，2、4、6、8 磁极属于 B 相绕组，定子每个极面上有 5 个齿，极身上有控制绕组。转子由环形磁钢和两段铁心组成，环形磁钢在转子中部，轴向充磁，两段铁心分别装在磁钢的两端，使得转子轴向分为两个磁极。转子铁心上均匀分布 50 个齿，两段铁心上的小齿相互错开半个齿距，定、转子的齿距和齿宽相同。

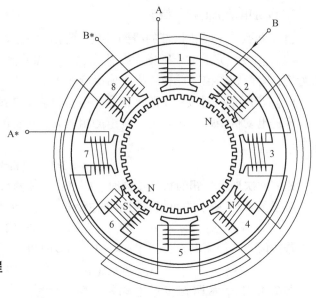

图 4.53　混合式步进电动机绕组接线图

5. 两相混合式步进电动机的工作过程

当两相控制绕组按 $A\overline{A}\rightarrow B\overline{B}\rightarrow \overline{A}A\rightarrow \overline{B}B\rightarrow A\overline{A}$ 的次序轮流通电时，每拍只有一相绕组通电，四拍构成一个循环。当控制绕组有电流通过时，便产生磁动势，它与永久磁钢产生的磁动势相互作用，产生电磁转矩，使转子产生步进运动。

由图 4.53 可以看出，当 A 相绕组通电时，在转子 N 极端定子磁极 1 上的绕组产生的 S 磁极吸引转子 N 极，使得磁极 1 下是齿对齿，气隙磁阻最小，磁力线由转子 N 极指向定子磁极 1 的齿面，磁极 5 下也是齿对齿，磁极 3 和 7 是齿对槽，磁阻最大。图 4.54 所示为 A 相通电转子 N 极端定、转子平衡图。由于两段转子铁心上的小齿相互错开半个齿距，在转子 S 极端，定子磁极 1′和 5′产生的 S 极磁场排斥转子 S 极，与转子正好是齿对槽，磁极 3′和 7′齿面产生 N 极磁场，吸引转子 S 极，使得齿对齿，转子的稳定平衡位置如图 4.55 所示。

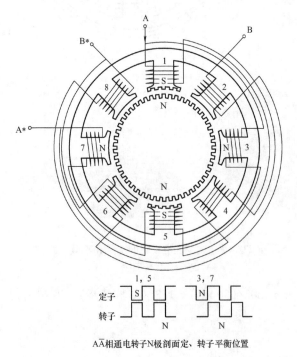

图 4.54　A 相通电转子 N 极端定、转子平衡图

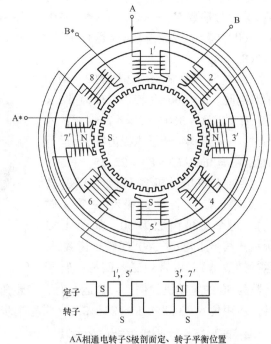

图 4.55　A 相通电转子 S 极端定、转子平衡图

因转子上共有 50 个齿，其齿距角为 360°/50 = 7.2°，定子每个极距所占的齿数为 $\frac{50}{8} = 6\frac{1}{4}$，不是整数，因此当定子的 A 相通电，在转子 N 极，磁极 1 的 5 个齿与转子齿对齿，磁导最大；磁极 1 旁边的 B 相绕组的磁极 2 的 5 个齿和转子齿有 1/4 齿距的错位，即 1.8°。如图 4.56 所示，定、转子齿展开图在磁极 2 圆圈的位置；A 相磁极 3 的齿和转子错位 3.6°，实现齿对槽了，同极相斥，其磁导最小。磁力线是沿转子 N 端→A（1）S 磁极→导磁环→A（3′）N 磁极→转子 S 端→转子 N 端形成一闭合曲线。当 A 相断电、B 相通电时，磁极 2 产生 N 极性，吸合离它最近的 S 极转子 7#齿，如图 4.57 中画圈位置，使得转子沿顺时针方向转过 1.8°，实现磁极 2 和转子齿对齿，此时磁极 3 和转子齿有 1/4 齿距的错位。依次类推，若继续按四拍的顺序通电，转子就沿顺时针方向一步一步地转动，每通电一次，即每来一个脉冲，转子转过 1.8°，步距角为 1.8°，转子转过一圈需要 360°/1.8° = 200 个脉冲。当改变通电顺序，即按 $A\overline{A}→B\overline{B}→\overline{A}A→\overline{B}B→A\overline{A}$ 通电时，电动机沿逆时针方向转动。

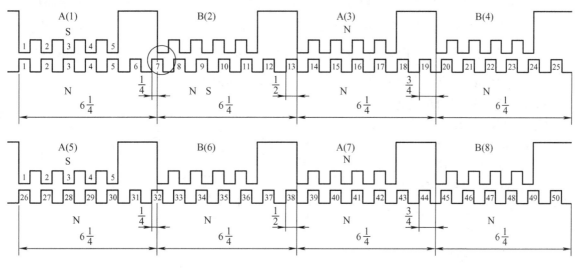

图 4.56　A 相通电时定、转子齿展开图

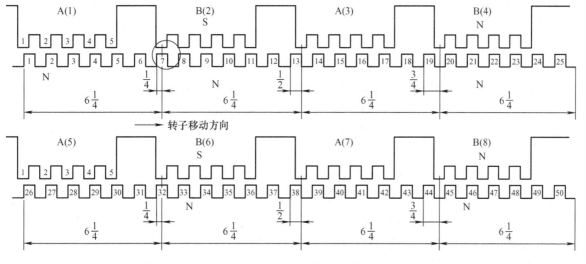

图 4.57　B 相通电定、转子齿展开图

在转子S极端也是同样道理，当定、转子齿对齿时，其旁边一相磁极错位1.8°。可以看出，当通电绕组改变时，都会使转子回到稳定平衡位置，两相混合式步进电动机的稳定平衡位置是定、转子异极性的极面下磁导最大，而同极性的极面下磁导最小的位置。

若调整两相绕组中电流分配的比例和方向，使相应的合成转矩在空间处于任意位置上，则循环拍数可为任意值，称为细分通电方式。实质上就是把步距角减小，如前面八拍通电方式已经将单四拍细分了一半，采用细分通电方式可使步进电动机的运行更平稳，定位分辨率更高。

机械手系统 X、Y 轴的驱动采用两相混合式步进电动机 42BYG250C，步距角为 1.8°，在其轴上连接滚珠丝杠。

6. 步进电动机驱动器

步进电动机必须有驱动器和控制器才能正常工作。驱动器的作用是对控制脉冲进行环形分配、功率放大，使步进电动机绕组按一定的顺序通电，控制电动机转动。

以两相步进电动机为例，当给驱动器一个脉冲信号和一个正方向信号时，驱动器经过环形分配器和功率放大后，给电动机绕组通电的顺序为 $A\overline{A} \to B\overline{B} \to \overline{A}A \to \overline{B}B \to A\overline{A}$，四个状态周而复始地变化，电动机沿顺时针方向转动；若方向信号变为负时，通电时序就变为 $A\overline{A} \to \overline{B}B \to \overline{A}A \to B\overline{B} \to A\overline{A}$，电动机就沿逆时针方向转动。步进电动机控制系统如图 4.58 所示。

机械手系统采用的步进电动机驱动器型号为 SH20403，其实物如图 4.59a 所示，为 10～40V 直流供电，通过改变面板上拨动开关的位置能够实现细分，减小步进电动机的步距角。其外部端子如图 4.59b 所示，A＋、A－、B＋、B－端子要连接步进电动机的四条引线，DC＋、DC－端子接驱动器工作直流电源，输入接口电路包括公共端（接输入端子电源正极）、脉冲信号输入端（输入一系列脉冲，内部分配以驱动步进电动机 A、B 相）、方向信号输入端（可实现步进电动机的正、反转）及脱机信号输入端。

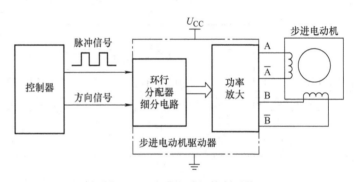

图 4.58　步进电动机控制系统

步进电动机驱动器输入端子功能如下。

公共端：驱动器的输入信号采用共阳极接线方式，应将输入信号的电源正极连接到该端子上，为脉冲信号输入端、方向信号输入端、脱机信号输入端提供输入回路电源，将输入的控制信号连接到对应的信号端子上。控制信号低电平有效，此时对应的内部光电耦合器导通，控制信号输入驱动器中。

脉冲信号输入端（CP）：共阳极连接时，该脉冲信号下降沿被驱动器接收为一个有效脉冲，并驱动电动机运行一步。此端子和 S7－200 系列 PLC 的高速脉冲输出端（Q0.0 或 Q0.1）相连，以发出连续高速脉冲驱动步进电动机。

方向信号输入端（DIR）：该端信号的高电平和低电平控制电动机的两个转向。共阳极连接时，该端悬空，被等效认为输入高电平。此端子和 S7－200 系列 PLC 的输出端 Q0.2 相连。

脱机信号输入端（FREE）：此端为低电平有效，此时电动机处于无转矩状态，此端为高电平

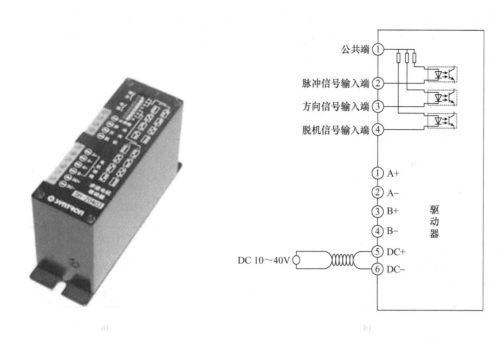

图 4.59 SH20403 型步进电动机驱动器及其外部端子

a) 实物 b) 外部端子

或悬空时，此功能无效，电动机可正常运行。

≫任务实施

1. 任务分析

由于 S7 – 200 系列 PLC 输出的是高电平信号，而步进电动机驱动器内部电路所需输入信号是低电平，需对 PLC 输出信号反向才能和驱动器连接，通常采用晶体管反相器进行反向，电气回路连接如图 4.60 所示。

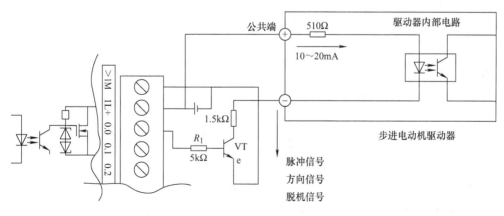

图 4.60 PLC 和驱动器输入端电气回路

驱动器的共阳极端接 PLC 的 24V 电源正极，或单独接电源，PLC 输出点 Q0.1 和 Q0.2 接晶体管反相器的基极，晶体管的集电极与步进电动机驱动器的脉冲信号、方向信号输入端相连，这样，电源、PLC 输出点、晶体管、驱动器输入点形成回路。当 Q0.1、Q0.2 输出 0 时，晶体管截止，集电极输出高电平，电路不导通，驱动器输入点无信号；当 Q0.1、Q0.2 输出 1 时，晶体管导通，集电极输出低电平，电路导通，驱动器输入点为低电平，信号进入驱动器，使输入端光电耦合器导通，经内部电路实现步进电动机脉冲分配。

2. 准备元器件

CPU226CNDC/DC/DC（晶体管型），两个按钮，步进电动机（42BYG250C）及其驱动器（SH20403），滚珠丝杠、连接线。

3. 输入/输出点分配

步进电动机控制 I/O 接点分配见表 4.19。

表 4.19 I/O 接点分配表

输　入	功　　能	输　出	功　　能
I0.1	起动按钮 SB1	Q0.1	步进电动机脉冲输入端
I0.2	停止按钮 SB2	Q0.2	步进电动机方向控制端

4. 绘制电气原理图

PLC 驱动 Y 轴步进电动机控制机械手臂升降的电气原理图如图 4.61 所示。

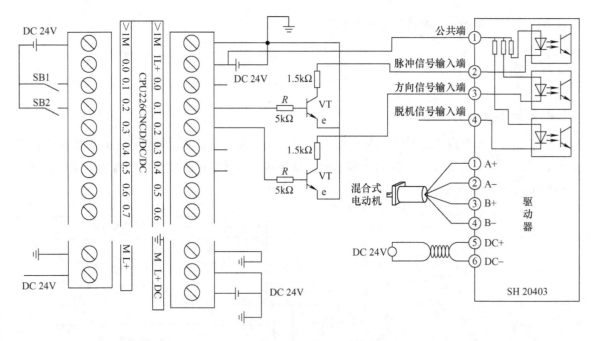

图 4.61　机械手臂升降电气原理图

5. 通信

用西门子提供的专用 PC/PPI 电缆将装好编程软件的 PC 和 PLC 相连，打开图 1.8 所示的 STEP7 - Micro/WIN 编程界面，单击图 1.69 所示"指令树"中"通信"项目下的"通信"子项目，弹出图 1.70 所示的通信界面，双击"双击刷新"图标，出现图 1.71 所示的界面，表示通信成功，可以进行编程设计。系统默认 PC 地址为 0，图 1.71 所示 PLC 地址为 2。若搜索不到，且检查连接线无松动时，可选择搜索所有波特率，再进行尝试。

6. 程序编写

在编程软件中编写驱动步进电动机的程序，编译成功后下载到PLC，观看运行结果。梯形图如图4.62所示。

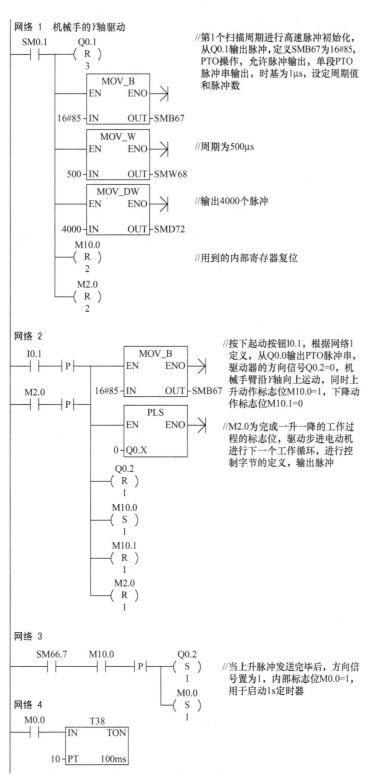

图 4.62　机械手臂升降控制梯形图

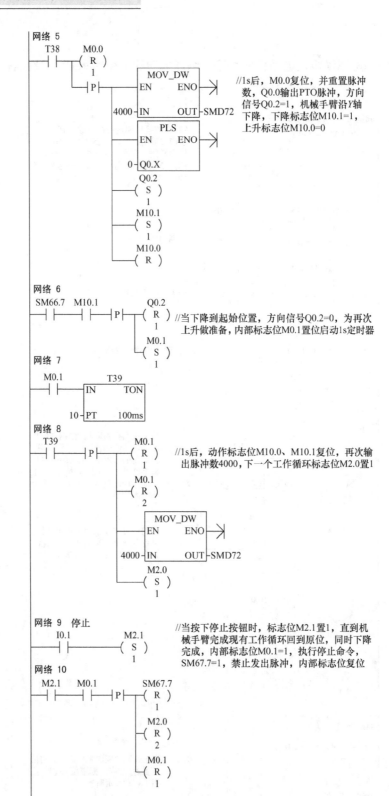

图 4.62　机械手臂升降控制梯形图（续）

7. 下载程序、系统运行

在硬件连线、软件编程正确完成后，对程序进行编译、下载，进行试运行，此时，机械手臂升降 PLC 控制系统设计完成，CPU 进入循环扫描状态，不断采集输入端子数据，等待执行程序。

1）连接好 PLC 输入/输出接线。

2）录入程序并下载到 PLC 中，使 PLC 进入运行状态。

3）使 PLC 进入梯形图监控状态。

① 不做任何操作，观察步进电动机的状态。

② 按下起动按钮，观察步进电动机运行的状态。

》任务评价

为了更好地学习 PLC，组内成员协调完成工作，在强化知识的基础上建立工业现场系统设计的概念，设计完成后，各组之间互评并由教师给予评定，其评定标准以 PLC 职业资格能力要求为依据，使学生初步建立工程概念。

1. 检查内容

1）检查元器件是否齐全，熟悉各元器件的作用。

2）熟悉控制电路原理，列出 I/O 分配表。

3）检查线路安装是否合理及运行情况。

2. 评估策略

评估标准见表 4.20。

表 4.20　机械手臂升降控制系统设计评估标准

项　目	要　求	分　数	评分标准	得　分
系统电气原理图设计	原理图绘制完整、规范	10	不完整、不规范，每处扣 2 分	
I/O 分配表	准确完整，与原理图一致	10	不完整，每处扣 2 分	
程序设计	简洁易读，指令正确，符合任务要求	20	不正确，每处扣 5 分	
电气线路安装和连接	线路安装简洁、正确，符合工艺要求	30	不规范，每处扣 5 分	
系统调试	系统设计达到任务要求，运行成功	30	第一次调试不合格，扣 10 分 第二次调试不合格，扣 10 分	
时间	60min，每超时 5min 扣 5 分，不得超过 10min			
安全	检查完毕后通电，人为短路扣 20 分			

任务4　机械手综合控制

》学习目标

（1）进行输入/输出部件的 I/O 点分配。

（2）进行 PLC 与传感器电源线、信号线的连接。

（3）进行 PLC 与电磁阀的连接，编程驱动电磁阀。

（4）进行 PLC 与步进电动机及其驱动器的连接，编程驱动步进电动机进行 X 轴、Y 轴定位。

（5）进行 PLC 与直流电动机及编码器的连接与编程，进行底盘旋转定位。

》任务要求

机械手初始位置如图 4.63 所示，按下起动按钮，机械手爪把 A 点的物体抓起放置到 B 点，然后回到初始位置，如此循环进行搬运，直到按下停止按钮，机械手执行完本循环后停止。上述工作流程如图 4.64 所示。

在熟悉系统工作过程的基础上，进行电气设计和软件编程。根据实验台各个功能部件画出电气原理图并进行相应的程序设计。

对于机械手底盘的旋转定位，要采用编码器控制底盘旋转的角度，而对编码器的输出信号进行采集则需要用高速计数器指令进行编程。机械手 X、Y 轴的定位采用步进电动机驱动，对步进电动机的控制采用高速脉冲指令编程。

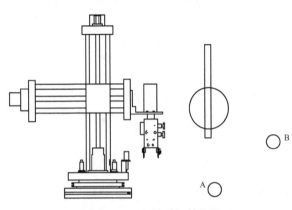

图 4.63　机械手初始位置

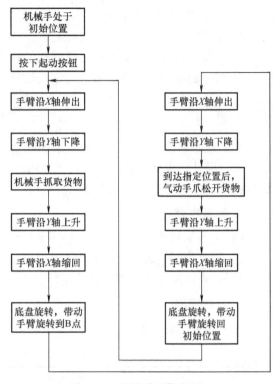

图 4.64　机械手工作流程

>> 任务实施

1. 任务分析

利用高速计数器指令和高速脉冲指令分别实现对底盘旋转角度的控制和 XY 轴指定长度的定位控制，并且编程实现电磁阀和气动平行手爪的驱动控制，对各子系统调试成功后，再进行总体设计。

2. 输入/输出点分配

机械手系统用到的输入设备有起动按钮 SB1、停止按钮 SB2、底盘原点传感器和光电编码器，输出设备有控制底盘直流电动机正、反转继电器 KA1、KA2，X、Y 轴步进电动机及其驱动器、电磁阀。I/O 分配见表 4.21。

表 4.21　机械手 I/O 分配表

输　入	功　能	输　出	功　能
I0.0	光电编码器输出信号	Q0.0	Y 轴步进电动机脉冲输入端
I0.1	起动按钮 SB1	Q0.1	X 轴步进电动机脉冲输入端
I0.2	停止按钮 SB2	Q0.2	Y 轴步进电动机方向控制端
I0.3	底盘原点传感器输出信号	Q0.3	X 轴步进电动机方向控制端
		Q0.4	底盘直流电动机正转继电器 KA1
		Q0.5	底盘直流电动机反转继电器 KA2
		Q0.6	气动平行手爪电磁阀线圈

3. 绘制电气原理图

根据机械手结构图和I/O分配表绘制电气原理图，如图4.65所示。其中，步进电动机驱动器与PLC之间的转换电路如图4.66所示，机械手底盘旋转控制电气原理图如图4.35所示。

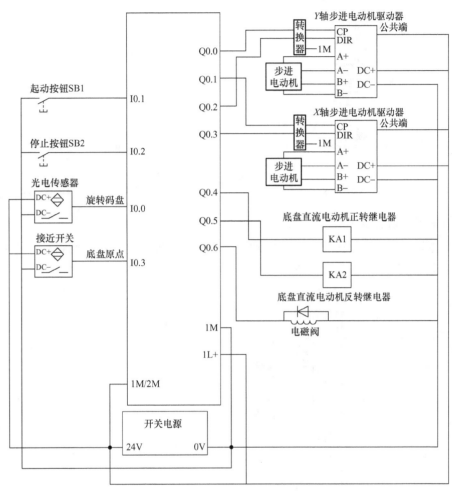

图4.65 机械手电气原理图

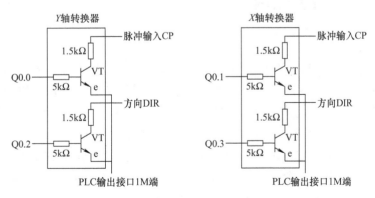

图4.66 步进电动机驱动器与PLC之间的转换电路

4. 电磁阀的驱动

机械手的手爪采用气动平行手爪，其外形如图4.67所示。PLC输出信号控制电磁阀，压缩空气经气压管道进入平行手爪，驱动平行手爪移动抓取货物。

根据电气原理图编写调试电磁阀部分的梯形图，如图4.68所示。将程序下载至PLC，打开气泵使气路中进入压缩空气，运行程序；按下SB1，电磁阀通电，压缩空气进入平行手爪气缸，平行手爪动作；松开SB1，电磁阀断电，平行手爪松开。

图4.67　气动手爪　　　　　　　　　　　　图4.68　驱动电磁阀梯形图

5. 机械手控制系统程序

机械手工作过程如图4.64所示，可以按照普通指令实现对机械手的控制。机械手初始位置如图4.69所示，其动作顺序如图4.70所示。

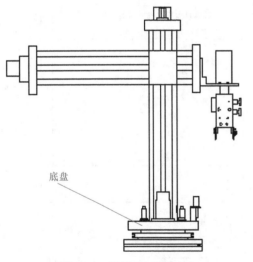
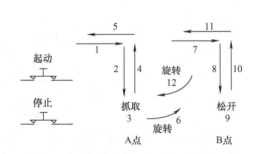

图4.69　机械手初始位置　　　　　　　　图4.70　机械手动作顺序

1）内部寄存器设置。当按下起动按钮后，机械手从初始位下降，手爪抓取货物运送到B点，手爪松开、放下货物，返回A点，此为一个循环，继续从A点抓取货物运送至B点，直到按下停止按钮。在A点，以动作1(X轴伸出)、2(Y轴下降)、3（气动手爪抓取）、4(Y轴上升)、5(X轴缩回)、6(底盘逆时针旋转)为动作组1；旋转到B点以动作7(X轴伸出)、8(Y轴下降)、9（气动手爪松开）、10(Y轴上升)、11(X轴缩回)、12(底盘顺时针旋转)为动作组2。两组动作有相似性，所以第1个动作组以M20.0为高速计数器和高速脉冲指令的动作标志位，第2个动作组以M20.1为动作标志位。每个组内的动作1、2、3、4、5、6之间以M10.0、M10.1、M10.2、M10.3、M0.4作为结束本动作、驱动下一动作的标志位，电磁阀的驱动以M20.0和M30.0的串联实现动作组1的3（气动手爪抓取），以M20.1和M30.0的串联实现动作组2的9（气动手爪松开）。

2）程序设计。以SBR0为高速计数器HSC0初始化子程序，以SBR1为X、Y轴步进电动机驱动器的高速脉冲初始化子程序。检测底盘旋转角度的光电编码盘的输出信号接I0.0，采用

HSC0 的模式 0 对此高速脉冲计数，机械手综合控制梯形图及其注释如图 4.71 所示。

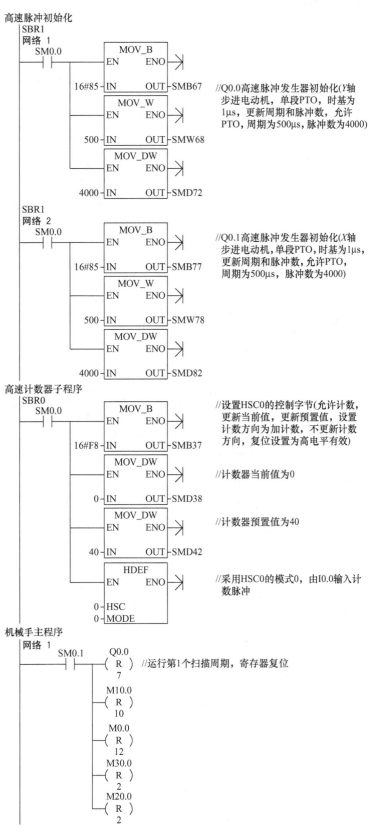

图 4.71　机械手综合控制梯形图

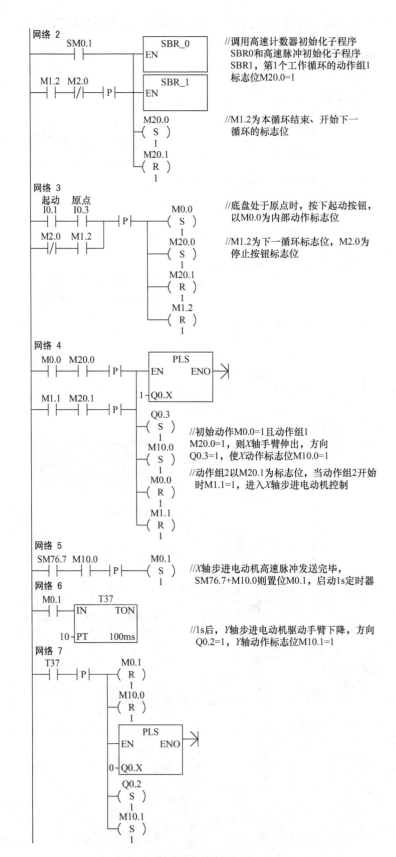

图4.71　机械手综合控制梯形图（续一）

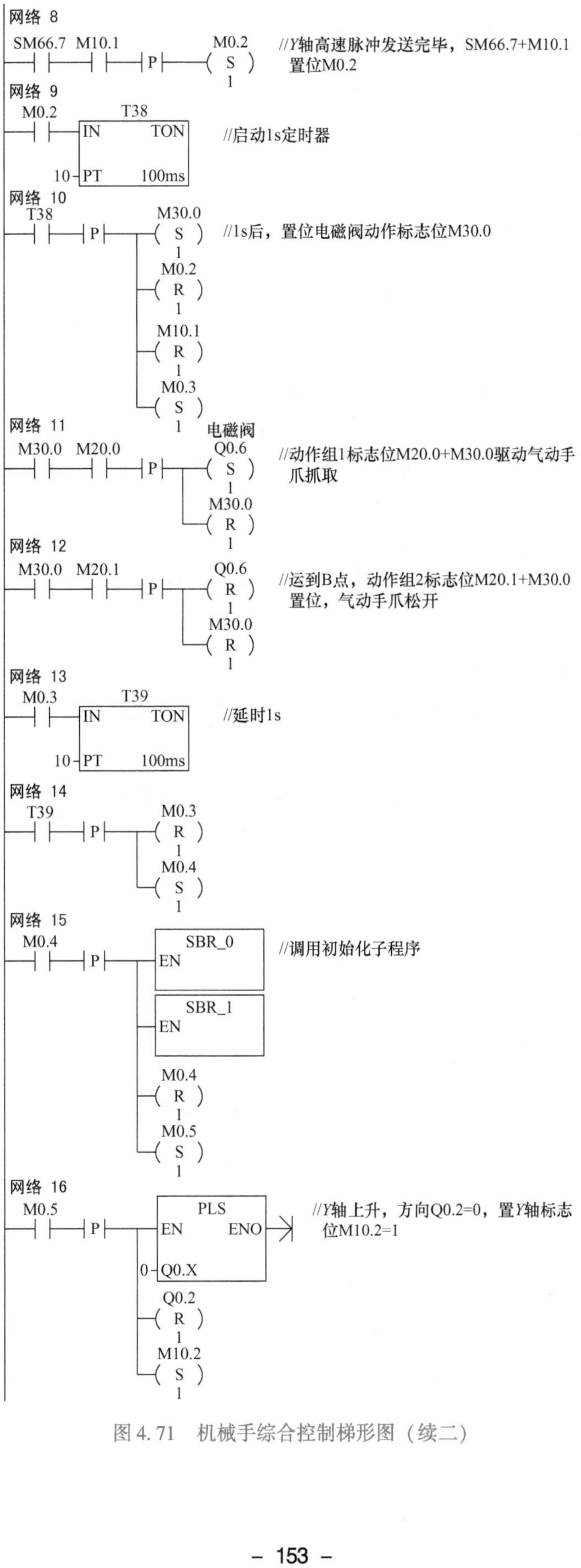

网络 8

SM66.7　M10.1　　　　　　　M0.2
├─┤├──┤├──┤P├──────(S)　　//Y轴高速脉冲发送完毕，SM66.7+M10.1
　　　　　　　　　　　　　 1　　　置位M0.2

网络 9

M0.2　　　　　T38
├─┤├───┤IN　　　TON│　　//启动1s定时器
　　　　　　│　　　　　 │
　　　　10─┤PT　　 100ms│

网络 10

T38　　　　　　　 M30.0
├─┤├──┤P├──────(S)　//1s后，置位电磁阀动作标志位M30.0
　　　　　　　　　　 1
　　　　　　　　　 M0.2
　　　　　　　　 ─(R)
　　　　　　　　　 1
　　　　　　　　 M10.1
　　　　　　　　 ─(R)
　　　　　　　　　 1
　　　　　　　　 M0.3
　　　　　　　　 ─(S)
　　　　　　　　　 1

网络 11

　　　　　　　　　　 电磁阀
M30.0　M20.0　　　　Q0.6
├─┤├──┤├──┤P├───(S)　//动作组1标志位M20.0+M30.0驱动气动手
　　　　　　　　　　　 1　　 爪抓取
　　　　　　　　　　 M30.0
　　　　　　　　　 ─(R)
　　　　　　　　　　 1

网络 12

M30.0　M20.1　　　　Q0.6
├─┤├──┤├──┤P├───(R)　//运到B点，动作组2标志位M20.1+M30.0
　　　　　　　　　　　 1　　 置位，气动手爪松开
　　　　　　　　　　 M30.0
　　　　　　　　　 ─(R)
　　　　　　　　　　 1

网络 13

M0.3　　　　　T39
├─┤├───┤IN　　　TON│　　//延时1s
　　　　　　│　　　　　 │
　　　　10─┤PT　　 100ms│

网络 14

T39　　　　　　　 M0.3
├─┤├──┤P├──────(R)
　　　　　　　　　　 1
　　　　　　　　　 M0.4
　　　　　　　　 ─(S)
　　　　　　　　　 1

网络 15

M0.4　　　　　 SBR_0
├─┤├──┤P├──┤EN　　 │　//调用初始化子程序
　　　　　　　 │　　　　│

　　　　　　　 SBR_1
　　　　　　 ┤EN　　 │
　　　　　　　 │　　　　│

　　　　　　　 M0.4
　　　　　　 ─(R)
　　　　　　　 1
　　　　　　　 M0.5
　　　　　　 ─(S)
　　　　　　　 1

网络 16

M0.5　　　　　 PLS
├─┤├──┤P├──┤EN　　 ENO├──　//Y轴上升，方向Q0.2=0，置Y轴标志
　　　　　　　 │　　　　│　　 位M10.2=1
　　　　　 0─┤Q0.X
　　　　　　　 Q0.2
　　　　　　 ─(R)
　　　　　　　 1
　　　　　　　 M10.2
　　　　　　 ─(S)
　　　　　　　 1

图 4.71　机械手综合控制梯形图（续二）

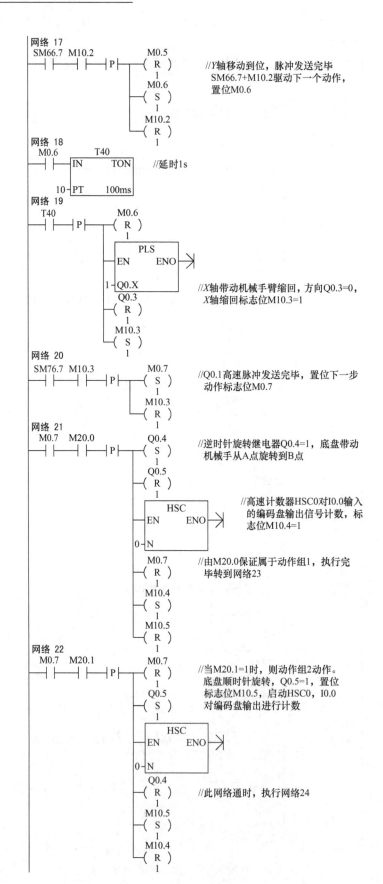

图 4.71　机械手综合控制梯形图（续三）

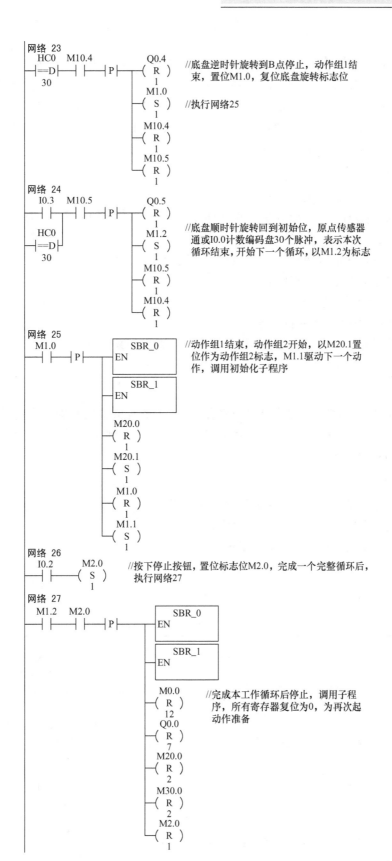

图 4.71　机械手综合控制梯形图（续四）

网络 23

//底盘逆时针旋转到B点停止，动作组1结束，置位M1.0，复位底盘旋转标志位

//执行网络25

网络 24

//底盘顺时针旋转回到初始位，原点传感器通或I0.0计数编码盘30个脉冲，表示本次循环结束，开始下一个循环，以M1.2为标志

网络 25

//动作组1结束，动作组2开始，以M20.1置位作为动作组2标志，M1.1驱动下一个动作，调用初始化子程序

网络 26

//按下停止按钮，置位标志位M2.0，完成一个完整循环后，执行网络27

网络 27

//完成本工作循环后停止，调用子程序，所有寄存器复位为0，为再次起动作准备

6. 通信

用西门子提供的专用 PC/PPI 电缆将装好编程软件的 PC 和 PLC 相连，打开图 1.8 所示的 STEP7 – Micro/WIN 界面，单击图 1.69 所示的"指令树"中"通信"项目下的"通信"子项目，弹出图 1.70 所示的通信界面，双击"双击刷新"图标，出现图 1.71 所示的界面，表示通信成功，可以进行编程设计。系统默认 PC 地址为 0，图 1.71 所示 PLC 地址为 2。若搜索不到，且检查连接线无松动时，可选择搜索所有波特率，再进行尝试。

7. 下载程序、系统运行

在硬件连线、软件编程正确完成后，对程序进行编译、下载，进行试运行，此时，机械手综合控制 PLC 控制系统设计完成，CPU 进入循环扫描状态，不断采集输入端子数据，等待执行程序。

1）连接好 PLC 输入/输出接线。

2）录入程序并下载到 PLC 中，使 PLC 进入运行状态。

3）使 PLC 进入梯形图监控状态。

① 不做任何操作，观察机械手的状态。

② 按下按钮，观察机械手的状态。

4）操作过程中同时观察步进电动机、直流电动机和电磁阀的运行情况。

>> 任务评价

为了更好地学习 PLC，组内成员协调完成工作，在强化知识的基础上建立工业现场系统设计的概念，设计完成后，各组之间互评并由教师给予评定，其评定标准以 PLC 职业资格能力要求为依据，使学生初步建立工程概念。

1. 检查内容

1）检查元器件是否齐全，熟悉各元器件的作用。

2）熟悉控制电路原理，列出 I/O 分配表。

3）检查线路安装是否合理及运行情况。

2. 评估策略

评估标准见表 4.22。

表 4.22　机械手综合控制系统设计评估标准

项　目	要　求	分　数	评分标准	得　分
系统电气原理图设计	1）原理图绘制完整、规范 2）输入/输出接线图正确 3）主电路正确 4）步进电动机连接正确	10	1）不完整、不规范，每处扣 2 分 2）输入/输出接线图绘制错误，错一处，扣 5 分 3）主电路错一处，扣 5 分 4）联锁、保护每缺一项，扣 5 分 5）不会设置及下载，分别扣 5 分	
I/O 分配表	准确完整	10	不完整，每错一处扣 5 分	
程序设计	简洁易读，指令正确，符合题目要求	20	不正确，每处扣 5 分	
电气线路安装和连接	1）元器件选择、布局合理，安装符合要求 2）布线合理美观，线路安装简洁，符合工艺要求	30	1）元器件选择、布局不合理，每处扣 3 分 2）元器件安装不牢固，每处扣 3 分 3）布线不合理、不美观，每处扣 3 分	

（续）

项　目	要　求	分　数	评分标准	得　分
系统调试	1）程序编制实现功能 2）操作步骤正确 3）使各个被挖设备有序运行成功	20	1）连线接错，每处扣5分 2）功能不实现，每个扣5分 3）操作步骤每错一步，扣5分 4）有设备运行不正常，每台扣5分	
职业素养与安全意识	1）现场操作安全保护是否符合安全操作规程 2）工具摆放、包装物品、导线线头等的处理是否符合职业岗位的要求 3）是否有分工又有合作，配合紧密 4）爱惜设备和器材，保持工位的整洁	10	不合格，每项扣5分，扣完为止	
时间	60min，每超时5min扣5分，不得超过10min			

拓展训练

训练1　编写一高速计数器程序，要求：

1）首次扫描时调用一个子程序，完成初始化操作。

2）用高速计数器 HSC1 实现加计数，当计数值 =200 时，将当前值清 0。

训练2　编写一 PLC 程序控制步进电动机实现如图 4.72 所示一维工作台的快进、工进、快退操作。

1）能够实现工作循环过程（自动单周期）。

2）实现工作台断电后再通电时的自动复位功能，即能从任意位置自动返回到零位。

3）利用行程开关实现极限位置保护功能（即滑块触到极限开关就停止运行）。

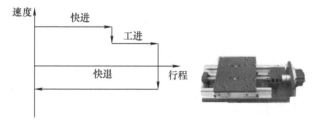

图　4.72

根据运动情况填写表 4.23。

表 4.23　运动过程参数记录

运动过程	频率	脉冲数	行程
快进			
工进			
快退			

项目小结

　　本项目学习了高速计数器指令和高速脉冲指令，高速计数器指令采集外部传感器的高频信号，高速脉冲指令驱动步进电动机运行，主要用于定位或位置控制，使用时应熟悉相关的特殊功能寄存器的设置。

实践中常见问题解析

操作过程中要注意许多问题。

　　1）机械手底盘旋转控制时继电器线圈和触点的电路不要接错。

　　2）步进电动机驱动部分一定调节好，频率太小会爬行，太大噪声会很大，保证电路正确的前提下改变脉冲周期，寻找最佳运行状态。

　　① 经过调试发现当控制字为16#8D，PTO单脉冲，周期时基为ms，周期值为5ms，脉冲数为400时，噪声非常大、尖锐，丝杠转动很慢。

　　② 周期为10ms，脉冲数不变时，噪声低沉且很大，速度慢。

　　③ 周期为20ms时，情况也不好。

　　④ 控制字改为16#85，PTO单脉冲，周期时基为μs，周期值为5μs，脉冲数为400时，出现"咯噔"的声音，丝杠转动不明显，周期太短。

　　⑤ 周期值为20μs，脉冲数为400时，还是出现"咯噔"的声音，丝杠转动不明显。

　　⑥ 周期值为100μs，脉冲数为20000时，还是有"咯噔"声，移动不明显。

　　⑦ 周期值为500μs，脉冲数为20000时，速度很好，移动很快，声音很匀称，脉冲数太多，到达了极限保护位置。

　　⑧ 周期值为500μs，脉冲数为4000时，移动效果非常理想。

项目 ⑤

PLC通信指令及变频器控制

知识目标

● 学习材料分拣和平面仓储系统实验设备，了解工业现场 PLC 控制系统中常用外部设备的控制方法。

● 学习松下小型变频器，学习 PLC 通过变频器控制交流电动机的方法。

● 学习常用开关型传感器以及采集外部传感器信号的方法。

● 学习对电磁阀、步进电动机、直流电动机常用输出设备的控制方法。

能力目标

● 掌握常用开关型传感器：电感传感器、电容传感器、光电传感器。熟练进行传感器与 PLC 的连接。

● 了解电磁阀的工作原理，会搭建利用 PLC 控制电磁阀的简单气压控制电路，熟悉平面仓储和材料分拣系统中的气路实现过程。

● 熟悉 PLC 通过变频器控制交流电动机的电路连接和参数设置方法。

● 会通过指令进行两个 S7 - 200 系列 PLC 之间的数据通信。

● 会利用步进电动机实现外部设备的定位控制。

职业能力

● 以基于材料分拣与平面仓储系统实验台为平台学习变频器的基本运行、S7 - 200 系列 PLC 控制变频器、传感器信息采集、电磁阀控制、两个 PLC 之间信息传递等基本技能。

● 掌握 PLC 系统设计技巧，具有现场读图能力。

● 能够对企业现场的机械设备的电气控制要求进行分析，并提出 PLC 解决方案。

思政目标

● 在实际操作过程中，要培养动手实践能力，培养质量意识、安全意识、节能环保意识和规范操作的职业素养。

任务1　VFO 型变频器面板操作

▶▶ 学习目标

（1）掌握变频器的参数设置方法。

（2）熟悉 VFO 型变频器的操作面板。

▶▶任务要求

图5.1所示为变频器和传送带系统实物。本任务将学习变频器的操作方法。

图5.1　变频器和传送带系统实物

▶▶知识准备1　材料分拣与平面仓储实验台介绍

材料分拣与平面仓储PLC控制系统实验台是集机、电、气一体的工业模拟设备，是包含PLC、传感器、变频器、步进电动机、气动设备等的综合应用系统。本项目各任务均以实验台的输入/输出设备为设计依据，学生可根据实际情况进行学习。

1. 系统结构及功能

材料分拣与平面仓储实验台的结构外观如图5.2所示。它主要由控制单元、材料分拣系统和平面仓储系统组成。

图5.2　材料分拣与平面仓储实验台结构外观

（1）控制单元　控制单元由电源模块、两台西门子S7-200系列PLC组成，采用CPU 226 DC/DC/DC，即直流供电，直流数字量输入，数字量输出点是晶体管直流电路。电源模块选用开关电源，主要用于为系统提供24V直流电源。两台PLC分别控制平面仓储系统和材料分拣系统，然后通过网络实现PLC之间的通信，完成整个系统的统一动作。PLC之间的网络选用PPI。

（2）材料分拣系统

1）结构。材料分拣系统由传送带单元、气动机械手单元、传感器单元、变频器单元、交流电动机、井式出料单元、气动推料机构等组成，如图5.3所示。其中，变频器单元、交流电动机与PLC组成位置速度控制系统。传感器单元由电容传感器、电感传感器、色标传感器、光电传感器组成，可以识别货物的颜色、材质、数量等属性。

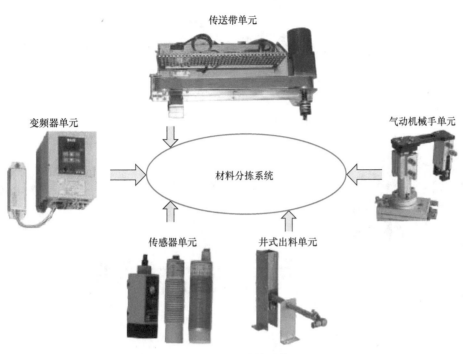

图 5.3　材料分拣系统

2）工作过程。货物放入井式出料单元，由推料气缸将货物推送到传送带上。传送带单元用于传送货物，由交流电动机、带式传动机构、传感器检测单元、旋转编码器单元等组成。交流电动机由变频器控制，可进行调速控制。旋转编码器单元用于货物定位，由旋转编码器、同轴连接器等组成。当电动机转动时，旋转编码器通过同轴连接器与电动机保持同步，同时将电动机旋转的角位移转换成脉冲信号传送到 PLC 单元中。当货物在传送带上运行时，通过 PLC 的高速计数功能准确识别货物的移动距离，从而实现定位控制。传感器检测单元由电感传感器、电容传感器、色标传感器、安装支架、网孔板等部件组成。当货物进入检测区后，各检测元件分别检测货物的材质属性和颜色(蓝色和黄色)，并将其数据传送到 PLC 中，记录于 PLC 存储区中。

气动机械手用于完成货物的搬运，由升降机构、旋转机构、夹紧机构、安装支架等部件组成。当货物到达传送带的指定位置后，升降机构下降并夹紧货物，上升到位后旋转到平面仓储系统直线导轨运料单元上方，将货物放下，这就完成了货物分拣搬运过程。

(3) 平面仓储系统　平面仓储系统由平面仓库系统、直线导轨送料单元、步进电动机单元和气动单元组成，如图 5.4 所示。

货物在直线导轨送料单元的载货台上，直线导轨上总共有 10 个运动工位，分别为原点、接货区、仓位 1 区、2 区、3 区、4 区、5 区、6 区、7 区、8 区。

直线导轨送料单元上的载货台接到货物后，在步进电动机传送带的驱动下沿导轨运行，根据仓位已存储情况和从分拣系统传来的材质信息运行到相应仓位入口，气动单元操纵送料杆把货物推入仓库。

2. 系统工作过程和设计说明

整个系统由材料分拣系统和平面仓储系统两部分组成，其工作过程也分为两个。

1）材料分拣系统工作过程。按照货物的流向，材料分拣系统的工作过程如下：

货物出库──→传送货物──→货物定位──→检测货物──→搬运货物

货物由井式出料单元推送到传送带上，传送带在交流电动机的带动下运行，交流电动机由变频器控制。传送过程中系统进行材质检测，共有黄色铁块、黄色塑料块、蓝色铁块、蓝色塑

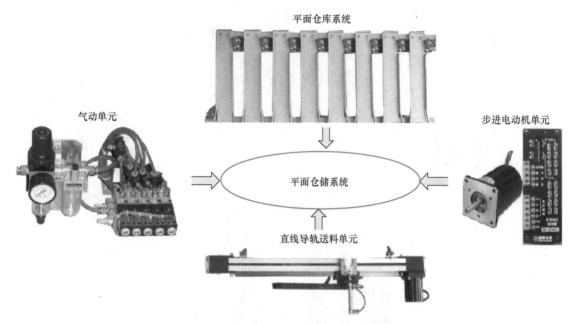

图5.4　平面仓储系统

料块四种货物，色标传感器检测颜色（黄色、蓝色）。当货物的颜色为黄色时，传感器有信号输出。电感传感器检测铁块，当货料的材质为铁时，电感传感器有信号输出，利用两者的组合就能判断货物的种类。系统将判断结果存储起来，当货物到达传送带的末端时，机械手夹起货物并旋转，将货物运送到平面仓储系统的直线导轨上。在这个过程中，货物陆续从出料单元被推出，在传送带上以一定的速度被传送、检测、搬运。

2）平面仓储系统工作过程。当系统复位时，直线导轨送料单元的载货台位于原点；当机械手旋转到位后，载货台位于接货区；对货物进行转载时，载货台携带货物在步进电动机的驱动下沿导轨运行，根据从材料分拣系统传来的有关货物的材质属性（金属的、塑料的）、颜色（蓝色、黄色）等货物的标识送入不同的仓位中。载货台根据仓位已存储情况定位到指定仓位，再由气动单元控制送料杆将货物推入仓库。

>> **知识准备2　松下VF0型变频器**

变频器是一种将固定频率的交流电变换为频率连续可调的交流电的电气设备。变频器是在控制行业广泛使用的装置。不同厂家生产的变频器的基本原理是相似的，使用时需严格按照相应用户手册进行设置。本任务使用容量为0.4kW、单相220V供电的松下VF0型小型通用变频器，可直接接收PLC的PWM或PTO信号，并可控制电动机频率。

变频器的主要技术参数如下。

1）电源电压：单相AC220～230V。

2）额定功率：0.4kW。

3）额定输出电压：三相AC200～230V。

4）输入频率：50/60Hz。

5）输出频率：0.5～250Hz。

1. VF0型变频器操作面板

松下VF0型变频器的面板和基本接线如图5.5所示，面板分布及操作面板上各按键名称如图5.6所示，显示部位及各按键功能见表5.1。各按键在不同模式下有不同的功能。

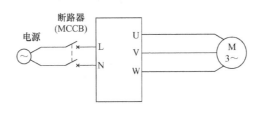

a) b)

图5.5 变频器面板和基本接线

a) 变频器面板 b) 基本接线

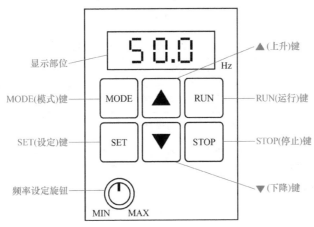

图5.6 VF0型变频器操作面板

表5.1 VF0型变频器操作面板显示部位及各按键功能说明

显示部位	显示输出频率、电流、线速度、异常内容、设定功能时的数据及其参数
RUN（运行）键	使变频器运行的键，使U、V、W端子连接的电动机根据控制要求转动
STOP（停止）键	使变频器运行停止的键
MODE（模式）键	切换"输出频率·电流显示""频率设定·监控""旋转方向设定""功能设定"等各种模式以及将数据显示切换为模式显示所用的键
SET（设定）键	切换模式和数据显示以及存储数据所用键。在"输出频率·电流显示"模式下进行频率显示和电流显示的切换
▲（上升）键	改变数据或输出频率以及利用操作面板使其正转运行时，用于设定正转方向
▼（下降）键	改变数据或输出频率以及利用操作面板使其反转运行时，用于设定反转方向
频率设定旋钮	用操作面板设定运行频率而使用的旋钮

2. 变频器外部端子

去掉变频器前部端子罩后，将看到变频器的端子排列，其端子结构如图5.7所示。其中，制动电阻器连接端子要连接随变频器配置的制动电阻器。

（1）主电路端子 变频器通过主电路端子与外部电源和电动机相连，主电路配线如图5.8所示，主电路端子功能说明见表5.2。

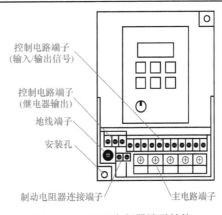

图5.7 VF0型变频器端子结构

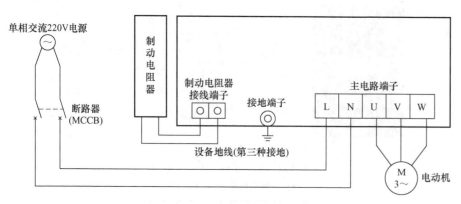

图 5.8　VF0 型变频器主电路配线

表 5.2　VF0 型变频器主电路端子功能说明

端子符号	端子名称	功能说明
L、N	单相 220V 交流电源输入端子	连接 220V 交流电源
U、V、W	变频器主电路输出端子	连接三相电动机
制动电阻器接线端子	制动电阻器接线端子	连接随变频器配置的制动电阻器

其中，主电路电源输入端子 L、N 经接触器或断路器与电源相连，接入市电单相 220V 交流电源。

（2）控制电路端子　为主电路提供控制信号的端子称为控制电路端子。变频器具有多种控制电路端子，不同变频器的控制电路端子有所不同。VF0 型变频器的控制电路端子有运行控制端子和控制端子，如图 5.9 所示。控制电路端子的功能设置和参数的选择相关联，参数见表 5.3。

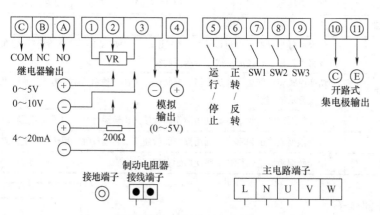

图 5.9　变频器控制电路端子

表 5.3　控制电路端子与关联参数

端子号	端子功能	关联参数	备　注
1	频率设定用电位器连接端子（+5V）	P09	
2	频率设定模拟信号的输入端子	P09	输入模拟电压、电流来设定频率，5V、10V，20mA 对应最大频率
3	①②④~⑨端输入信号的共用端子		

（续）

端子号	端子功能	关联参数	备 注
4	多功能模拟信号输出端子（0~5V）	P58，P59	
5	运行/停止、正转运行信号的输入端子	P08	
6	正转/反转、反转运行信号的输入端子	P08	
7	多功能控制信号 SW1 的输入端子	P19~P21	
8	多功能控制信号 SW2 的输入端子 PWM 控制的频率切换用输入端子	P19~P24	
9	多功能控制信号 SW3 的输入端子 PWM 控制时的 PWM 信号输入端子	P19~P24	
10	开路式集电极输出端子（C：集电极）	P25	
11	开路式集电极输出端子（E：发射极）	P25	
A	继电器触点输出端子（NO：出厂配置）	P26	
B	继电器触点输出端子(NC：出厂配置)	P26	
C	继电器触点输出端子(COM)	P26	

VF0 型变频器端子配线图如图 5.10 所示，⑤~⑨端子可以由外部开关控制或 PLC 的输出点控制。变频器内部提供回路电源，它的控制端子属于无源端子。

3. 变频器的参数

变频器的运行是和各种参数的设置相关的，VF0 型变频器共有 70 个参数，这里介绍几个常用参数，其他参数说明请参见 VF0 型变频器使用说明书。

（1）选择运行指令（参数 P08）可选择操作面板(面板操作) 或用外控操作的输入信号实现运行/停止和正转/反转，即可以用操作面板起动变频器 U、V、W 端子连接的三相电动机停止或运行、正转或反转，也可以在⑤、⑥端子连接外部控制开关起动、停止电动机和使电动机正转、反转。参数值为 0~5，参数设置见表 5.4。当设置 P08 = 2 时，将外部按钮的一端连接控制端子⑤，另一端连接公共端子③，按下按钮，内部电路接通，变频器主电路连接的电动机运行；松开按钮，电动机停止。

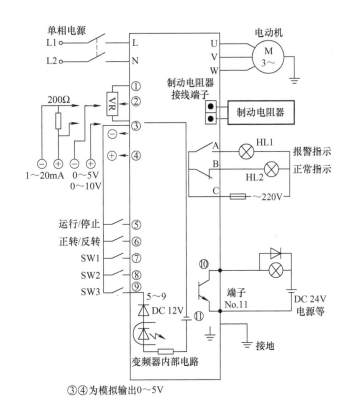

图 5.10 VF0 型变频器端子配线图

表 5.4　参数 P08 的设置

设定数据	面板/外控	操作面板复位功能	操作方法/控制端子连接图
0	面板	有	运行：RUN；停止：STOP；正转/反转：用 Dr 模式设定
1			正转运行：▲RUN；反转运行：▼RUN；停止：STOP
2	外控	无	3 — 共用端子 5 — ON：运行；OFF：停止 6 — ON：反转；OFF：正转
4		有	
3	外控	无	3 — 共用端子 5 — ON：正转运行；OFF：停止 6 — ON：反转运行；OFF：停止
5		有	

（2）频率设定信息（参数 P09）　参数 P09 可选用操作面板操作或用电位器端子的模拟输入信号进行设定。参数值为 0 ~ 5，参数设置见表 5.5。

表 5.5　参数 P09 的设置

设定数据	面板/外控	设定信号内容	操作方法
0	面板	电位器设定（操作面板）	频率设定钮　Max：最高频率（参照 P03、P15） Min：最低频率（或零位停止）
1		数字设定（操作面板）	用 MODE、▲、▼、SET 键，利用 Fr 模式进行设定
2	外控	电位器	端子①、②、③（将电位器的中心引线接到②端）
3		0 ~ 5V（电压信号）	端子②、③（②＋，③－）
4		0 ~ 10V（电压信号）	端子②、③（②＋，③－）
5		4 ~ 20mA（电流信号）	端子②、③（②＋，③－），在②、③之间连接 200Ω 电阻器

　　使用 4 ~ 20mA 信号时，在端子②、③之间必须接上 200Ω 电阻器。0 ~ 5V 电压值与电动机运行频率 0.5 ~ 250Hz 相对应。其他类同。

　　材料分拣系统实现货物出库和传送，运送货物的传送带由异步电动机驱动，而电动机通过变频器实现速度控制。当传送带上货物多时，电动机就运行快些；当传送带上货物少时，电动机就运行慢些。

4. VF0 型变频器的工作模式

VF0 型变频器有 4 种工作模式。

1）上电初始，进入"输出频率·电流显示"模式，显示屏显示当前运行频率或准备运行状态"000"，按下 SET 键，进入电流显示模式。

2）按 1 次 MODE 键，进入"频率设定·监控"模式，显示屏显示"Fr"。

3）按两次 MODE 键，进入"旋转方向设定"模式，显示屏显示"dr"，当参数 P08 = 0 时，面板上 RUN 为电动机运行命令，可以在 Dr 模式下按 SET 键设置正转或反转。显示 $\boxed{\text{L} - \text{F}}$，F 表示正转；显示 $\boxed{\text{L} - \text{R}}$，R 表示反转。L 表示面板操作。

4）按 3 次 MODE 键，进入"功能设定"模式，显示屏显示"P××"（各种参数），可以进行参数设置，本次任务中使 P08 = 0 或 1，P09 = 0 或 1。

5. 设定频率

参数 P09 用于变频器输出频率的设定，对于操作面板，有两种设定方法：电位器设定方式和数字设定方式。

（1）电位器设定方式（参数 P09 = 0，出厂时设定）　旋转操作面板上的频率设定旋钮进行设定，MIN 位置是停止（又称零位螺栓止动，在这个位置即使变频器处于运行状态，电动机也不运转），MAX 位置是最大设定频率。

（2）数字设定方式（参数 P09 = 1）　按下操作面板上的 MODE 键选择频率设定模式（Fr），按下 SET 键后显示当前频率，用▲（上升）键或▼（下降）键设定新的频率，按下 SET 键进行设定保存。

6. 正转/反转功能

（1）正转运行/反转运行方式（参数 P08 = 1）　按下操作面板上的▲（正转）键或▼（反转）键来选择旋转方向；按下 RUN 键，则开始运行；按下 STOP 键，则停止运行。

（2）运行/停止·旋转方向模式设定方式（参数 P08 = 0）　最初按两次 MODE 键使其变为旋转方向设定模式（dr 模式），用 SET 键显示旋转方向数据，用▲键或▼键改变旋转方向，用 SET 键进行确定。这时面板上 RUN 为运行命令，STOP 为停止命令（出厂时已设定为正转状态）。

▶▶ 任务实施

按照图 5.5b 接线，变频器 L、N 端接工频 220V 电源，U、V、W 端接三相异步电动机的三个端子，检查无误后接通电源。

利用变频器面板直接控制电动机。

1. 正转运行/停止、反转运行/停止(P08 = 0) 和旋钮频率设定(P09 = 0)

（1）参数设置（设置 P08 = 0，P09 = 0）　参数设置步骤见表 5.6。

表 5.6　参数设置步骤

步骤	操作	显示结果	解释	步骤	操作	显示结果	解释
1	电源 ON	[0 0 0]	变频器接通电源	4	按 SET 键	[0 2]	显示 P08 的数据
2	按 3 次 MODE 键	[P 0 1]	进入功能设定模式，初始显示参数 P01	5	按▲键或▼键	[0 0]	使数据为 0，P08 = 0
3	按 7 次▲键	[P 0 8]	参数为 P08	6	按 SET 键确定	[P 0 9]	确定 P08 = 0，顺序显示 P09

(续)

步骤	操作	显示结果	解释	步骤	操作	显示结果	解释
7	按 SET 键	0 1	显示 P09 的数据	11	按两次 MODE 键	0 d r	进入旋转方向设定模式
8	按▲键或▼键	0 0	使 P09 数据为 0	12	按 SET 键	L — F	L 表示面板控制，F 表示正转，按 ▲ 键变为 R，表示反转
9	按 SET 键确定	P 1 0	确定 P09 = 0，顺序显示 P10	13	按 SET 键	L — F	确定为正转
10	按3次 MODE 键	0 0 0	返回准备运行状态	14	按3次 MODE 键	0 0 0	返回准备运行状态

（2）正转运行/停止（RUN 运行，STOP 停止） 使电动机正转运行和停止的操作步骤见表5.7。

表5.7　正转运行和停止操作步骤

步骤	操作	显示结果	解　释
1	按 RUN 键	0 0 0	频率设定旋钮在 MIN，电动机并不运行
2	慢慢向右旋转	3 0. 0	电动机开始运行，频率显示不断变化，待显示30.0时，表示电动机运行频率为30Hz
3	按 STOP 键	0 0 0	电动机减速，约2.5s后停止

（3）反转运行/停止　使电动机反转运行和停止的操作步骤见表5.8。

表5.8　反转运行和停止操作步骤

步骤	操作	显示结果	解释	步骤	操作	显示结果	解释
1	按两次 MODE 键	0 d r	进入旋转方向设定模式	5	按 RUN 键	0 0 0	频率设定旋钮在 MIN，电动机并不运行
2	按 SET 键	L — F	L 表示面板控制，F 表示正转，按 ▲ 键变为 R，表示反转	6	慢慢向右旋转	3 0. 0	电动机开始反转运行，频率显示变化，待显示30.0时，表示电动机运行频率为30Hz
3	按▲键	L — R	设定为反转	7	按 STOP 键	0 0 0	电动机减速，约2.5s后停止
4	按 SET 键	0 0 0	确定为反转				

2. 正转运行/停止、反转运行/停止(P08 = 0) 和数字频率设定(P09 = 1)

（1）参数设定步骤(P08 = 0，P09 = 1)　使参数 P08 = 0，P09 = 1 的设置步骤见表5.9。

表 5.9　P08 = 0，P09 = 1 参数设置步骤

步骤	操作	显示结果	解释	步骤	操作	显示结果	解释
1	电源 ON	0 0 0	变频器接通电源	7	按 3 次 MODE 键	0 0 0	返回准备运行状态
2	按 3 次 MODE 键	P 0 1	进入功能设定模式，初始显示参数 P01	8	按 MODE 键	0 F r	进入数字频率设定模式
3	按 8 次 ▲键	P 0 9	参数为 P09	9	按 SET 键设置	0 0. 5	设定频率值
4	按 SET 键	0 0	显示 P09 的数据	10	按 ▲键或 ▼键	2 5. 0	使数据为 25Hz
5	按 ▲键	0 1	使 P09 数据为 1，为数字方式设定频率	11	按 SET 键	0 0 0	返回初始状态准备运行
6	按 SET 键确定	P 1 0	确定 P09 = 1，顺序显示 P10				

（2）正转运行 RUN/停止 STOP　操作步骤见表5.10。

表 5.10　正转运行 RUN/停止 STOP 操作步骤

步骤	操作	显示结果	解释	步骤	操作	显示结果	解释
1	按 RUN 键	2 5. 0	因为 P08 = 0，旋转方向模式 dr 为正转 F，电动机开始正转，2.5s 后达到 25Hz	2	按 STOP 键	0 0 0	2.5s 后电动机停止

（3）反转运行　根据表5.8中的步骤1、2、3、4改变旋转方向为反转，重复表5.10所列步骤，使电动机在设定频率下反转运行。

▶▶ 任务评价

　　为了更好地学习 PLC，组内成员协调完成工作，在强化知识的基础上建立工业现场系统设计的概念，设计完成后，由各组之间互评并由教师给予评定，其评定标准以 PLC 职业资格能力要求为依据，使学生初步建立工程概念。

1. 检查内容

1）检查变频器电路是否正确，熟悉变频器参数设置。

2）熟悉控制电路原理，列出 I/O 分配表。

3）检查线路安装是否合理及运行情况。

2. 评估策略

评估标准见表5.11。

表5.11　VF0型变频器面板操作评估标准

项　目	要　求	分　数	评分标准	得　分
系统电气原理图设计	变频器电气原理图绘制完整、规范，变频器连接正确	10	不完整、不规范，每处扣2分	
I/O分配表	准确完整，与原理图一致	10	不完整，每处扣2分	
变频器参数设置	参数设置正确，符合任务要求	20	不正确，每处扣5分	
电气线路安装和连接	线路安装简洁、正确，符合工艺要求	30	不规范，每处扣5分	
系统调试	系统设计达到任务要求，运行成功	30	第一次调试不合格，扣10分　第二次调试不合格，扣10分	
时间	60min，每超时5min扣5分，不得超过10min			
安全	检查完毕通电，人为短路扣20分			

任务2　传送带的变频器控制

▶▶ 学习目标

（1）熟悉PLC和变频器的电气控制原理和接线方法。

（2）掌握PLC控制变频器的编程方法和程序调试过程。

PLC控制变频器广泛应用于工业控制中，本任务以S7-200系列PLC控制松下VF0型变频器实现传送带的运转。

▶▶ 任务要求

图5.11所示的变频器-传送带系统利用PLC控制变频器的起动和停止。按下起动按钮，变频器驱动电动机带动传送带延迟2s后运行，先正转运行10s，然后反转运行10s，最后停止。

▶▶ 知识准备

由于S7-200系列PLC的输出点为源性，向外输出信号，如图5.12a所示。输出电压需24V，而VF0型变频器内部有电源，其控制端子需要无电压接点信号，如图5.12b所示，PLC输出端子不能和变频器控制端子直接相连，需用继电器进行转接。PLC输出端子接继电器KA1和KA2的线圈，变频器的⑤和⑥端子连接继电器常开触点。

▶▶ 任务实施

1. 输入/输出点分配及电气原理图设计

S7-200系列PLC的输入端子I0.0接外部开关，用于启动程序及变频器；Q0.0接变频器⑤端子，控制变频器使电动机起动或停止；Q0.1接变频器⑥端子，控制变频器使电动机正转或反转。

S7-200系列PLC控制变频器的I/O分配见表5.12，电气原理图如图5.13所示。当变频器的⑤和⑥端子外接的开关闭合时，执行相应的功能(其具体功能还是由 P08 和 P09 决定)。

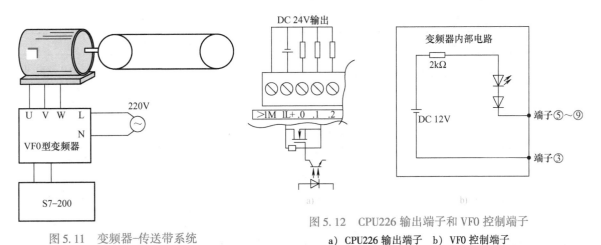

图 5.11　变频器–传送带系统

图 5.12　CPU226 输出端子和 VF0 控制端子

a) CPU226 输出端子　b) VF0 控制端子

表 5.12　I/O 分配

输　　　入		输　　　　出		
PLC 端子	注释	PLC 端子	变频器端子	注释
I0.0	系统起动按钮 SB	Q0.0	⑤	控制变频器起动
		Q0.1	⑥	控制变频器正/反转

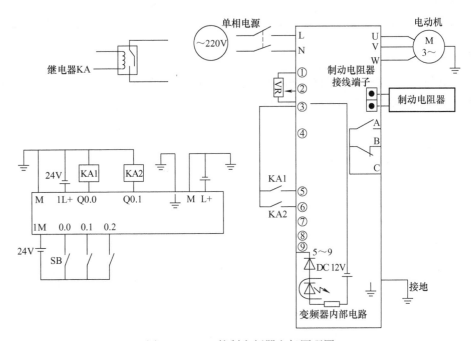

图 5.13　PLC 控制变频器电气原理图

2. 变频器参数设置

根据运行要求和端子连接，在运行前需设置变频器参数 P08，根据表 5.7 和表 5.8 设置运行指令参数 P08 = 2，变频器⑤端子用于控制电动机的运行(开关 ON)、停止(开关 OFF)；变频器⑥端子用于控制电动机正转(OFF)、反转(ON)。设置频率设定信息参数 P09 = 1，即用数字面板设定电动机运行频率，频率为 25Hz。

P08、P09 参数设定步骤见表 5.13。

表 5.13　P08 = 2、P09 = 1 的设定步骤

步骤	操作	显示结果	解释	步骤	操作	显示结果	解释
1	电源 ON	0 0 0	变频器接通电源	8	按▲键	0 1	使 P09 数据为 1，为数字方式设定频率
2	按 3 次 MODE 键	P 0 1	进入功能设定模式，初始显示参数"P01"	9	按 SET 键确定	P 1 0	确定 P09 = 1，顺序显示 P10
3	按 7 次▲键	P 0 8	参数为 P08	10	按 3 次 MODE 键	0 0 0	返回准备运行状态
4	按 SET 键	0 0	显示 P08 的数据	11	按 MODE 键	0 F r	进入数字频率设定模式
5	按▲键	0 2	使 P08 数据为 2，为外部端子控制模式	12	按 SET 键设置	0 0. 5	设定频率值
6	按 SET 键确定	P 0 9	确定 P08 = 2，顺序显示 P09	13	按▲键或▼键	2 5. 0	使数据为 25Hz
7	按 SET 键	0 0	显示 P09 的数据	14	按 SET 键确定	0 0 0	返回准备运行状态

3. 程序编写

确定计算机和 S7 - 200PLC（CPU226CNDC/DC/DC）、变频器与 PLC 已连接好，打开编程软件 STEP 7 - Micro/WIN，在程序编辑界面编写梯形图，如图 5.14 所示。

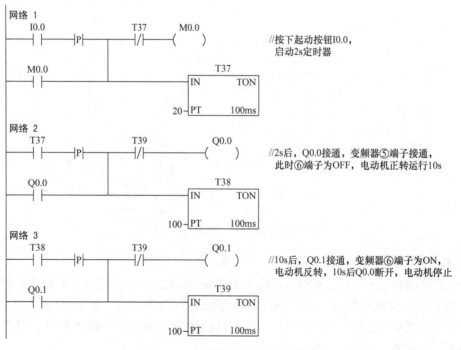

图 5.14　PLC 控制变频器梯形图

编译无误后下载运行，按下 I0.0 连接的外部按钮 SB，启动程序，起动电动机。观察电动机是否延时 2s 后正转，10s 后反转，然后停止。

4. 通信

用西门子提供的专用 PC/PPI 电缆将装好编程软件的 PC 和 PLC 相连，打开图 1.8 所示的 STEP7 - Micro/WIN 界面，单击图 1.69 所示的"指令树"中"通信"项目下的"通信"子项目，出现图 1.70 所示的通信界面，双击"双击刷新"图标，出现图 1.71 所示的界面，表示通信成功，可以进行编程设计。系统默认 PC 地址为 0，图 1.71 所示 PLC 地址为 2。若搜索不到，且检查连接线无松动时，可选择搜索所有波特率，再进行尝试。

5. 下载程序、系统运行

在硬件连线、软件编程正确完成后，对程序进行编译、下载，进行试运行，此时，传送带的变频器控制 PLC 控制系统设计完成，CPU 进入循环扫描状态，不断采集输入端子数据，等待执行程序。

1）连接好 PLC 输入/输出接线。

2）录入程序并下载到 PLC 中，使 PLC 进入运行状态。

3）使 PLC 进入梯形图监控状态。

① 设置好变频器参数，观察传送带的状态。

② 按下起动按钮，观察传送带运行的状态。

➤➤ 任务评价

为了更好地学习 PLC，组内成员协调完成工作，在强化知识的基础上建立工业现场系统设计的概念，设计完成后，各组之间互评并由教师给予评定，其评定标准以 PLC 职业资格能力要求为依据，使学生初步建立工程概念。

1. 检查内容

1）检查变频器电路是否正确，熟悉变频器参数设置。

2）熟悉控制电路原理，列出 I/O 分配表。

3）检查线路安装是否合理及运行情况。

2. 评估策略

评估标准见表 5.14。

表 5.14 传送带的变频器控制系统设计评估标准

项 目	要 求	分 数	评分标准	得 分
系统电气原理图设计	原理图绘制完整、规范，变频器连接正确	10	不完整、不规范，每处扣 2 分	
I/O 分配表	准确完整，与原理图一致	10	不完整，每处扣 2 分	
程序设计	简洁易读，指令正确，符合任务要求	20	不正确，每处扣 5 分	
电气线路安装和连接	线路安装简洁、正确，符合工艺要求	30	不规范，每处扣 5 分	
系统调试	系统设计达到任务要求，运行成功	30	第一次调试不合格，扣 10 分 第二次调试不合格，扣 10 分	
时间	60min，每超时 5min 扣 5 分，不得超过 10min			
安全	检查完毕通电，人为短路扣 20 分			

任务3 货物分拣控制

>> 学习目标

（1）了解常用开关型传感器的工作原理。

（2）熟悉 PLC 和传感器的电气控制原理和接线方法。

（3）熟悉 PLC 与变频器的连接与控制方法。

（4）掌握 PLC 采集传感器信号的编程方法和程序调试过程。

传感器在 PLC 系统中应用非常广泛，且类型较多，本任务主要介绍开关型传感器。在材料分拣与平面仓储系统中，涉及的传感器根据功能的不同可分为电感式接近传感器、电容式接近传感器、色标传感器、光电传感器、行程开关、电磁传感器等。电感式接近传感器、电容式接近传感器及色标传感器属于传送带单元，电感式传感器用于检测货物是否为金属铁材质，电容式接近传感器用于检测货物是否为塑料材质或铁质，色标传感器用于检测货物的颜色。在料井中有漫反射式光电传感器，用于检测料井中是否有货物，传送带末端有对射式光电传感器，用于检测货物是否到位。

>> 任务要求

按下 PLC 起动按钮，变频器驱动传送带运行，传送带运载货物（有黄色铁块、黄色塑料块、蓝色铁块、蓝色塑料块四种货物）经过传感器检测范围，经传感器检测后，对每种货物用不同的指示灯指示出来，以进行货物分类。

>> 知识准备1 常用传感器介绍

传感器是工业自动化控制中采集外部信息的门户，在工业控制中占有十分重要的地位。

1. 传感器分类

传感器种类很多，按照输出信号性质的不同，可分为开关型（二值型）传感器、数字型传感器和模拟型传感器。

（1）开关型传感器 开关型传感器的二值就是"1"和"0"或开（ON）和关（OFF）。这种"1"和"0"数字信号可直接传送到微机进行处理，使用十分方便。

（2）数字型传感器 数字型传感器有计数型传感器和代码型传感器两大类。其中，计数型传感器又称为脉冲数字型传感器，它可以是任何一种脉冲发生器，所发出的脉冲数与输入量成正比，加上计数器就可对输入量进行计数，如可用来检测通过传送带上的产品个数，也可用来检测执行机构的位移量，如增量式光电码盘和检测光栅。脉冲输出端可接到 PLC 输入端作为高速脉冲进行计数。

代码型传感器即绝对值式编码器，它输出的信号是一组二进制数字代码，每一代码相当于一个一定的输入量之值。代码中的"1"表示高电平，"0"表示低电平，高、低电平可用光电元器件或机械式接触元器件输出。代码型传感器通常被用来检测执行元器件的位置或速度，如绝对值式光电编码器、接触型编码器等。

（3）模拟型传感器 模拟型传感器的输出是与输入物理量变化相对应的连续变化的电量。输入与输出可以是线性关系也可以是非线性关系。当与 S7 - 200 系列 PLC 相连时，必须使用模拟模块，如 EM231、EM235。在材料分拣与平面仓储系统中主要使用开关型传感器和数字型传感器，关于传感器的详细信息可参阅传感器专业书籍。

在本任务中使用的传感器有开关型的电感式接近传感器、电容式接近传感器、色标传感器、光电传感器和舌簧开关。

接近传感器是一种具有感知物体接近能力的器件。它利用传感器对所接近物体的感知能力达到识别物体接近并输出开关信号的目的，因此，通常又把接近传感器称为接近开关。

2. 电感式接近传感器

电感式接近传感器利用电磁感应的原理制成，其外形和原理图如图 5.15 所示。它主要由线圈、铁心和衔铁三部分组成，在铁心和衔铁之间留有空气隙 δ。被测物与衔铁相连，当被测物移动时，通过衔铁引起空气隙变化，改变磁路的磁阻，使线圈电感量变化。电感量的变化通过测量电路转换为电压、电流或频率的变化，从而实现对被测物位移的检测。

电感式接近传感器也称为电感式接近开关。它属于一种有开关量输出的位置传感器，是利用涡流感知物体接近，由 LC 高频振荡电路、整形检波电路、信号处理电路及输出电路组成，如图 5.16

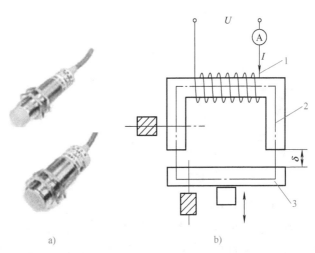

图 5.15　电感式接近传感器外形和原理图

a）外形　b）原理图

1—线圈　2—铁心　3—衔铁

所示。感知元件为检测线圈，它是振荡电路的一个组成部分，在检测线圈的工作面上存在一个交变磁场，金属物体在接近这个能产生电磁场的振荡感应线圈时，就会产生涡流而吸收振荡能量，使振荡减弱直至停振。振荡与停振这两种状态被后级放大电路处理并转换成开关信号，使开关通或断，由此识别出有无金属物体接近，达到非接触式检测的目的。这种接近开关所能检测的物体只能是金属物体。

开关型传感器的输出方式有三线式 NPN 或 PNP、两线式 NPN 或 PNP。本任务使用三线式 NPN 电感式接近传感器，其符号和接线端子如图 5.17 所示。

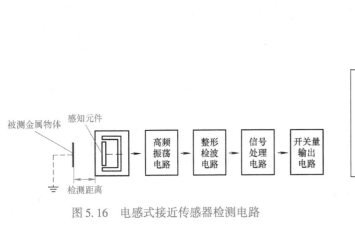

图 5.16　电感式接近传感器检测电路

图 5.17　NPN 电感式接近传感器符号和接线端子

a）符号　b）接线端子

传感器上有指示灯，当有铁性物质进入感知范围内时，指示灯亮，输出端输出开关信号，就像开关闭合一样，使用时其输出端接到 PLC 的输入端子。

3. 电容式接近传感器

电容式接近传感器的基本组成与电感式接近传感器相似，不同之处是其检测组件由一个以检测端和接地端为两极的静电电容器和高频振荡器组成。其实物如图5.18所示，基本工作原理如图5.19所示。

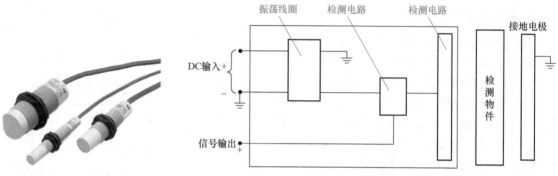

图 5.18 电容式接近传感器实物   图 5.19 电容式接近传感器工作原理

通常，检测电极与接地电极之间存在一定的电容量，当检测对象接近检测电极时，将受检测电极上电压的影响而产生极化现象，检测对象越接近检测电极，检测电极上的电荷增加越多，由于检测电极的电容量和电荷成正比，故检测电极的电容量也随之增加，从而使振荡电路的振荡减弱，甚至停止振荡。振荡电路的振荡与停振这两个状态的变化被检测电路转换为开关信号输出。

电容式接近传感器能检测金属物体，也能检测非金属物体，对金属物体可以获得最大的动作距离，对非金属物体的动作距离取决于材料的介电常数，材料的介电常数越大，动作距离越大。

电容式接近传感器上有指示灯，使用时应根据检测材料调整传感器至合适高度，同样高度的情况下，对铁质等金属物体反应会快些，而对塑料等非金属物体会慢些，但总会有输出，只要指示灯亮就说明能检测到，它只能检测是否有物体，不能分辨类别。电容式接近传感器的输出形式分为 NPN 和 PNP 型，其符号和接线端子与电感式接近传感器相同。

4. 色标传感器

色标传感器是一种广泛应用于工业自动控制系统中，用来辨别颜色、检测色标的仪器。它是通过检测色标对光束的反射或吸收量与周围材料的不同而实现功能的。不同颜色的物体对相同颜色的入射光具有不同的反射率。色标传感器发出调制光，接收被检测物体的反射光，并根据接收光信号的强弱来区分不同物体的色谱、颜色，或判别物体的存在与否。色标传感器实际是一种反向装置，光源垂直于目标物体安装，而接收装置与物体成锐角方向安装，它只检测来自目标物体的散射光。

色标传感器的工作原理如图5.20所示：光源 L 发出调制脉冲光，光电接收元件 G 接收物体的反射光信号，并转换为电信号，然后经检波放大、滤波放大、比较放大、驱动输出高低电平(开关)信号。

传感器输出形式分为 NPN 三线、PNP 三线。系统选用欧姆龙公司的 E3S VS14E 型色标

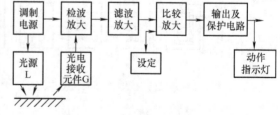

图 5.20 色标传感器工作原理

传感器(NPN 输出)，其表面有灵敏度旋钮。根据传感器特性参数，在相同光源下，黄色物体的

反射率最高。为了使传感器能分辨黄色和蓝色物体，调整其灵敏度旋钮，使其检测黄色物体时输出指示灯亮，蓝色时输出指示灯不亮。色标传感器实物如图5.21所示。

5. 光电传感器

光电传感器的使用十分广泛，它利用光敏元件对光线有无的敏感特性发出信号，可分为模拟式光电传感器和开关式光电传感器。模拟式光电传感器的输出量为连续变化的光电流。开关式光电传感器的输出信号对应于是否受到光照这两种状态，即输出特性是变化的开关信号。工业控制中常采用开关式光电传感器，它一般由发射探头、接收探头和检测电路组成，把发射端和接收端之间光的强弱变化转换为电流的变化，以达到探测的目的，也称为光电开关。本任务选用光电开关控制PLC输入点，其实物如图5.22所示。

图5.21　色标传感器实物

可视性良好
高亮度光点光
约φ2mm

图5.22　光电开关实物

光电开关检测原理：发射器发出的光束投射在物体上，被物体阻断或部分反射(发射的光源一般来源于半导体光源、发光二极管等，多数光电开关选用的是波长接近可见光的红外线光波)；接收器根据接收的光线强度作出判断及反应（接收器由光电二极管或光电晶体管及其后续检测电路组成）。接收到光线时，光电开关有输出，被称为"亮通"；当光线被阻断或低于一定数值时，光电开关也有输出，被称为"暗通"。光电开关动作的光强值由许多因素决定，包括目标的反射能力及光电开关的灵敏度。所有光电开关都采用调制光，以便有效消除环境光的影响。其原理图如图5.23所示。

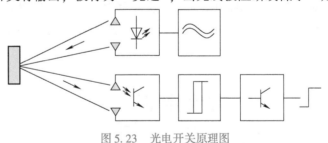

图5.23　光电开关原理图

光电开关的分类如图5.24所示。

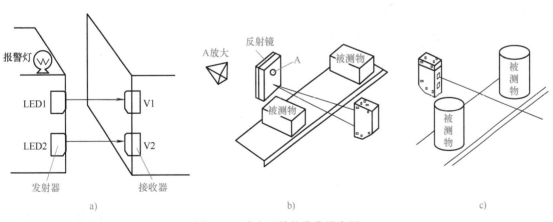

报警灯

LED1　　V1

LED2　　V2

发射器　　　　接收器

a)

A放大

反射镜

A

被测物

被测物

b)

被测物

被测物

c)

图5.24　光电开关的分类及应用

a) 对射式　b) 回归反射式　c) 漫反射式

（1）对射式光电开关　它包含了在结构上相互分离且光轴相对放置的发射器和接收器。发射器发出的光线直接进入接收器，当被检测物体经过发射器和接收器之间且阻断光线时，光电开关就产生开关信号。当检测物体为不透明时，对射式光电开关是最可靠的检测装置。

（2）回归反射（镜反射）式光电开关　把发射器和接收器装入同一个装置内，在它的前方装一块反光板，利用反射原理完成光电控制，称为回归反射式（或反射镜反射式）光电开关。正常情况下，发射器发出的光被反光板反射，被接收器收到；一旦光路被检测物挡住，接收器接收不到光时，光电开关就动作，输出一个开关控制信号。

（3）漫反射式光电开关　它的检测头里装有一个发射器和一个接收器，但前方没有反光板。正常情况下，接收器收不到发射器发出的光；当被检测物通过时挡住光，并把部分光反射回来时，接收器就接收到光信号，输出一个开关控制信号。

光电开关的输出状态分常开和常闭。当无被检测物体时，常开型光电开关内部的输出晶体管截止，其所接负载不工作；当检测到物体时，晶体管导通，负载得电工作。

光电开关的输出形式分为 NPN 二线、NPN 三线、NPN 四线、PNP 二线、PNP 三线、PNP 四线，以及直流 NPN/PNP/常开/常闭多功能等几种常用的输出形式。

材料分拣系统的井式出料塔底部有欧姆龙 EY 420 型漫反射式光电传感器，用于检测是否有货，起动传送带。选用 SUNX 的 CX-23P 型对射式光电传感器作为传送带末端货物检测传感器，当货物到达时，传送带停止。它们均属于 NPN 输出型传感器。

6. 气缸用磁感应式接近开关

在系统的气动控制中，为了检测井式出料塔推料气缸的运行位置，并给 PLC 发出货物已经进入轨道的信号，采用了舌簧开关。它是一种磁感应式接近开关，安装时，将其固定在气缸外部，它可以穿过金属检测。当带有磁环的气缸活塞移动到一定位置时，舌簧开关进入磁场，两簧片被磁化而相互吸引，触点闭合，发出电信号，当活塞移开时，舌簧开关离开磁场，簧片失磁，触点自动脱开。舌簧开关在气缸上的安装位置和内部电路如图 5.25 所示。开关内部电路按正向接线，红端接电源正极，黑端接电源负极，开关吸合时，指示灯（发光二极管）点亮。

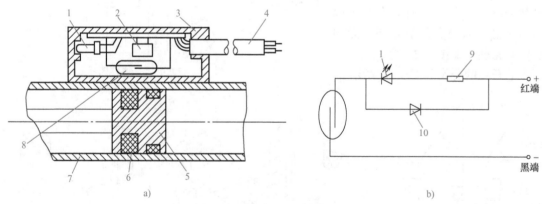

图 5.25　舌簧开关的安装位置和内部电路
a）安装位置　b）内部电路
1—动作指示灯　2—保护电路　3—开关外壳　4—导线　5—活塞
6—磁环（永久磁铁）　7—缸筒　8—舌簧开关　9—限流电阻器　10—续流二极管

磁性开关与 PLC 连接电路原理如图 5.26 所示。PLC 的公共端 1M 接电源正极，源型接法，舌簧开关黑端（负端）接电源负极，红端（正端）接 PLC 输入端子。当气缸活塞的磁环到达舌簧开关所在位置时，簧片闭合，PLC 输入点接通，内部寄存器置 1。若 S7-200 系列 PLC 的公共端

M 接电源负极，属漏型接法，则舌簧开关黑端接电源正极，红端接 PLC 输入端子。

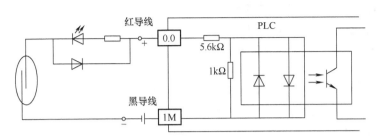

图 5.26　磁性开关与 PLC 连接电路原理

≫ 知识准备2　开关型传感器的输出形式及与PLC的连接方式

电感式、电容式、光电式及色标等开关类传感器的输出形式包括 NPN 和 PNP 的常开、常闭。当无检测物体时，常开型接近开关内部的输出晶体管截止，其所接负载不工作；当检测到物体时，内部电路使晶体管导通，负载得电工作。对三线式 NPN 传感器，其原理图如图 5.27a 所示，三根线分别为正、负电源和晶体管的集电极开路输出，接线图如图 5.27b 所示，负载接在电源正极和输出端之间，相当于集电极开路输出的上拉电阻器。PNP 传感器的输出原理图和接线图如图 5.28 所示，负载接在输出端和电源负极之间，相当于集电极开路的下拉电阻器。

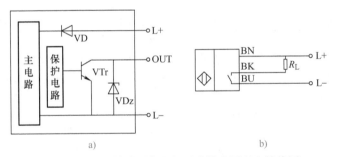

a)　　　　　　　　　　　　　b)

图 5.27　NPN 传感器集电极开路输出原理和接线图

a）原理图　b）接线图

VD—保护二极管　VDz—浪涌电流吸收二极管　VTr—PNP/NPN 输出晶体管

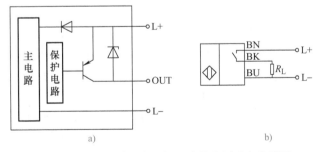

a)　　　　　　　　　　　　　b)

图 5.28　PNP 传感器集电极开路输出原理和接线图

a）原理图　b）接线图

在将传感器和 PLC 相连时，要考虑传感器的输出信号和 PLC 的输入类型。

不同 PLC 的输入接口电路不太相同，一般分为漏型和源型两种。S7 - 200 系列 PLC 的输入接口电路如图 5.29 所示，其内部光电耦合电路有两个方向相反的二极管。公共端 1M 接电源正极或负极均可。当公共端 1M 接 24V 电源负极时，则电流由外部输入元件流入 PLC 输入点，此接点内部的光电电耦合器导通，这种连接方式称为漏型输入，如图5.29a所示。当公共端1M接24V电源的正极时，则电流由PLC内部输入接点流至外部输入元件，此接点内部的光电耦合器导通，这种连接方式称为源型输入，如图5.29b所示。

当把NPN型接近传感器接入S7-200系列PLC时，5.6kΩ电阻器相当于NPN晶体管的上拉电阻器。所以这时公共端1M必须接VCC不能接GND，即PLC应为源型输入，当有物体接近时，电流流向为：VCC（1M）→光电耦合二极管→5.6kΩ电阻器→接近传感器NPN管ce→GND。NPN接近传感器和S7-200系列PLC的连接原理如图5.30所示。当使用的传感器是PNP输出形式时，S7-200系列PLC的输入公共端1M接电源负极，其连接电路如图5.31所示。

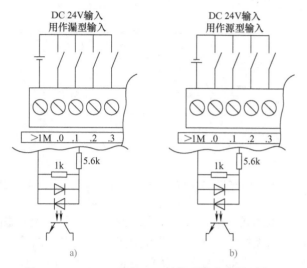

图5.29 S7-200系列PLC的漏型输入和源型输入
a）漏型输入 b）源型输入

系统所用的电感式传感器、电容式传感器和色标传感器均为24V、NPN输出形式。

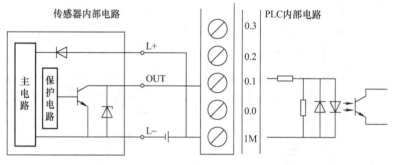

图5.30 NPN型传感器与S7-200系列PLC的连接电路

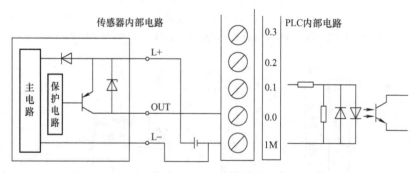

图5.31 PNP型传感器与S7-200系列PLC的连接电路

▶▶ **任务实施**

1. 任务分析

根据任务要求，系统需要对货物的颜色、材质进行检测。颜色检测用于区分黄色和蓝色，材质检测用于区分铁和塑料。调整色标传感器的旋钮，使其在检测到黄色时输出信号灯亮，检测到蓝色时输出信号灯不亮。电感式传感器在检测到铁质时有输出信号，检测到塑料时没有输出信号，利用两种传感器的组合进行分类。利用传送带传送货物，为了表征不同的货物，利用

PLC 的 4 个输出端口分别响应一种类型的货物。当货物随传送带运行经过检测区时，系统判断货物属性；当货物到达指定接货区后，PLC 不同的指示灯亮，表明不同的货物，蓝色铁质对应 Q0.2 亮、蓝色塑料对应 Q0.3 亮、黄色铁质对应 Q0.4 亮、黄色塑料对应 Q0.5 亮。当电感式传感器检测到货物时，电动机正转，用电容式传感器发出的信号控制电动机反转，用光电传感器控制电动机停止。

传感器作为 PLC 系统的输入设备，采集现场信号以控制 PLC。在进行设计之前，应先了解工业控制中使用的传感器的输出形式。

图 5.32　传感器外形及安装位置

2. 输入/输出点分配

传感器的外形及安装位置如图 5.32 所示，I/O 分配见表 5.15。

表 5.15　货物分拣 I/O 分配表

输　　入		输　　出		
PLC 端子	注　　释	PLC 端子	变频器接口	注　　释
I0.0	起动按钮 SB1	Q0.0	⑤	控制变频器起动继电器 KA1
I0.1	停止按钮 SB2	Q0.1	⑥	控制变频器正/反转继电器 KA2
I0.2	接电感式传感器信号端子	Q0.2		蓝色铁质
I0.3	接电容式传感器信号端子	Q0.3		蓝色塑料
I0.4	接光电色标传感器信号端子	Q0.4		黄色铁质
I0.5	传送带末端光电传感器	Q0.5		黄色塑料

3. 绘制电气原理图

电气原理图如图 5.33 所示。

4. 变频器参数设置

设置 P08 = 2，变频器⑤端子用于控制电动机的运行(ON)、停止(OFF)，连接 PLC 的 Q0.0；变频器⑥端子控制电动机正转运行(OFF)、反转运行(ON)，连接 PLC 的 Q0.1；参数 P09 = 1，进入"Fr"模式，运行频率设置为 20Hz。

5. 通信

用西门子提供的专用 PC/PPI 电缆将装好编程软件的 PC 和 PLC 相连，打开图 1.8 所示的 STEP7 - Micro/WIN 编程界面，单击图 1.69 所示"指令树"中"通信"项目下的"通信"子项目，弹出图 1.70 所示的通信界面，双击"双击刷新"图标，出现图 1.71 所示的界面，表示通信成功，可以进行编程设计。系统默认 PC 地址为 0，图 1.71 所示 PLC 地址为 2。若搜索不到，且检查连接线无松动时，可选择搜索所有波特率，再进行尝试。

6. 程序编写

提示：根据电感式传感器和色标传感器组合判断 4 类材料，梯形图程序如图 5.34 所示。

7. 下载程序、系统运行

按动起动按钮 SB1，变频器控制电动机起动，传送带运行，将材料放到传送带上，根据输出灯点亮情况判断材料材质，核对是否正确。

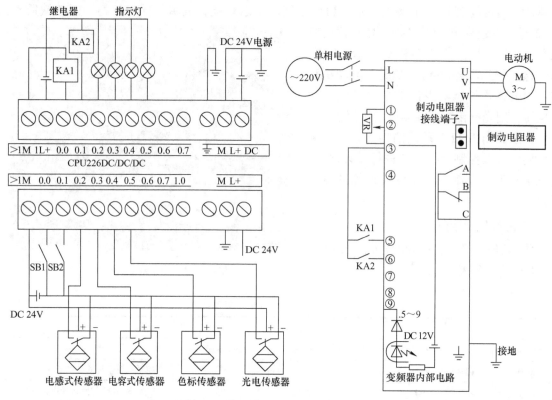

图 5.33　传感器与 PLC 连接电气原理图

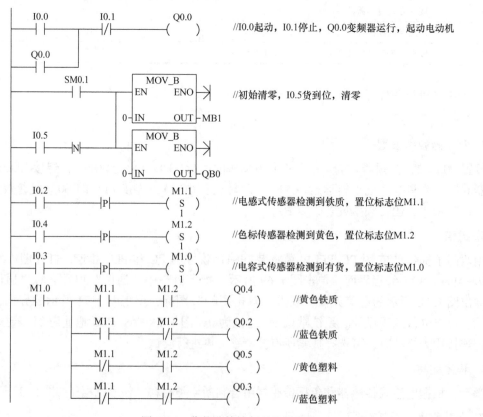

图 5.34　货物分拣控制系统梯形图

>> 任务评价

为了更好地学习PLC，组内成员协调完成工作，在强化知识的基础上建立工业现场系统设计的概念，设计完成后，各组之间互评并由教师给予评定，其评定标准以PLC职业资格能力要求为依据，使学生初步建立工程概念。

1. 检查内容

1）检查变频器控制电路是否正确，熟悉变频器参数设置。

2）熟悉传感器控制电路的连接，列出I/O分配表。

3）检查线路安装是否合理及运行情况。

2. 评估策略

评估标准见表5.16。

表5.16 货物分拣控制系统设计评估标准

项 目	要 求	分 数	评分标准	得 分
系统电气原理图设计	原理图绘制完整、规范	10	不完整、不规范，每处扣2分	
I/O分配表	准确完整，与原理图一致	10	不完整，每处扣2分	
程序设计	简洁易读，指令正确，符合任务要求	20	不正确，每处扣5分	
电气线路安装和连接	线路安装简洁、正确，符合工艺要求	30	不规范，每处扣5分	
系统调试	系统设计达到任务要求，分类正确	30	第一次分类错，扣10分 第二次分类错，扣10分	
时间	60min，每超时5min扣5分，不得超过10min			
安全	检查完毕通电，人为短路扣20分			

任务4 气动机械手控制

>> 学习目标

（1）熟悉S7-200系列PLC与电磁阀的线路连接。

（2）熟悉变频器与PLC的连接，熟悉变频器参数设置的过程。

（3）了解气路的连接、安装过程。

（4）进行机械手各气缸驱动的编程。

气压传动简称气动，是指以压缩空气为工作介质来传递动力和控制信号，从而控制和驱动各种机械和设备，以实现生产过程机械化、自动化。

在气压传动系统中，由气泵作为气压发生装置，将具有压力的空气通过电磁阀（控制元件）和气路送入相应的气缸（执行元件），从而驱动机械机构。在材料分拣系统中，气源出来的气体经过二联件处理后进入到汇流板，通过相应的电磁换向阀可进入各个气动执行元件，分别驱动井式出料气缸的推料动作、机械手升降气缸的上升下降运动、旋转气缸的回转动作、

气动平行手爪抓料和放料动作。整个气动系统的三个气缸全部采用出气节流调速；电磁阀采用三个二位五通阀和一个二位二通阀。选用集装式电磁换向阀，将所有电磁换向阀由汇流板集装在一起，如图 5.35a 所示，以减小占用空间。

气缸

a)   b)

图 5.35　汇流板和井式出料塔
a）汇流板　b）井式出料塔

▶▶ 任务要求

在井式出料塔中放入货物，塔中的传感器检测到货物，则驱动出料塔气缸将货物推到传送带上，同时通过 PLC 起动变频器带动电动机和传送带运行，货物随传送带移动，当到达传送带末端时，由货物到位光电传感器检测到货物，机械手夹持货物，送到平面仓储系统的载货台上，机械手移动顺序为：机械手下降——→气动平行手爪夹持货物——→机械手上升——→旋转——→下降——→松开货物——→机械手复位，等待下一个货物。

▶▶ 知识准备1　实验台气动系统介绍

本系统中的气动单元有三个。

1. 井式出料塔

如图 5.35b 所示，井式出料塔的功能部件是出料气缸，其功能是将料井中的货物推到传送带上。在气缸上有舌簧磁感应接近开关，以检测气缸活塞杆是否推到位，若到位，则系统发出信号给 PLC 进行下一个动作。

2. 气动机械手

如图 5.36a 所示，气动机械手的功能是将传送带上的货物放到平面仓储系统的载货台上。它包括升降气缸、旋转气缸、气动平行手爪（简称气动手爪）。气动手爪抓取传送带上的货物，升降气缸将手爪提升，旋转气缸旋转180°，气动手爪到达平面仓储系统载货台上方，升降气缸下降，气动手爪松开货物，使其落在载货台上。

机械手的气动平行手爪是气动手指气缸，能实现各种抓取功能，是现代气动机械手的关键部件。气动手指气缸如图 5.36b 所示，气动手指通过两个活塞工作。每个活塞由一个滚轮和一个双曲柄与气动手指相连，形成一个特殊的驱动单元。这样，气动手指总是轴向对心移动，每个手指是不能单独移动的。

3. 直线导轨送料单元

如图 5.37 所示，直线导轨送料单元属于平面仓储系统，其功能部件为推料手。载货台接到货物，根据程序设置由步进电动机驱动，移动到相应仓库入口，气缸驱动推料手把货物推入仓库。载货台通过带式传动由步进电动机驱动其在滑动轨道上移动。

气动系统控制原理图如图 5.38 所示。电磁阀都采用二位五通电磁阀，受 PLC 控制。电磁阀不通电时，气缸处于原位；电磁阀通电时，气路通，气缸动作。

各个气缸的动作由相应的电磁阀控制，电磁阀的线圈作为输出设备连接在 PLC 的输出点，PLC 根据程序控制电磁阀的接通和断开，从而控制气缸动作，完成工件的运送和存储。

本任务只介绍 PLC 对电磁阀的控制。

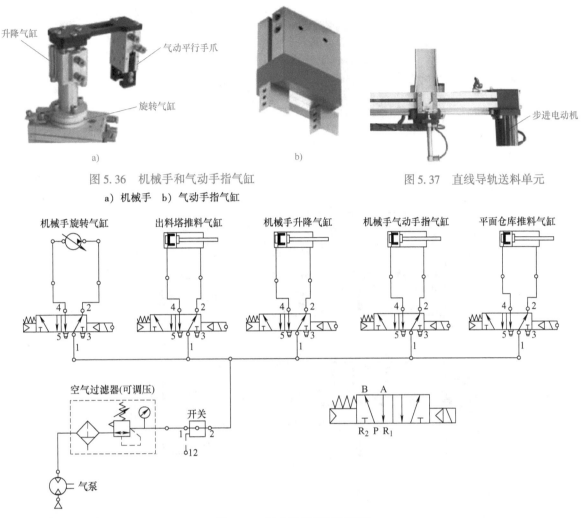

图 5.36 机械手和气动手指气缸
a) 机械手 b) 气动手指气缸

图 5.37 直线导轨送料单元

图 5.38 气动系统控制原理图

知识准备2 电磁阀介绍

1. 电磁阀的内部结构和工作原理

在气动回路中, 电磁阀的作用是控制气流通道的通、断或改变压缩空气的流动方向。它主要由电磁部件和阀体组成。电磁部件由固定铁心、动铁心及线圈等部件组成; 阀体部分由滑阀芯、滑阀套及弹簧底座等组成。当电磁线圈通电时, 静铁心对动铁心产生电磁吸力使阀芯切换, 以改变气流方向。

电磁阀的分类有很多种, 从电气控制方面来说, 有单线圈电磁阀和双线圈电磁阀。前者有一个电磁线圈, 称为单电控, 和单作用气动执行元件连接, 单电控电磁阀的初始位置是固定的, 只能控制一个方向; 后者有两个电磁线圈, 称为双电控, 和双作用气动执行元件连接。本任务采用五个常开型单电控二位五通电磁换向阀来控制气缸单方向运动, 实现气缸的伸出、缩回运动, 型号为 SANWO SVK 0120, 0.15 ~ 0.5MPa。其实物和符号如图 5.39 所示, 其断电和通电原理如图 5.40 所示。

P 口是输入口, 连接气源, A、B 口表示阀与执行元件气缸连接的气口, R1、R2 为排气口, 可安装消声器。当电磁阀线圈未通电时, 复位弹簧使阀芯处于左侧位, 电磁阀 P-B 进气、A-R1排气, 控制气缸活塞上移, 如图 5.41 所示, 此时电磁阀状态为常态位。当线圈通电时, 线圈产

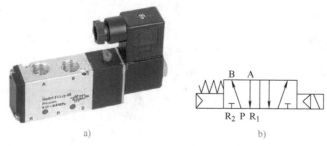

图5.39 单电控二位五通电磁换向阀实物及符号

a）实物 b）符号

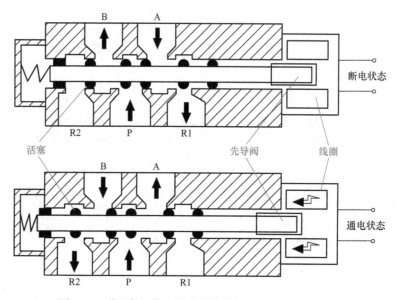

图5.40 单电控二位五通电磁换向阀的断电和通电原理

生磁场，静、动铁心吸合，使阀芯移动处于右侧位，P-A进气，B-R2排气，气体进入气缸上腔，推动活塞下移。

2. 电磁阀的"位"与"通"的含义

"通"和"位"是换向阀的重要概念。不同的"通"和"位"构成了不同类型的换向阀。通常所说的"二位阀""三位阀"是指换向阀的阀芯有两个或三个不同的工作位置，在图形符号上即是方框的个数，对于电磁阀来说是带电或失电，对于所控制的阀来说就是打开或关闭。电磁阀阀芯在线圈电磁力的驱动下滑动，阀芯在不同的位置时，电磁阀的通路不同。阀芯的工作位置有几个，

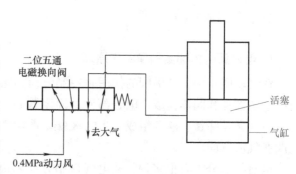

图5.41 二位五通电磁换向阀控制气缸原理

该电磁阀就称为几位电磁阀。所谓"三通阀""四通阀"是指换向阀的阀体上有三个、四个各不相通且可与系统中不同油(气)管相连的接口，不同油(气)道之间只能通过阀芯移位时阀口的开关来连通。有几个通路口，该电磁阀就称为几通电磁阀。阀芯未受到操纵力时所处的位置称为常态位。三位阀图形符号中的中位是三位阀的常态位。利用弹簧复位的二位阀则以靠近弹簧的方框内的通路状态为其常态位。常通型是指阀的控制口未加控制信号（即零位）时，P口和A口相通；反之，常断型阀在零位时，P口和A口是断开的。

3. S7-200 系列 PLC 驱动电磁阀的方法

电磁阀作为 PLC 控制中的输出设备，其连接方式和 PLC 输出接口有关。

PLC 的输出接口电路有晶体管型和继电器型，如图 5.42 所示。电磁阀的控制线圈对 PLC 来说属于感性负载，感性负载具有储能作用。当控制触点断开时，感性负载会产生电弧高于电源电压数倍甚至数十倍的反电动势；当控制触点闭合时，会因触点的抖动而产生电弧，它们都会对系统产生干扰。PLC 输出端接有感性元件时，就要考虑接入相应的保护电路。直流感性负载（如 24V 直流电磁阀）两端应并联续流二极管或 RC 浪涌吸收电路，如图 5.43 所示；交流感性负载（如 220V 交流电磁阀）两端应并联 RC 浪涌吸收电路，如图 5.44 所示，以抑止电路断开时产生的电弧对 PLC 的影响，保护 PLC 输出电路。电阻可以取 51 ~ 120Ω，电容可以取 0.1 ~ 0.47μF，电容器的额定电压应大于电源峰值电压。续流二极管可以选 1A 的二极管，其额定电压应大于电源电压的 3 倍。

如果 PLC 输出端控制的负载电流超过最大限额而动作又频繁时，可先外接继电器，然后由继电器驱动负载。图 5.45 所示为通过继电器转接的输出电路。在图 5.13 所示的 PLC 控制 VF0 型变频器的电气原理图中，由于变频器输入点需要无电压接点，也是通过继电器由输出点转接的。

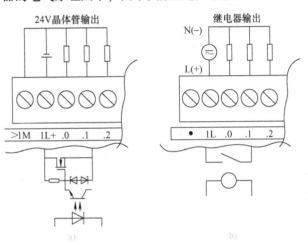

图 5.42　PLC 输出接口电路

a）晶体管型　b）继电器型

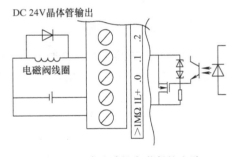

图 5.43　直流感性负载保护电路

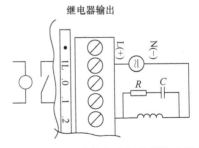

图 5.44　交流感性负载阻容保护电路

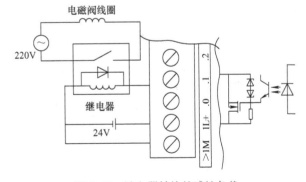

图 5.45　继电器转接的感性负载

>> **任务实施**

1. 气路设计

本任务采用了 5 个 24V 直流单线圈二位五通电磁换向阀分别控制井式出料塔气缸、机械手旋转气缸、机械手升降气缸、气动手爪和入库载货台的推料手。由于 PLC 采用的是 CPU226 DC/

DC/DC，输出电路为24V直流电源，对电磁阀线圈采用并联续流二极管保护电路，以PLC控制电磁阀驱动气动手爪气缸为例，电气电路、气路的控制与连接如图5.46所示，系统气动控制原理图如图5.38所示。根据原理图连接气路，并将总气路管线连接至气泵。

气动手爪是一种变形气缸，它可以用来抓取物体，实现机械手的各种动作。在自动化系统中，气动手爪常应用在搬运、传送工件机构中抓取、释放物体。气动手爪的电磁阀由PLC的输出触点Q0.1控制，当Q0.1有输出信号时，电磁阀动作，气体进入气动手指气缸，使手爪向内动作抓取货物。

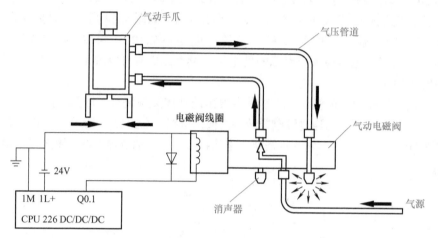

图5.46　气动手爪的电气电路、气路控制

2. 输入/输出点分配

根据表5.17绘制电气原理图，如图5.47所示，根据原理图将各个设备连接，将电磁阀的接线端子分别接至PLC的输出点和电源地端。设备结构分布如图5.48所示。根据机械手的工作过程设置机械手电磁阀动作顺序表，见表5.18。

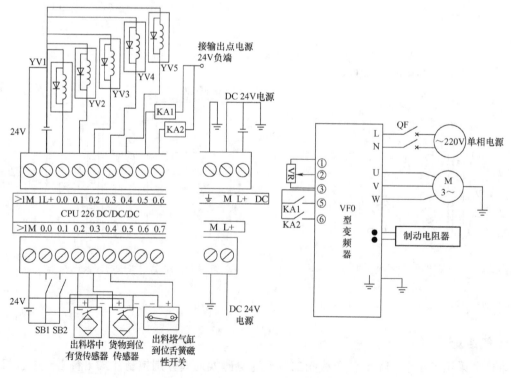

图5.47　PLC气动控制电气原理图

表 5.17　PLC 控制电磁阀 I/O 分配表

输　入		输　出	
SB1 起动按钮	I0.0	井式出料塔气缸电磁阀 YV1	Q0.0
SB2 停止按钮	I0.1	机械手气动手爪电磁阀 YV2	Q0.1
出料塔中有货传感器	I0.2	升降气缸电磁阀 YV3	Q0.2
传送带末端货物到位光电传感器	I0.3	旋转气缸电磁阀 YV4	Q0.3
		载货台入库气缸电磁阀 YV5	Q0.4
出料塔气缸到位舌簧磁性开关	I0.4	变频器运行/停止继电器 KA1	Q0.5
		变频器正转/反转继电器 KA2	Q0.6

图 5.48　PLC 气动控制设备结构分布

3. 变频器参数设置

设置 P08 = 3，端子功能参考表 5.4，变频器⑤端子用于控制电动机正转运行(ON)、正转停止(OFF)；变频器⑥端子控制电动机反转运行行(ON)、反转停止(OFF)；参数 P09 = 1，运行频率设置为 20Hz。

表 5.18　机械手电磁阀动作顺序

电磁阀	下降	抓取	上升	旋转	下降	放置	复位
YV1 (Q0.0)							
YV2 (Q0.1) 气动手爪	−	+	+	+	+	−	−
YV3 (Q0.2) 升降气缸	+	+	−	−	−	+	+
YV4 (Q0.3) 旋转气缸	−	−	−	+	+	+	−

注：" + "表示电磁阀得电，" − "表示电磁阀失电。

4. 通信

用西门子提供的专用 PC/PPI 电缆将装好编程软件的 PC 和 PLC 相连，打开图 1.8 所示的 STEP7 – Micro/WIN 编程界面，单击图 1.69 所示"指令树"中"通信"项目下的"通信"子项目，弹出图 1.70 所示的通信界面，双击"双击刷新"图标，出现图 1.71 所示的界面，表示通信成功，可以进行编程设计。系统默认 PC 地址为 0，图 1.71 所示 PLC 地址为 2。若搜索不到，且检查连接线无松动时，可选择搜索所有波特率，再进行尝试。

5. 程序编写

程序提示：初始时，各个继电器位处于复位状态，当出料塔底检测到货物，延时 1s 驱动推料气缸将货物推到传送带上，变频器运行，传送带带动货物到末端，由货到位光电传感器检测货物到位，用顺序控制指令驱动机械手气缸一系列动作，将货物移到下一站。梯形图如图 5.49 所示。

用到的内部寄存器位如下：

M20.0——机械手搬运起动标志位。

M20.1——机械手搬运完成标志位。

M20.2——传送带上有货标志位。

VB1000——材料分拣系统(从站) 发送给平面仓储系统(主站) 的搬运完毕标志。

VB200——本站货物计数。

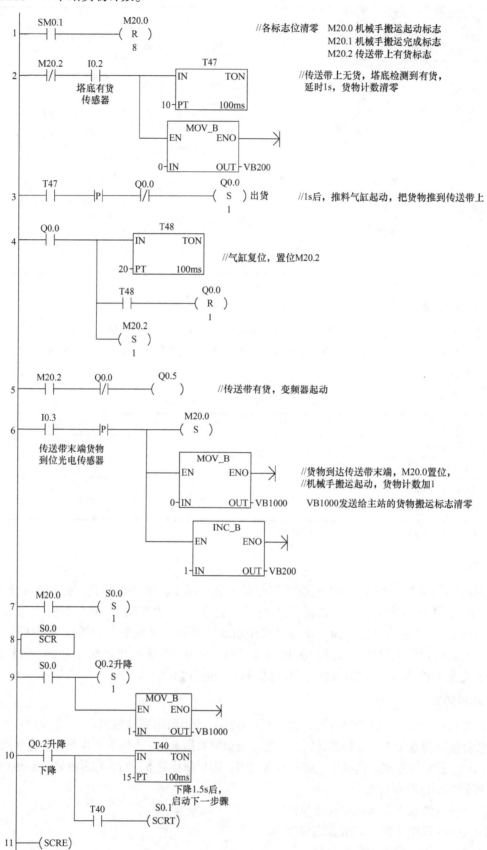

图 5.49 PLC 控制气缸运行梯形图

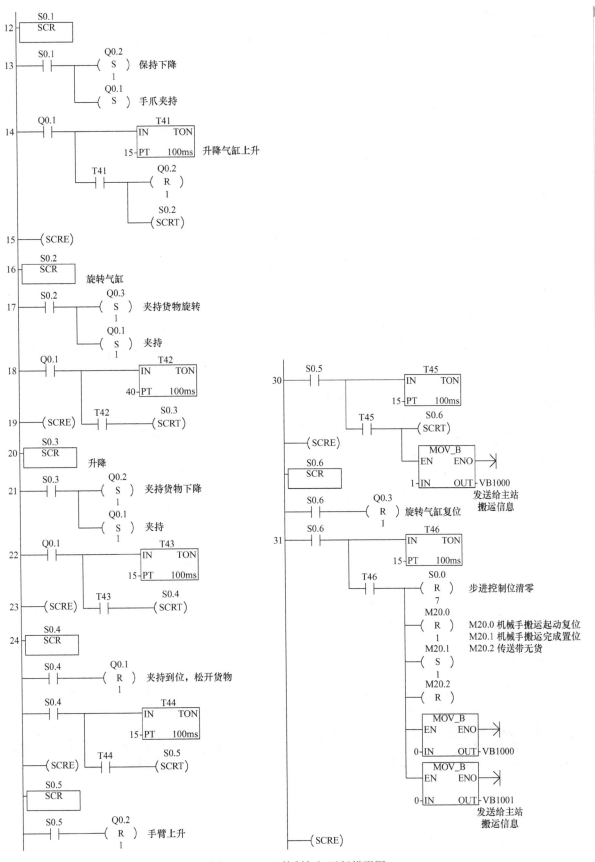

图 5.49   PLC 控制气缸运行梯形图

6. 系统运行

电路连接好，确定无误，将气路连接好，气泵接通电源，输入空气，有气压后开启电源，在井式出料塔中放入货物，查看系统运行情况。

➤➤ 任务评价

为了更好地学习 PLC，组内成员协调完成工作，在强化知识的基础上建立工业现场系统设计的概念，设计完成后，各组之间互评并由教师给予评定，其评定标准以 PLC 职业资格能力要求为依据，使学生初步建立工程概念。

1. 检查内容

1）检查变频器电路是否正确，熟悉变频器参数设置。

2）熟悉电磁阀控制线路的连接，列出 I/O 分配表。

3）检查线路安装是否合理及运行情况。

2. 评估策略

评估标准见表 5.19。

表 5.19　气动机械手控制系统设计评估标准

项　　目	要　　求	分　数	评分标准	得　分
系统电气原理图设计、气路设计	原理图绘制完整、规范	10	不完整、不规范，每处扣 2 分	
I/O 分配表	准确完整，与原理图一致	10	不完整，每处扣 2 分	
程序设计	简洁易读，指令正确，符合任务要求	20	不正确，每处扣 5 分	
电气线路和气路安装和连接	线路安装简洁、正确，符合工艺要求	30	不规范，每处扣 5 分	
系统调试	系统设计达到任务要求，调试成功	30	第一次调试不合格，扣 10 分 第二次调试不合格，扣 10 分	
时间	60min，每超时 5min 扣 5 分，不得超过 10min			
安全	检查完毕通电，人为短路扣 20 分			

➤➤ 拓展训练

训练　按下 SB1 起动系统，同时起动变频器，当出料塔中有货，变频器停止，货物送到传送带上，变频器重新起动。推料气缸的到位开关用于控制推料气缸电磁阀的通、断电。

任务5　PLC 通信控制

➤➤ 学习目标

（1）熟悉 S7 - 200 系列 PLC 之间通信线路的连接。

（2）熟悉 PLC 通信参数的设置过程。

本系统分为两个单元：材料分拣和平面仓储，分别由两个 CPU226CNDC/DC/DC 进行控制。

CPU226CN 有两个通信端口：PORT0 和 PORT1。它们可以和计算机，其他 PLC 主、从站或自动控制智能设备进行通信。

≫任务要求

材料分拣中的传感器在进行检测时，做出分类标志：蓝色铁质标志、蓝色塑料标志、黄色铁质标志、黄色塑料标志和机械手搬运完成标志。将这些标志传递给平面仓储系统，作为起动步进电动机、载货和分配货物入库的依据。

将材料分拣系统设为 4#从站，平面仓储系统设为 3#主站，在 4#从站中置数据区 VB1000 = 1（模拟传送货物完毕的信号），VB1001 = 1、2（模拟货物类别入 1、2 号库），在 3#主站中采集从站的 VB1000 和 VB1001 数据，放在主站的 VB1007 和 VB1008 中，根据数据使主站的 Q0.1（模拟入库开始）和 Q0.2（模拟入库结束）指示灯亮，并置标志 VB1017 = 1（模拟入库完毕，等待接货），传送给 4#从站 VB1010。

≫知识准备 网络通信指令

西门子 S7 - 200 系列 PLC 之间或者 PLC 与 PC 之间的通信有很多种方式：自由口方式、点对点接口（Point to Point Interface，PPI）方式、多点接口（Multi-Point Interface，MPI）方式和过程现场总线（Profibus）方式。PPI 协议是专门为 S7 - 200 系列 PLC 开发的通信协议。S7 - 200 系列 PLC 的通信口（PORT0、PORT1）支持 PPI 通信协议，S7 - 200 系列 PLC 之间的 PPI 网络通信只需要两条简单的指令，它们分别是网络读（NetR）和网络写（NetW）指令。

在网络读写通信中，只有主站需要调用 NetR/NetW 指令，从站只需编程处理数据缓冲区（取用或准备数据）。PPI 网络上的所有通信站点有各自不同的网络地址，否则通信不能正常进行。

可以用两种方法编程实现 PPI 网络读写通信：

1）使用 NetR/NetW 指令编程实现。

2）使用 Micro/WIN 中 Instruction Wizard（指令向导）中的 NETR/NETW 向导。

本任务采用 NetR/NetW 网络读写指令。网络读写指令编程大致有如下几个步骤：

1）规划本地和远程通信站的数据缓冲区。

2）写控制字 SMB30（或 SMB130）将通信口设置为 PPI 主站。

3）装入远程站（通信对象）地址。

4）装入远程站相应的数据缓冲区（无论是要读入的或者是要写出的）地址。

5）装入数据字节数。

6）执行网络读写（NetR/NetW）指令。

1. 指令格式

网络读 NetR 指令和网络写 NerW 指令格式如图 5.50 所示。NetR 通过 PLC 的 PORT 口（PORT 参数指定 0 或 1）从其他 PLC 中指定地址（TBL 参数指定）的数据区读取最多 16B 信息存入本 CPU 指定地址的数据区。NerW 通过 PLC 的 PORT 口（PORT 参数指定 0 或 1）将本 CPU 指定地址的数据区向其他 PLC 中指定地址（TBL 参数指定）的数据区写入最多 16B 信息。默认情况下，CPU 工作在 PPI 从站模式，用程序通过特殊寄存器 SMB30 定义 PORT0、特殊寄存器 SMB130 定义 PORT1 为主站模式，就可以应用网络读写指令对另一台 S7 - 200 系列 PLC 进

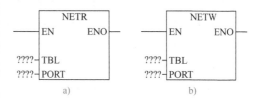

图 5.50 网络读写指令格式

a）网络读指令 b）网络写指令

TBL—发送缓冲区和接收缓冲区首地址

PORT—串行通信 D（0 或 1）

行读写操作了。

网络读写指令只在 PPI 主站进行编程，读写前需进行发送缓冲区和接收缓冲区初始化。指令中 TBL 参数定义的发送/接收缓冲区格式如图 5.51 所示。

图 5.51　发送/接收缓冲区数据格式

2. PPI 通信主站定义

S7-200 系列 PLC 使用特殊寄存器字节 SMB30（对 PORT0，端口 0）和 SMB130（对 PORT1，端口 1）定义通信端口。寄存器各控制位定义如下：

SMB30/SMB130:　$\boxed{p\ p\ d\ b\ b\ b\ m\ m}$　7 ～ 0

控制字节的最低两位 mm 用来决定相应通信口的工作模式。其中，

①mm = 00：PPI 从站模式（默认设置为从站模式）。

②mm = 01：自由口模式。

③mm = 10：PPI 主站模式。

只要向 SMB30 或 SMB130 写入数值 2（二进制 10），就可以将通信口 0 或 1 设置为 PPI 主站模式。

例 5.1　设有 1 台 CPU226 为 3#主站，1 台 CPU224 为 4#从站，主站的 I0.0 用于起动从站连接的电动机丫-△减压起动控制电路，I0.1 用于停止电动机运行。从站的起动按钮 I0.0 用于起动主站的红、绿、黄 3 盏灯，3 盏灯间隔 1s 依次点亮并循环，I0.1 用于停止 3 盏灯工作。请进行电气原理图设计和网络通信编程。

1）发送缓冲区设置。主站以 VB110 为首地址作为发送缓冲区。主站控制从站的数据存储在主站的 VB117 中，I0.0 起动后影响本站的 V117.0、V117.1、V117.2，执行网络写指令后，V117 的数据传送给从站的 MB11，再由从站的 Q0.0、Q0.1、Q0.2 输出。需要进行主站发送缓冲区初始化，其数据分配如图 5.52a 所示。

2）接收缓冲区设置。主站以 VB100 为首地址作为接收缓冲区。从站控制主站的数据存储在从站的 MB10 中，从站的 I0.0 起动后影响从站的 M10.0、M10.1、M10.2，主站执行网络读指令后，传送到主站的 VB107 中，再由主站的 Q0.0、Q0.1、Q0.2 输出。需要进行主站接收缓冲区初始化，其数据分配如图 5.52b 所示。

3）电气原理图。将两台 PLC 的 PORT0 口用通信电缆相连，作为主站的 CPU226 输出端连接 3 盏灯，从站的输出端接控制电动机的接触器，连接电源和起动、停止按钮。电气原理图如图 5.53 所示，从站电动机主电路如图 5.54 所示。

4）通信设置。主站 PLC 与 PC 通信成功后，在 STEP7 Micro/WIN 编程界面（图 5.60）单击"系统块"的"通信端口"命令，打开如图 5.61 所示 CPU 通信端口对话框，将其 PPI 网络中的端口 0 的 PLC 地址设为"3"，波特率选择"9.6kbps"，单击"确

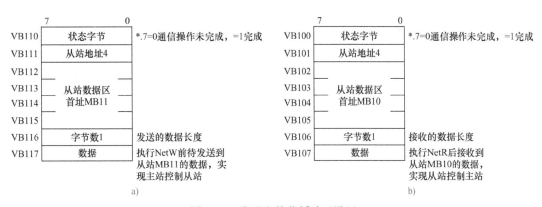

图 5.52   发送和接收缓冲区设置

a）发送缓冲区   b）接收缓冲区

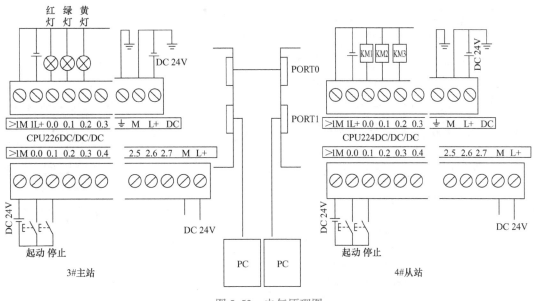

图 5.53   电气原理图

认"按钮。下载系统块到 PLC。

从站 PLC 与 PC 通信成功后，在 STEP7 Micro/WIN 编程界面中"系统块"的通信端口对话框中，将 PPI 网络中端口 0 的 PLC 地址设为"4"，波特率选择"9.6kbps"，单击"确认"按钮。下载系统块到 PLC。

5）编程。分别对主站 PLC 和从站 PLC 进行编程、下载，并进入运行操作。主站梯形图如图 5.55 所示，从站梯形图如图 5.56 所示。

6）执行。按下主站的起动按钮 I0.0，则从站的 Q0.0、Q0.1 接通，使从站电动机主电路接触器 KM1、KM2 接通，电动机定子绕组接成丫起动，3s 后 KM2 断开，KM3 接通，电动机定子绕组接成△运行。按下停止按钮 I0.1，3 个接触器均断开，电动机停止。按下从站的起动按钮 I0.0，主站的 Q0.0、Q0.1、Q0.2 连接的灯依次亮灭并循环，按下停止按钮 I0.1，主站的 3 盏灯灭。

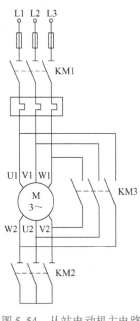

图 5.54   从站电动机主电路

```
SM0.1      MOV_B
├─┤├──────┤EN   ENO├──╲   //定义本PLC为主站,
                          波特率为9600bit/s
        16#0A┤IN   OUT├─SMB30

           MOV_B
          ┤EN   ENO├──╲   //从站地址4放入发送
                          缓冲区的VB101
            4┤IN   OUT├─VB101

           MOV_DW
          ┤EN   ENO├──╲   //主站到从站以MB10为首
                          地址的数据区读取信息
        &MB10┤IN   OUT├─VD102

           MOV_B
          ┤EN   ENO├──╲   //读取的信息为1B,并放
                          入本站的VB107中
         16#1┤IN   OUT├─VB106

SM0.0      NETR
├─┤├──────┤EN   ENO├──╲   //以发送缓冲区VB100的数
                          据设置执行网络读指令,
       VB100┤TBL            把4#从站通过PORT0读取
           0┤PORT           的信息放在VB107中

SM0.0      NETW
├─┤├──────┤EN   ENO├──╲   //根据接收缓冲区VB110的
                          数据设置执行网络写指令,
       VB110┤TBL            把VB117的数据经PORT0
           0┤PORT           传递给4#从站的MB11

SM0.1      MOV_B
├─┤├──────┤EN   ENO├──╲   //设置发送缓冲区VB110的
                          数据,接收主站信息的从站
            4┤IN   OUT├─VB111  地址为4,放入VB111

           MOV_DW
          ┤EN   ENO├──╲   //从站接收数据的地址
                          为MB11
        &MB11┤IN   OUT├─VD112

           MOV_B
          ┤EN   ENO├──╲   //发送给从站的信息为1B,
                          待发送数据预置在VB117中
            1┤IN   OUT├─VB116

V107.0     Q0.0
├─┤├───────( )          //接收从站的MB10数据在
V107.1     Q0.1           执行网络读指令后存储到
├─┤├───────( )           主站的VB107中,其状态
V107.2     Q0.2           影响Q0.0、Q0.1、Q0.2,
├─┤├───────( )           实现从站控制主站

I0.0            V117.0
├─┤├──┤P├──────( S )    //主站的I0.0起动,使V117.0、
                   2      V117.1、V117.2状态变化,形
V117.0     T37            成网络待发送信息,执行网络
├─┤├──────┤IN   TON├      写指令后,传递给从站的MB11,
                          再由从站的Q0.0、Q0.1、Q0.2
          30┤PT  100ms├   输出,实现主站控制从站的电
                          动机丫-△起动

T37             V117.1
├─┤├──┤P├──────( R )
                   1
                 V117.2
                ( S )
                   1

I0.1            V117.0
├─┤├──┤P├──────( R )    //I0.1停止从站电动机运行
                   3
```

```
I0.0     I0.1     M0.0
├─┤├─────┤/├──────( )   //按下从站起动按钮I0.0,以M0.0
M0.0                      为辅助触点自锁,且使程序向下
├─┤├─                    执行,按下停止按钮I0.1,M0.0
                          断开,后续程序停止执行

M0.0   T39   T37   M10.0
├─┤├──┤/├──┤/├──────( )  //每隔1s,使从站发送给主
                          站的数据M10.0、M10.1、
                   IN   TON    M10.2依次变化
                  ┤       ├
                10┤PT  100ms├  //等待主站读取MB10的
                                数据

T37    T38   M10.1
├─┤├──┤/├──────( )
                  T38
                 IN   TON
                ┤       ├
              10┤PT  100ms├

T38    T39   M10.2
├─┤├──┤/├──────( )
                  T39
                 IN   TON
                ┤       ├
              10┤PT  100ms├

M11.0    Q0.0
├─┤├─────( )           //主站的VB117的数据
M11.1    Q0.1           经网络传递到从站的
├─┤├─────( )           MB11,由Q0.0、Q0.1、
M11.2    Q0.2           Q0.2输出,控制主电路
├─┤├─────( )           电动机
```

图 5.55　3#主站梯形图程序　　　　　　图 5.56　4#从站梯形图程序

▶▶ 任务实施

　　在进行通信系统设计前,应熟悉通信指令及通信缓冲区的设置方法,首先进行软件编程和电气原理图设计,然后进行 PLC、输入/输出设备的电路连接,在检查电路正确的情况下,从计算机下载编辑的梯形图到 PLC 并运行。

1. 准备元器件

CPU226CNDC/DC/DC（晶体管型），VF0 型变频器(0.4kW)、三相交流电动机、继电器、BLJ18A 型电感式传感器、电容式传感器、连接线、色标传感器、光电传感器、机械手、推料气缸及电磁阀。

2. 线路连接及地址设置

用双绞线将两个 PLC 的 PORT0 口相连，实现 PLC 之间的通信，其中，PORT1 口用 PPI 电缆分别与装有 STEP7 - Micro/WIN 编程软件的计算机相连，以实现编程和监控。连接图如图 5.57 所示。

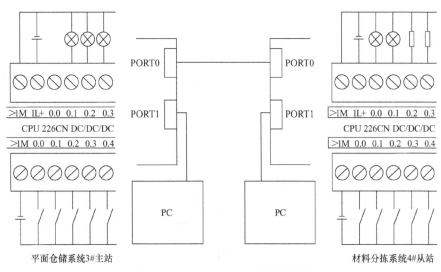

图 5.57　两个 S7 - 200 的通信连接

（1）地址设置　采用网络读写指令进行两个 PLC 的通信。

为了通信，将平面仓储系统设为 3#主站，材料分拣系统设为 4#从站，在主站中进行网络编程。

按照图 5.57 连接好两台 PLC 和计算机。在两个本地编程计算机上分别在项目通信栏双击"通信"命令，在图 5.58 中双击"双击刷新"图标，测试能否实现本地通信。若测试成功，则显示图 5.59 所示的本地 CPU 型号、站号和 PPI 通信波特率。编程机地址为 0，PLC 地址为 2。

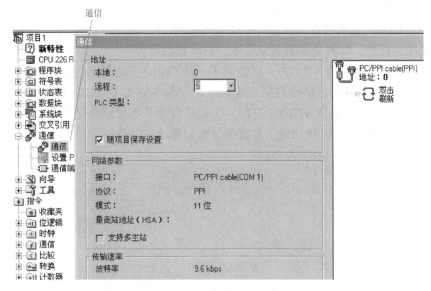

图 5.58　本地 PLC 通信

在平面仓储系统连接的计算机的STEP7 Micro/WIN编程界面里，如图5.60所示，单击"系统块"下的"通信端口"命令，打开如图5.61所示的CPU通信端口对话框，将PPI网络中端口0的PLC地址设置为3，波特率设置为"9.6kbps"，单击"确认"按钮。

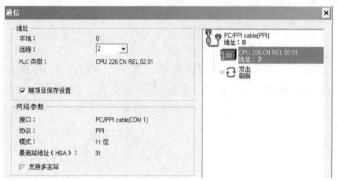

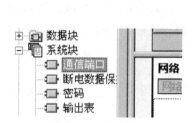

图5.59　本地PLC通信成功　　　　　　　　　　图5.60　系统块的通信端口

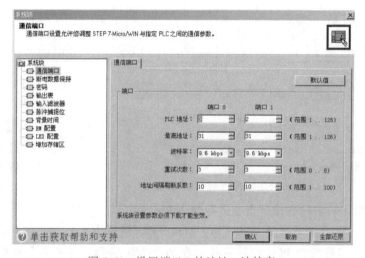

图5.61　设置端口0的地址、波特率

然后把设置好的系统块下载到CPU中。在材料分拣系统中同样打开图5.61所示界面，将其端口0的PLC地址设为4，单击"确认"按钮，下载系统块。

（2）平面仓储系统通信缓冲区设置　平面仓储系统为主站，需使用NetR/NetW网络通信指令对其进行缓冲区设置，材料分拣系统为从站，只设置数据区。

主站接收缓冲区首地址为VB1000，初始清零，要通信的从站地址4放在VB1001中，从从站的以VB1000为首址的数据区获得数据，从站地址放在主站的VB1002中，传送字节数据长度放在VB1006中，真正的数据从VB1007开始。主站接收缓冲区数据分配如图5.62所示。

主站发送缓冲区首地址为VB1010，其数据分配如图5.63所示。

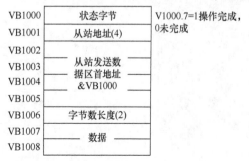

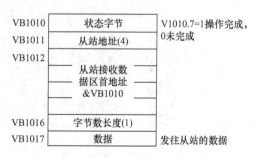

图5.62　主站接收缓冲区数据分配　　　　　　　图5.63　主站发送缓冲区数据分配

3. 程序编写

设计程序时，要先对接收缓冲区和发送缓冲区进行初始化。

1）主站平面仓储系统通信梯形图程序如图5.64所示。

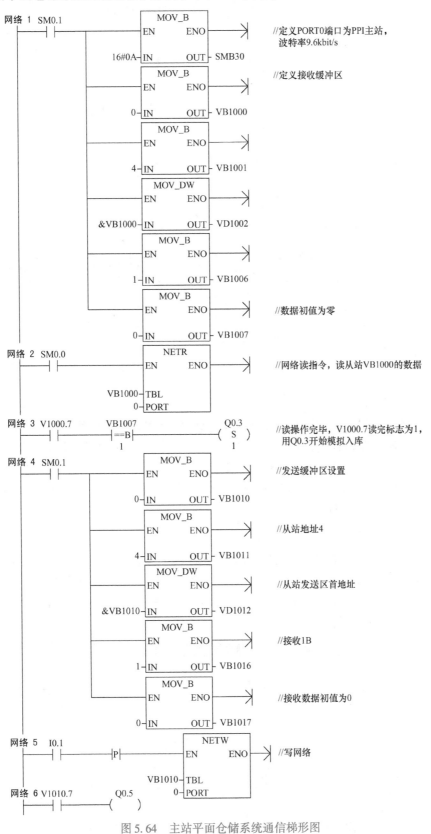

图5.64　主站平面仓储系统通信梯形图

2）从站材料分拣系统通信梯形图程序如图5.65所示。

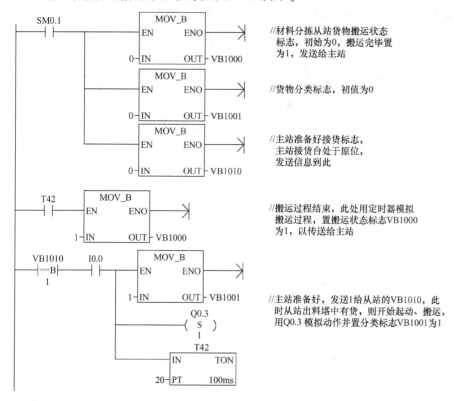

图5.65　从站材料分拣系统通信梯形图

4. 通信

用西门子提供的专用PC/PPI电缆将装好编程软件的PC和PLC相连，打开图1.8所示的STEP7－Micro/WIN编程界面，单击图1.69所示"指令树"中"通信"项目下的"通信"子项目，弹出图1.70所示的通信界面，双击"双击刷新"图标，出现图1.71所示的界面，表示通信成功，可以进行编程设计。系统默认PC地址为0，图1.71所示PLC地址为2。若搜索不到，且检查连接线无松动时，可选择搜索所有波特率，再进行尝试。

5. 下载程序、系统运行

将两个PLC的编程线和网络线分别连接好，程序编译通过后下载并运行，在状态表中输入要监测的寄存器。图5.66所示为平面仓储系统(3#主站) 状态表监测初始值，图5.67是材料分拣系统(4#从站) 状态表监测初始值。按下起动开关，运行程序，执行网络读写指令后的寄存器数据如图5.68和图5.69所示。

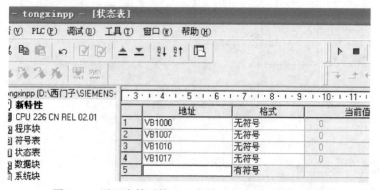

图5.66　平面仓储系统（3#主站）状态表监测初始值

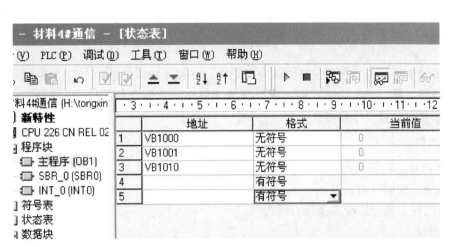

图 5.67　材料分拣系统（4#从站）状态表监测初始值

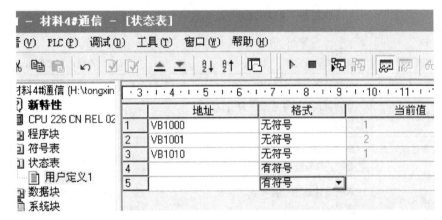

图 5.68　材料分拣系统（4#从站）运行后状态表监测值

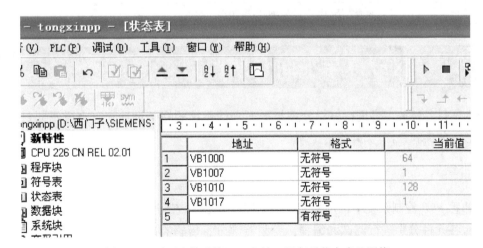

图 5.69　平面仓储系统（3#主站）运行后状态表监测值

在图 5.67 中，VB1000 是材料分拣系统(4#从站）发送给平面仓储系统(3#主站）的货物搬运完毕标志。VB1001 是材料分拣传感器检测后的货物分类标志，作为平面仓储系统入库的依据。VB1010 是从主站发送来的接货台准备好标志。

在图 5.69 中，VB1000 和 VB1010 是 NetR 和 NetW 执行的状态字节，VB1007 是接收从站的VB1000 信息，VB1017 是要发给从站的 VB1010 的信息。

任务评价

为了更好地学习PLC，组内成员协调完成工作，在强化知识的基础上建立工业现场系统设计的概念，设计完成后，各组之间互评并由教师给予评定，其评定标准以PLC职业资格能力要求为依据，使学生初步建立工程概念。

1. 检查内容

1）检查PLC之间的线路连接是否正确，熟悉通信参数设置。

2）熟悉通信存储区域设置。

3）检查线路安装是否合理及运行情况。

2. 评估策略

评估标准见表5.20。

表5.20　PLC通信控制系统设计评估标准

项　　目	要　　求	分　数	评分标准	得　　分
系统电气原理图设计	原理图绘制完整、规范	10	不完整、不规范，每处扣2分	
I/O分配表、通信区分配	准确完整、通信区分配正确	10	不完整，每处扣2分	
程序设计	简洁易读，指令正确，符合题目要求	20	不正确，每处扣5分	
电气线路安装和连接、通信参数设置	线路安装简洁、正确，符合工艺要求，参数设置正确	30	不规范，每处扣5分	
系统调试	系统设计达到任务要求，信息传递正确	30	第一次调试不合格，扣10分　第二次调试不合格，扣10分	
时间	60min，每超时5min扣5分，不得超过10min			
安全	检查完毕后通电，人为短路扣20分			

任务6　材料分拣与平面仓储控制

结合本项目各任务内容进行材料分拣与平面仓储系统的完整设计，以完成不同材质和颜色货物的传送、分类和存储。

学习目标

（1）熟悉PLC控制系统中常用外部设备的接线方法及控制过程。

（2）对各元件分别进行调试和编程：变频器部分、传感器部分、气动控制部分、两个PLC的通信部分、步进电动机运行部分，确保子过程能够顺利实现。

任务要求

分拣系统（从站）的传送带运送井式出料塔中的货物，在运送过程中由传感器进行分类，记录类别标志，当货物到达传送带末端，气动机械手将货物搬运仓储系统（主站）的载货台，并根据通信得到的分类标志将货物运送到不同的仓库。货物入库后，载货台返回原位准备下次载货。货物入库过程中气动机械手不抓取货物。

➤➤ 任务实施

1. 任务分析

平面仓储系统的载货台如图5.70所示，在各个库的入口处移动是由步进电动机经带式驱动实现的，步进电动机由步进电动机驱动器驱动，通过同步轮和同步带带动滑动溜板沿直线导轨做往复运动，从而带动固定在滑动溜板上的载货台做往复直线运动。载货台在原位接到货物后，根据材料分拣系统传递的分

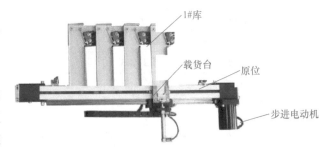

图5.70　平面仓储系统的载货台

类信息确定货物的入库编号。在进行本系统调试时，先给步进电动机1000个脉冲，测量载货台移动的距离，然后测量出每个仓库入口与原位的距离，换算出从原位到各仓库入口所需要的脉冲数，每次到达仓库入口，将货物推入库道后，以相同的脉冲数返回原位，等待下一次载货，确保每次都从原位出发。系统选用SH-20403型驱动器和52BYG250C型步进电动机。

对系统的子过程部分分别进行编程调试，检测其运行情况，确保电气运行的正确性，发现问题可以有针对性地解决。

在子过程调试成功的基础上，各部分进行有机结合，把各子过程统一为一个有机整体，从而实现系统的控制要求。

2. 准备元器件

认真学习本项目任务2～任务4的内容，熟悉变频器、传感器、电磁阀的电气连接方法和两台PLC的通信方法，进行输入/输出接点分配，并绘制电气原理图。

系统用到的输入设备有材料分拣系统的起动按钮SB1、停止按钮SB2、电感式传感器、电容式传感器、色标传感器、井式出料塔有货传感器、出料塔气缸活塞到位舌簧开关、传送带末端的货物到位开关、平面仓储系统载货台的原位开关。

系统输出设备有变频器及三相异步电动机、五个电磁阀、步进电动机及其驱动器。

3. 输入/输出点分配

I/O点分配见表5.21。

表5.21　材料分拣与平面仓储系统控制I/O分配表

材料分拣系统(4#从站)				
输　入			输　出	
起动按钮SB1	I0.0		井式出料塔气缸电磁阀YV1	Q0.0
停止按钮SB2	I0.1		气动手爪电磁阀YV2	Q0.1
电感式传感器	I0.5	分辨铁质	机械手升降气缸电磁阀YV3	Q0.2
电容式传感器	I0.6	分辨塑料	旋转气缸电磁阀YV4	Q0.3
色标传感器	I0.7	分辨蓝色和黄色	变频器控制端子⑤	Q0.5
出料塔底部有货传感器	I0.2		变频器控制端子⑥	Q0.6
出料塔气缸活塞到位舌簧开关	I0.4			
传送带末端货物到位开关	I0.3			

(续)

平面仓储系统(3#主站)				
输 入			输 出	
接货台原位	I0.0		步进电动机脉冲	Q0.1
1#库满检测	I0.1（SB1）		步进电动机方向	Q0.2
2#库满检测	I0.2（SB2）		载货台货物入库电磁阀	Q0.3
3#库满检测	I0.3（SB3）			
4#库满检测	I0.4（SB4）			
限位	I1.1			

4. 绘制电气原理图

根据I/O点分配表绘制电气原理图，材料分拣系统(4#从站）电气原理图的输出点如图5.47所示，输入点电气原理图如图5.71所示，输入点电源采用漏型接法，所用传感器均为NPN输出。平面仓储系统(3#主站) 电气原理图如图5.72所示。

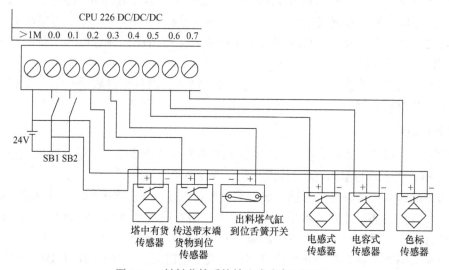

图5.71 材料分拣系统输入点电气原理图

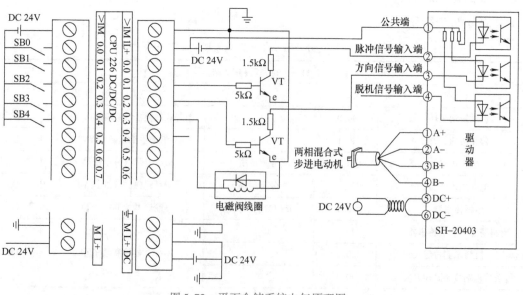

图5.72 平面仓储系统电气原理图

5. 平面仓储系统步进电动机控制

平面仓储系统电气原理图如图5.72所示，系统采用57BYG250C型两相混合式步进电动机，SH-20403型两相混合式步进电动机驱动器，驱动器控制信号的输入采取共阳接法，PLC输出回路的24V电源正极接到步进电动机驱动器的公共端，为驱动器内部回路供电，采用单脉冲方式。

由于S7-200系列PLC输出的是高电平信号，而驱动器内部电路使得其输入信号是低电平，因此需对PLC输出信号进行反向，变成低电平才能和步进电动机驱动器连接，此处采用晶体管反相器进行反向，电路连接如图5.73所示。

驱动器的共阳极端接PLC的24V电源正极或单独接电源，PLC输出点Q0.1和Q0.2接晶体管反相器的基极，晶体管的集电极与步进电动机驱动器的脉冲信号、方向信号输入端相连，这样，电源、PLC输出点、晶体管、驱动器输入点形成回路。当Q0.1、Q0.2输出0时，

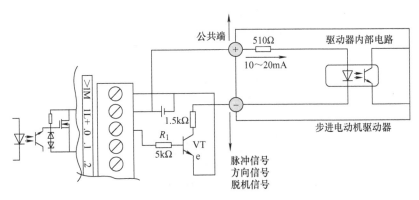

图5.73 PLC输出端与步进电动机驱动器的连接

晶体管截止，集电极输出高电平，电路不导通，驱动器输入点无信号，当Q0.1、Q0.2输出1时，晶体管导通，集电极输出低电平，电路导通，驱动器输入点为低电平。

PLC的输出点Q0.3作为平面仓储接货台入库推料气缸的电磁阀驱动线圈。

6. 通信

用西门子提供的专用PC/PPI电缆将装好编程软件的PC和PLC相连，打开图1.8所示的STEP7-Micro/WIN编程界面，单击图1.69所示"指令树"中"通信"项目下的"通信"子项目，弹出图1.70所示的通信界面，双击"双击刷新"图标，出现图1.71所示的界面，表示通信成功，可以进行编程设计。系统默认PC地址为0，图1.71所示PLC地址为2。若搜索不到，且检查连接线无松动时，可选择搜索所有波特率，再进行尝试。

7. 平面仓储系统程序

平面仓储系统作为主站，其发送缓冲区和接收缓冲区内存分配如图5.62和图5.63所示。

初始时，载货台停在接货原位，接货后，以一定脉冲数驱动步进电动机带动载货台移动到相应入库口，气缸推料入库，动作到位后气缸复位，步进电动机带动载货台按照原脉冲数返回。步进电动机驱动载货台入库程序如图5.74所示。

动作过程：初始时，载货台处于原位，当采集到4#从站的货物发送完毕标志VB1000到3#主站的VB1007，4#从站的分类标志VB1001发送到3#主站VB1008后，起动步进电动机带动载货台到相应库入口，停止2s，驱动推料气缸推料入库，步进电动机带动载货台再返回原点，发送给4#从站入库完毕准备接货标志，等待下次接货。经过测量和计算，在脉冲周期为50ms时，从原位到1号库需826个脉冲，从原位到2号库需1209个脉冲，从原位到3号库需1609个脉冲，从原位到4号库需1992个脉冲，图5.74只列出了1号库程序，2~4号库的入库过程与之相似，只要把脉冲数、寄存器位、定时器进行修改即可。平面仓储系统程序流程图如图5.75所示，梯形图程序如图5.76所示，图中只有1号库的入库程序，2~4号库的入库程序读者可自行编写。

8. 材料分拣系统程序

此部分程序可以将本项目任务 2 ~ 任务 4 综合起来。执行过程为：初始时，检查接收区 VB1010 的数据，若为 1，表示平面仓储系统准备好，载货台处于原位，则执行本系统程序；否则等待。梯形图程序如图 5.77 所示。

9. 下载程序、系统运行

准备好所用元件和连接线，严格按照电气原理图接线，调试各个过程，分析梯形图，进行程序编写并下载，观察运行情况。平面仓储系统梯形图的周期太大，速度慢，可以改小些，为了准确定位，脉冲数也要改动。

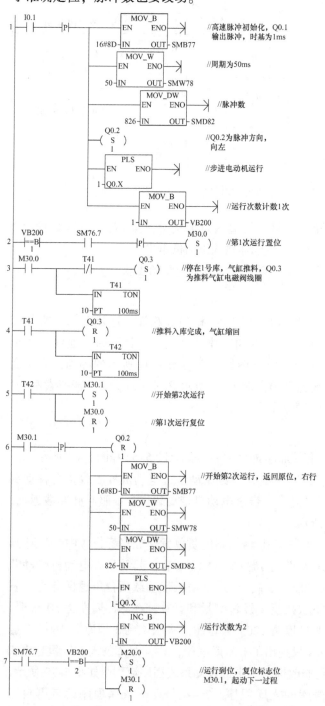

图 5.74　步进电动机驱动载货台入库程序

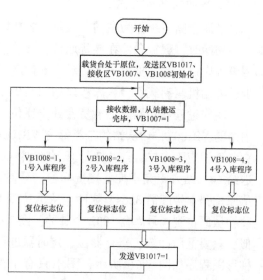

图 5.75　平面仓储系统程序流程图

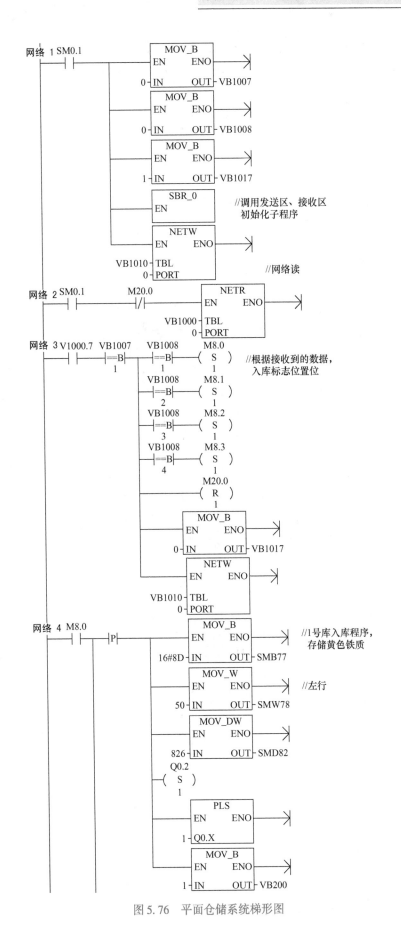

图 5.76 平面仓储系统梯形图

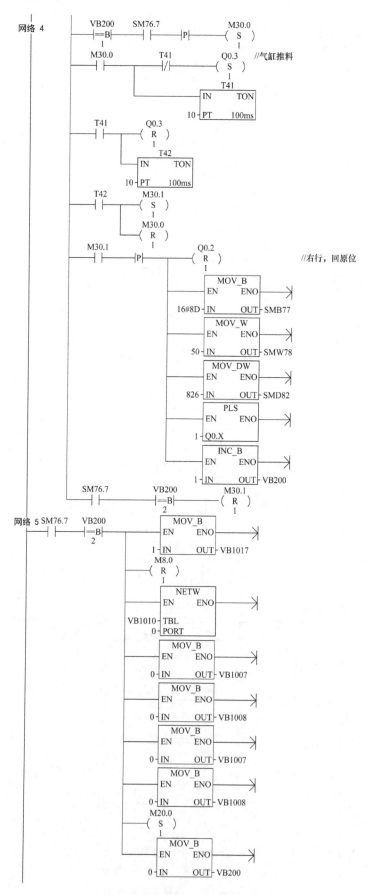

图5.76 平面仓储系统梯形图（续）

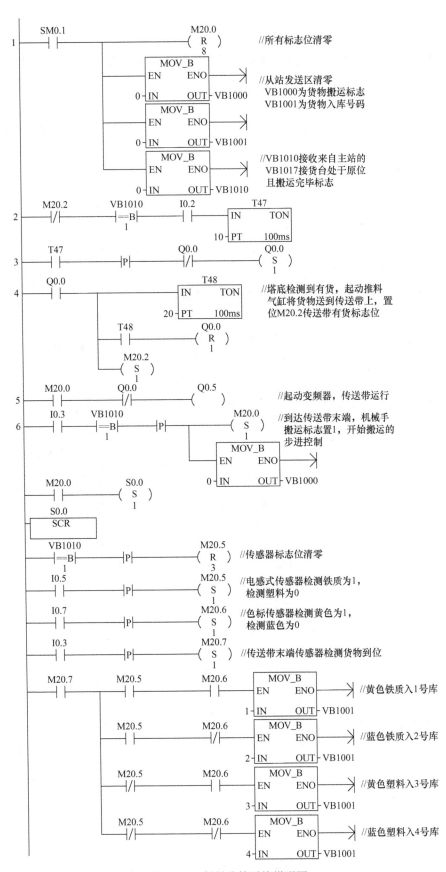

图 5.77　材料分拣系统梯形图

PLC应用技术项目式教程

>> 任务评价

本任务 PLC 系统的设计比较复杂，需分阶段进行设计，分阶段进行检查，以确保设计工作正确、顺利地进行。

1. 检查方法

1）检查变频器电路、传感器电路及步进电动机电路是否正确，熟悉变频器参数设置。

2）熟悉控制电路原理，列出 I/O 分配表。

3）检查线路安装是否合理及运行情况。

2. 评估策略

评估标准见表 5.22。

表 5.22　材料分拣与平面仓储控制系统设计评估标准

阶段	项　目	要　求	分数	评分标准	得分
1. 变频器的控制	PLC 与变频器电气原理图设计	原理图绘制完整、规范、正确	10	不完整、不规范，每处扣 2 分	
	变频器参数设置	正确设置，并进行多种方式运行	10	不正确，扣 5 分	
	I/O 分配表	准确完整，与原理图一致	10	不完整，每处扣 2 分	
	面板操作、程序设计	速度迅捷、程序简单，符合任务要求	20	不正确，每处扣 5 分	
	电气线路安装和连接	线路安装简洁，符合工艺要求、正确	20	不规范，每处扣 5 分	
	系统调试	系统设计达到任务要求，电动机正确运行	30	第一次调试不合格，扣 10 分　第二次调试不合格，扣 10 分	
	时间	60min，每超时 5min 扣 5 分，不得超过 10min			
2. 传感器的控制	PLC 与传感器电气原理图设计	原理图绘制完整、规范，线路设计正确	10	不正确，扣 5 分	
	传感器位置设置	正确设置、有输出信号	5	指示灯不亮，扣 2 分	
	I/O 分配表	准确完整，与原理图一致	10	不完整，每处扣 2 分	
	变频器按要求运行	参数设置准确，电动机运行	5	电动机不运行，扣 5 分	
	电气线路安装和连接	线路安装简洁，符合工艺要求、正确	30	不规范，每处扣 5 分	
	程序设计	设计合理，系统运行	20	不合理，每处扣 5 分	
	系统调试	系统设计达到任务要求，电动机正确运行，传感器准确输出信号	20	第一次调试不合格，扣 10 分　第二次调试不合格，扣 10 分	
	时间	60min，每超时 5min 扣 5 分，不得超过 10min			

（续）

阶段	项 目	要 求	分数	评分标准	得分
3. 电磁阀的控制	PLC与电磁阀电气原理图设计	原理图绘制完整、规范，电磁阀连接正确	10	不正确，扣5分	
	气路设计与连接	气缸和电磁阀接口正确连接、气路通畅	20	气路不通，扣5分	
	I/O分配表	准确完整，与原理图一致	10	不完整，每处扣2分	
	变频器按要求运行	参数设置准确，电动机运行	5	电机不运行，扣5分	
	电气线路安装和连接	线路安装简洁，符合工艺要求，电磁阀连接正确	20	不规范，每处扣5分	
	程序设计	设计合理，与I/O分配表一致	15	不合理，每处扣5分	
	系统调试	系统设计达到任务要求，电动机正确运行，气缸依次运行	20	第一次调试不合格，扣10分　第二次调试不合格，扣10分	
	时间	60min，每超时5min扣5分，不得超过10min			
4. 平面仓储系统步进电动机控制（满分70分）	PLC与步进电动机及驱动器电气原理图设计	原理图绘制完整、规范，线路设计正确	10	不正确，扣5分	
	I/O分配表	准确完整，与原理图一致	10	不完整，每处扣2分	
	电气线路安装和连接	线路安装简洁，符合工艺要求，驱动器接线正确	10	不规范，每处扣5分	
	程序设计	设计合理，步进电动机准确定位运行	20	不合理，每处扣5分	
	系统调试	系统设计达到任务要求，步进电动机按要求准确定位	20	第一次调试不合格，扣10分　第二次调试不合格，扣10分	
	时间	60min，每超时5min扣5分，不得超过10min			
5. 材料分拣系统设计	PLC与输入/输出设备电气原理图设计	原理图绘制完整规范，线路设计正确	20	不正确，扣5分	
	I/O分配表	准确完整，与原理图一致	10	不完整，每处扣2分	
	变频器按要求运行	参数设置准确，电动机运行	5	电动机不运行，扣5分	
	电气线路安装和连接	线路安装简洁，符合工艺要求、正确	30	不规范，每处扣5分	
	程序设计	设计合理、系统运行	20	不合理，每处扣5分	
	系统调试	系统设计达到任务要求，电动机正确运行	15	第一次调试不合格，扣10分　第二次调试不合格，扣10分	
	时间	100min，每超时5min扣5分，不得超过10min			

项目小结

材料分拣与平面仓储系统的设计涉及了 PLC 自动控制领域常用的输入、输出设备，是学生了解工业现场 PLC 应用方面的一个小窗口。项目内容包括：

1）了解开关式传感器的使用和选择，根据其输出是 NPN 型还是 PNP 型决定与 S7 – 200 系列 PLC 的连接方式。

2）了解电磁阀的驱动方式及其与 PLC 的连线，它作为感性负载有其特殊性，使用时需接保护电路。

3）变频器是 PLC 控制中驱动交流电动机的常用设备，本书以松下 VF0 型小型变频器为例介绍变频器的参数设置、基本操作及与 PLC 的连接。学生可以据此熟悉其他变频器的性能和控制方法。

4）步进电动机的定位。步进电动机是 PLC 控制中实见的精确定位设备，有晶体管输出接口的 PLC 才能控制步进电动机。

5）PLC 间的通信。两个 S7 – 200 系列 PLC 间的通信有多种方法，本项目以通信指令实现材料分拣与平面仓储系统的通信，从而完成货物的运送。

实践中常见问题解析

1）对于 PLC，根据具体型号了解其接线端子，最好能自己动手连线，对每个任务能准确画出电气原理图。在实验中，常有学生把实验台上的输入端子和输出端子相连，对 PLC 的电路熟悉和熟练编程最好的方法是实践。

2）对于传感器，应了解其基本原理，了解所使用传感器的输出形式是 NPN 型还是 PNP 型，以此决定传感器和 PLC 的连接方法。使用过程中，注意传感器的电源端和地端，可以单独使用电源，也可以使用 PLC 上的传感器电源。

3）变频器型号很多，在 PLC 领域的应用非常广泛。不同型号变频器与 PLC 的连接基本相似，实践中应注意阅读变频器的使用说明书，确定其所驱动电动机的功率，了解其主电路端子和控制电路端子，熟悉参数的设置过程。实践中先进行面板操作，使电动机转动起来，再通过 PLC 控制。

4）对于电磁阀的驱动，应先学习基本的气压和液压知识，根据具体要求设计气路。电磁阀受 PLC 控制，从而控制气路的通断，注意连接保护电路，以免损坏 PLC。有条件的可以购置电磁阀和小型气缸来熟悉气压的自动控制方法。

5）系统调试是否成功与电路连接及编程是否正确都有关系。

附录

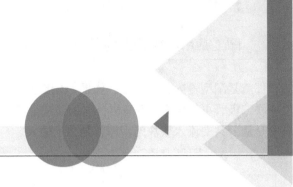

附录 A S7 - 200 系列 PLC 接线端子

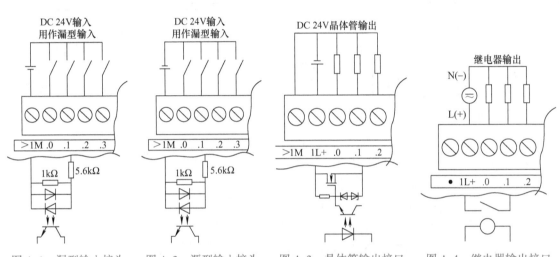

图 A.1 漏型输入接头　　图 A.2 源型输入接头　　图 A.3 晶体管输出接口　　图 A.4 继电器输出接口

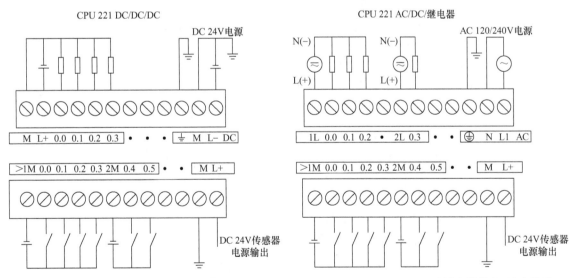

图 A.5 CPU221 DC/DC/DC 输入/输出端子　　　　图 A.6 CPU221 AC/DC/继电器输入/输出端子

说明: 在西门子 PLC 中以输入信号的公共端 1M 作为参考点, 信号从输入信号的公共端(1M 点) 流入称为源型输入, 信号从输入信号的公共端(1M 点) 流出称为漏型输入。公共端 1M 接的是 DC0V, 电流从电源正端流向每一个输入的 I 点端子, 经过 CPU 内部的反并联二极管从公共端 1M 流出, 这是典型的漏型输入接线方式。对于数字信号输入, 电流只要是从公共端流出模块

PLC应用技术项目式教程

的，那就是漏型输入；反过来，如果1M接DC24V+，那电流是从公共端1M流入，经CPU内部反并联二极管再从各个I点流出，这种接法是典型的源型输出接法，即对于数字信号输入，电流只要是从公共端流入模块的，那就是源型输入。

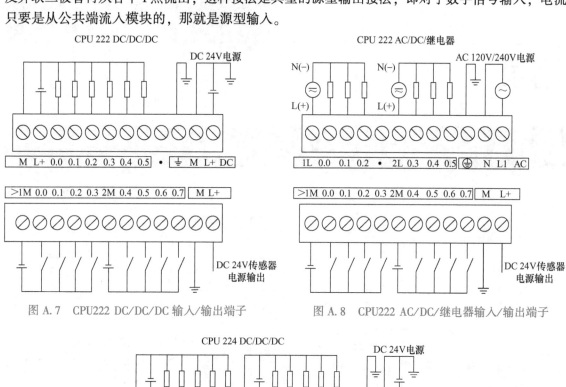

图 A.7　CPU222 DC/DC/DC 输入/输出端子　　　　图 A.8　CPU222 AC/DC/继电器输入/输出端子

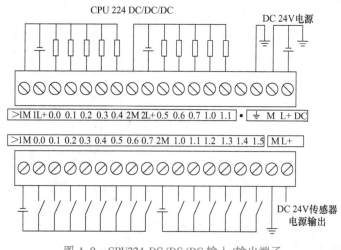

图 A.9　CPU224 DC/DC/DC 输入/输出端子

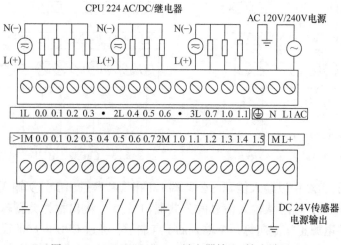

图 A.10　CPU224 AC/DC/继电器输入/输出端子

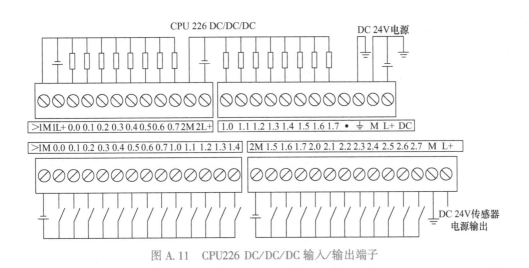

图 A.11　CPU226 DC/DC/DC 输入/输出端子

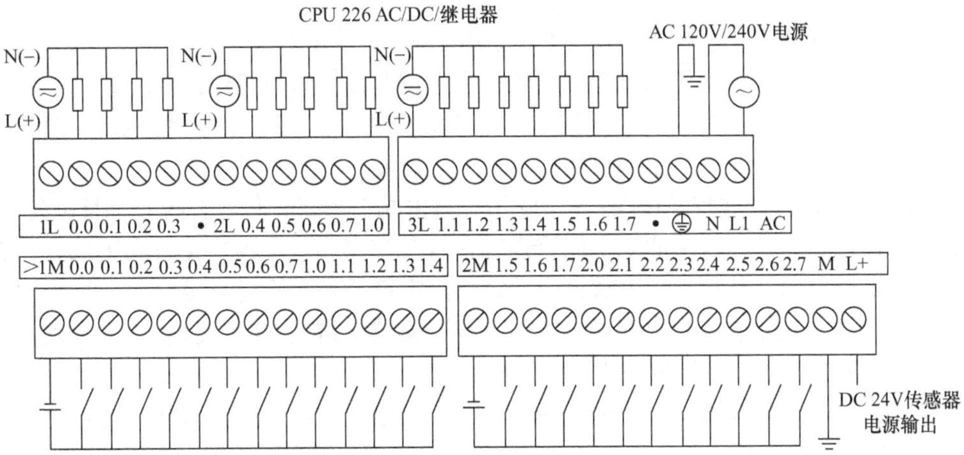

图 A.12　CPU226 AC/DC/继电器输入/输出端子

附录 B　S7 - 200 系列 PLC 特殊存储器 SM 标志位

特殊存储器的标志位用于标志 S7 - 200 系列 PLC 的运行状态和控制功能，用以在用户程序和 CPU 之间传递信息。其标志可以是位、字节、字或双字。

1. SMB 0 ~ 29（预定义 S7 - 200 只读内存）

1）SMB0 系统状态位：特殊内存字节 0（SM0.0 ~ SM0.7），提供八个位，在每次扫描循环结尾处由 S7 - 200 系列 CPU 更新。程序可以读取这些位的状态，然后根据位值做出决定。

① SM0.0：该位总是打开。

② SM0.1：首次扫描循环时该位打开，一种用途是调用初始化子程序。

③ SM0.2：如果保留性数据丢失，该位为一次扫描循环打开。该位可用作错误内存位或激活特殊启动顺序的机制。

④ SM0.3：从电源开启条件进入 RUN（运行）模式时，该位接通 1 个扫描周期。

⑤ SM0.4：该位提供时钟脉冲，该脉冲在 1min 的周期时间内关闭（OFF）30s，打开（ON）30s。

⑥ SM0.5：该位提供时钟脉冲，该脉冲在 1s 的周期时间内关闭（OFF）0.5s，打开

（ON）0.5s。

⑦ SM0.6：该位是扫描循环时钟，为一次扫描打开，下一次扫描关闭。该位可用作扫描计数器输入。

⑧ SM0.7：该位表示"模式"开关的当前位置（关闭 = "终止"位置，打开 = "运行"位置）。开关位于 RUN（运行）位置时，可以使用该位启用自由端口模式，可使用转换至"终止"位置的方法重新启用带 PC/编程设备的正常通信。

2）SMB1 指令执行状态位：特殊内存字节 1（SM1.0 ~ SM1.7），为各种不同的指令提供执行状态，如表格和数学运算。这些位在执行时由指令设置和重新设置，程序可以读取位值。

① SM1.0：当操作结果为零时，某些指令的执行打开该位。

② SM1.1：当溢出结果或检测到非法数字数值时，某些指令的执行打开该位。

③ SM1.2：数学操作产生负结果时，该位打开。

④ SM1.3：尝试除以零时，该位打开。

⑤ SM1.4：当执行 ATT（Add to Table）指令时，若超出表范围，该位置 1。

⑥ SM1.5：LIFO 或 FIFO 指令尝试从空表读取时，该位打开。

⑦ SM1.6：尝试将非 BCD 数值转换为二进制数值时，该位打开。

⑧ SM1.7：当 ASCII 数值无法转换成有效的十六进制数值时，该位打开。

3）SMB2 自由端口接收字符：特殊内存字节 2 是自由端口接收字符缓冲器。在自由端口模式中从端口 0 或端口 1 接收的每个字符均被放置于该位置，易于程序读取。

4）SMB3 自由端口奇偶校验错误：SMB3 用于自由端口模式，包含在接收字符中检测到奇偶错误时设置的奇偶错误位。当检测到奇偶错误时，打开 SM3.0。在程序接收和读取存储在 SMB2 中的信息字符数值之前，使用该位测试自由端口信息字符是否有传输错误。

① SM3.0：该位表示在端口 0 和端口 1 中出现奇偶校验错误（0 = 无错；1 = 错误）。

② SM3.1 ~ SM3.7：保留待用。

5）SMB4：中断队列溢出、运行时间程序错误、中断启用、自由端口传输器闲置、数值强制特殊内存字节 4（SM4.0 ~ SM4.7），包含中断队列溢出位和一个显示中断是启用还是禁用的位（SM4.4）。这些位表示中断发生速率比可处理速率更快，位表示意义如下。

① SM4.0：通信中断队列溢出时，该位为 1。

② SM4.1：输入中断队列溢出时，该位为 1。

③ SM4.2：定时中断队列溢出时，该位为 1。

④ SM4.3：检测到运行时间编程错误时，该位为 1。

⑤ SM4.4：反映全局中断启用状态。启用中断时，该位为 1。

⑥ SM4.5：传输器闲置（端口 0）时，该位为 1。

⑦ SM4.6：传输器闲置（端口 1）时，该位为 1。

⑧ SM4.7：当任何内存位置被强制时，该位为 1。

6）SMB5 I/O 错误状态位。

① SM5.0：当有 I/O 错误时，该位置 1。

② SM5.1：当 I/O 总线上连接了过多数字量 I/O 点时，该位为 1。

③ SM5.2：当 I/O 总线上连接了过多模拟量 I/O 点时，该位为 1。

④ SM5.4 ~ SM5.7：保留待用。

7）SMB6 CPU 代码寄存器：特殊内存字节 6 是 CPU 标识寄存器。SM6.4 ~ SM6.7 用于识别 PLC 的类型。SM6.0 ~ SM6.3 目前未定义，为将来使用保留。

① SM6.7 ~ SM6.4 = 0000，为 CPU212/CPU222。

② SM6.7 ~ SM6.4 = 0010，为 CPU214/CPU224。

③ SM6.7 ~ SM6.4 = 0110，为 CPU221。

④ SM6.7 ~ SM6.4 = 1000，为 CPU215。

⑤ SM6.7 ~ SM6.4 = 0001，为 CPU216/CPU226/CPU226XM。

8）SMB8 ~ SMB21 I/O 模块代码和错误寄存器：SMB8 ~ SMB21 以成对字节组织，用于扩充模块 0 ~ 6。每对偶数字节是模块标识寄存器。这些字节用于识别模块类型、I/O 类型以及输入和输出次数。每对奇数字节是模块错误寄存器。这些字节提供该模块在 I/O 中检测到的任何错误。

9）SMW22 ~ SMW26 扫描时间。

10）SMB28 ~ SMB29 模拟电位器调整：SMB28 和 SMB29 包含与模拟电位器调整 0 和 1 轴角位置对应的数字值。模拟调整电位器位于 CPU 前方、存取门后方。用一把小螺钉旋具调整电位器（沿顺时针方向增加，或沿逆时针方向减少）。此类只读数值可被程序用于各种不同的功能，例如，为计时器或计数器更新当前值，输入或改动预设值或设置限制。模拟调整有一个 0 ~ 255 的额定范围。

① SMB28：存储随模拟调节 0 输入的数值。

② SMB29：存储随模拟调节 1 输入的数值。

2. SMB 30 ~ 194（预定义 S7 - 200 系列 PLC 读取/写入内存）

1）SMB30 和 SMB130 自由端口控制寄存器：SMB30 控制端口 0 的自由端口通信，SMB130 控制端口 1 的自由端口通信。可以从 SMB30 和 SMB130 读取或向 SMB30 和 SMB130 写入通信端口定义数据。这些字节配置各自的通信端口，进行自由端口操作，并提供自由端口或系统协议支持选择。具体位格式定义见表 B.1。

表 B.1 SMB30、SMB130 位格式

SM 地址		位 格 式			
端口 0	端口 1	7 6	5	4 3 2	1 0
SMB30	SMB130	p p	d	b b b	m m
		00 = 不校验 01 = 偶校验 10 = 不校验 11 = 奇校验	0 = 8 位/字符 1 = 7 位/字符	000 = 38400bit/s 001 = 19200bit/s 010 = 9600bit/s 011 = 4800bit/s 100 = 2400bit/s 101 = 1200bit/s 110 = 115200bit/s 111 = 57600bit/s	00 = 点对点接口协议（PPI/从站模式） 01 = 自由端口协议 10 = PPL/主站模式 11 = 保留

2）SMB31 ~ SMB32 永久内存（EEPROM）写入控制：根据 SMB31 中的设置把 SMB32 中指出地址中的数据写入 EEPROM 中。

3）SMB34 ~ SMB35 定时中断的时间间隔寄存器：特殊内存字节 34 和 35 控制中断 0 和中断 1 的时间间隔。可以指定 1 ~ 255ms 的时间间隔（以 1ms 为增量）。

① SMB34：定时中断 0，时间间隔数值以 1ms 为增量，范围从 1 ~ 255ms。

② SMB35：定时中断 1，时间间隔数值以 1ms 为增量，范围从 1 ~ 255ms。

4）SMB36 ~ SMB65 HSC0、HSC1 和 HSC2 高速计数寄存器：SMB36 ~ SMB65 被用于监控和控制高速计数器 HSC0、HSC1 和 HSC2 的操作。参见表 4.8 ~ 表 4.10。

5）SMB66 ~ SMB85 PTO/PTM 高速输出寄存器：SMB66 ~ SMB85 被用于监控和控制 PLC（脉冲）指令的脉冲链输出和脉冲宽度调制功能。参见表 4.13 和表 4.14。

6）SMB86 ~ SMB94 和 SMB186 ~ SMB194 接收信息控制：SMB86 ~ SMB94 以及 SMB186 ~ SMB194 被用于控制和读取有关自由端口 0 和端口 1 通信时"接收信息"指令的状态。参见系统手册。

7）SMW98 I/O 扩展总线通信错误计数器：当扩展总线出现检验错误时加 1，系统得电或用户写入零时清零。

8）SMB130 ~ SMB165 HSC3、HSC4 和 HSC5 高速计数寄存器：SMB136 ~ SMB165 被用于监控和控制高速计数器 HSC3、HSC4 和 HSC5 的操作。参见表 4.8 ~ 表 4.10。

9）SMB166 ~ SMB185 用于 PLC（脉冲）指令的 PTO0 和 PTO1 包络定义表。

SMB166 ~ SMB185 被用于显示现有轮廓步骤数目和 V 存储区中的轮廓表地址。

① SMB166：PTO0 现有轮廓步骤的当前条目数。

② SMB167：保留。

③ SMB168：字数据类型，PTO0 轮廓表所在 V 存储区的地址，作为 V0 的偏移量给出。

④ SMB170：线性轮廓状态字节。

⑤ SMB171：线性轮廓结果寄存器。

⑥ SMD172：手动模式频率寄存器。

⑦ SMB176：PTO1 现有轮廓步骤的当前条目数。

⑧ SMB177：为将来使用而保留的空位。

⑨ SMB178：字数据类型，PTO1 轮廓表所在 V 存储区的地址，作为 V0 的偏移量给出。

⑩ SMB180：线性轮廓状态字节。

⑪ SMB181：线性轮廓结果寄存器。

⑫ SMD182：手动模式频率寄存器。

10）SMB186 ~ SMB194 端口 1 接收信号控制：详见系统手册。

附录 C 松下 VF0 型变频器功能参数一览

NO.	功能名称	设定范围	出厂数据
P01	第一加速时间（s）	0.01 ~ 999	05.0
P02	第一减速时间（s）	0.01 ~ 999	05.0
P03	V/F 方式	50、60、FF	50
P04	V/F 曲线	0、1	0
P05	力矩提升（%）	0 ~ 40	05
P06	选择电子热敏功能	0、1、2、3	2
P07	设定热继电器电流（A）	0.1 ~ 100	
P08	选择运行指令	0 ~ 5	0
P09	频率设定信号	0 ~ 5	0
P10	反转锁定	0、1	0
P11	停止模式	0、1	0
P12	停止频率（Hz）	0.5 ~ 60	00.5
P13	DC 制动时间（s）	0、0.1 ~ 120	000
P14	DC 制动电平	0 ~ 100	00
P15	最大输出频率（Hz）	50 ~ 250	50.0
P17	防止过电流失速功能	0、1	1

（续）

NO.	功能名称	设定范围	出厂数据
P18	防止过电压失速功能	0、1	1
P19	选择 SW1 功能	0 ~ 7	0
P20	选择 SW2 功能	0 ~ 7	0
P21	选择 SW3 功能	0 ~ 8	0
P22	选择 PWM 频率信号	0、1	0
P23	PWM 信号平均次数	1 ~ 100	01
P24	PWM 信号周期（ms）	1 ~ 999	01.0
P25	选择输出 TR 功能	0 ~ 7	0
P26	选择输出 RY 功能	0 ~ 6	5
P27	检测频率【输出 TR】	0、0.5 ~ 250	00.5
P28	检测频率【输出 RY】	0、0.5 ~ 250	00.5
P29	点动频率（Hz）	0.5 ~ 250	10.0
P30	点动加速时间（s）	0、0.1 ~ 999	05.0

注：关于参数 P22 ~ P24，变频器可通过 PLC 发出的 PWM 信号控制，在每个 PWM 周期中进行 ON 时间和 OFF 时间的测量和计算，作为其频率指令，利用这一参数来设定要把每个 PWM 周期的指令进行多少次平均才能决定最终输出频率指令的平均次数。平均次数多次进行则频率指令稳定，但响应速度会变慢。

参考文献

[1] 陈建明. 电气控制与 PLC 应用 [M]. 3 版. 北京：电子工业出版社，2014.

[2] 王芹，王浩. PLC 技术应用(S7 - 200) [M]. 北京：高等教育出版社，2018.

[3] 冀建平. PLC 原理与应用 [M]. 北京：清华大学出版社，2010.